Schmid / Uehlinger (eds.) Laws of Heaven – Laws of Nature
Himmelsgesetze – Naturgesetze

Editors / Herausgeber

Konrad Schmid ist Professor für alttestamentliche Wissenschaft und frühjüdische Religionsgeschichte und Vorsteher des Theologischen Seminars, Christoph Uehlinger Professor für Allgemeine Religionsgeschichte und Religionswissenschaft und Vorsteher des Religionswissenschaftlichen Seminars an der Theologischen Fakultät der Universität Zürich.

Orbis Biblicus et Orientalis 276

Konrad Schmid / Christoph Uehlinger (eds.)

Laws of Heaven – Laws of Nature

Legal Interpretations of Cosmic Phenomena in the Ancient World

Himmelsgesetze – Naturgesetze

Rechtsförmige Interpretationen kosmischer Phänomene in der antiken Welt

Academic Press Fribourg
Vandenhoeck & Ruprecht Göttingen

Bibliografische Information der Deutschen Bibliothek

Die Deutsche Bibliothek verzeichnet diese Publikation in der Deutschen Nationalbibliografie; detaillierte bibliografische Daten sind im Internet über http://dnb.d-nb.de abrufbar.

Die Reihe *Orbis Biblicus et Orientalis* veröffentlicht Monographien, thematische Sammelbände und Tagungsbände im Bereich der orientalischen Altertumswissenschaften: Bibelwissenschaften (Hebräische Bibel und Septuaginta), Ägyptologie, Assyriologie, Archäologie, Ikonographie und Religionsgeschichte. Herausgeberkreis und Partnerinstitutionen bürgen für ihre interdisziplinäre Anlage und akademische Qualität. Manuskripte können einem Mitglied des Herausgeberkreises unterbreitet werden. Ihre Prüfung obliegt dem Herausgeberkreis, der weitere, unabhängige Gutachten einholen kann. Verbreitung, Subskriptionen und Leserschaft sind weltweit.

SGOA Schweizerische Gesellschaft für Orientalische Altertumswissenschaft
Société suisse pour l'étude du Proche-Orient ancien
Swiss Society for Ancient Near Eastern Studies

Publiziert mit freundlicher Unterstützung
der Schweizerischen Akademie
der Geistes- und Sozialwissenschaften

Gesamtkatalog auf Internet:
Academic Press Fribourg: www.paulusedition.ch
Vandenhoeck & Ruprecht, Göttingen: www.v-r.de

Text und Abbildungen wurden von den Herausgebern
als formatierte PDF-Daten zur Verfügung gestellt.

ISBN: 978-3-7278-1773-1 (Academic Press Fribourg)
ISBN: 978-3-525-54405-1 (Vandenhoeck & Ruprecht)
ISSN: 1015-1850 (Orb. biblicus orient.)

Contents / Inhalt

Vorwort

Das wissenschaftsgeschichtliche Gedächtnis des Abendlandes erkennt die Ursprünge der Idee von ‚Naturgesetzen' bei den Vorsokratikern, Platon und der Stoa. Doch trifft diese Annahme nicht zu. Interpretationen kosmischer Phänomene in Kategorien eines rechtsförmig geordneten Regelsystems sind im Alten Orient zum Teil erheblich früher belegt. In der Hebräischen Bibel ist etwa die Rede davon, dass Gott („Jahwe") der Sonne, dem Mond und den Sternen „Gesetzesordnungen" (*ḥuqqôt*, *ḥuqqîm*, Jeremia 31,35f) auferlegt, dass er „Gesetzesordnungen" (*ḥuqqôt*, Jeremia 33,25) für Himmel und Erde festgelegt oder dass er „Himmelsgesetze" (*ḥuqqôt šāmayîm*, Hiob 38,33) bestimmt habe. Die Natur und vor allem der Himmel sind also nicht als dynamische und/oder autonome Gebilde gesehen, die regellos funktionieren; vielmehr gelten sie als der gesetzgeberischen, anordnenden Aktivität Gottes unterworfen, der, wie der Kontext dieser Stellen deutlich festhält, ihre Regelmässigkeiten, etwa den Wechsel von Tag und Nacht, die Mondphasen oder die Sternbewegungen festgesetzt haben soll. Nun hat das Alte Testament diese Vorstellung einer autoritativ gesetzten Ordnung kosmischer Zusammenhänge nicht erfunden, sie ist vielmehr in mesopotamischen Texten bereits vorgedacht worden. Die fünfte Tafel des babylonischen Weltschöpfungsepos *Enūma eliš* beschreibt die Regelmässigkeit der Sternbewegungen und des Mondlaufs als Resultat gesetzgeberischer Anordnung des babylonischen Hauptgottes Marduk.

Dass es gesetzmässige Regularitäten in der himmlischen und natürlichen Welt gibt, ist die Grundvoraussetzung dafür, dass die Himmels- oder Naturbeobachtung als extrapolationsfähig gilt: Wer auf den Himmel oder Vorgänge der Natur achtet, kann vorausbestimmen, was geschehen wird. Das im Alten Orient florierende Divinationswesen baut der Sache nach auf eben dieser Überzeugung auf. Die altorientalische und biblische Überlieferung bietet genügend Beispiele für rechtsförmige Interpretationen von Himmels- und Naturphänomenen. Allerdings erfolgte die rechtliche Interpretation natürlicher und kosmischer Phänomene im vorachaimenidischen Vorderasien entsprechend dem damaligen Rechtsverständnis, wonach das Recht nicht als dem Machthaber übergeordnet, sondern als ihm untergeordnete Grösse gilt. Recht war hier keine feststehende, konstante Grösse, sondern ein formbares Herrschaftsinstrument eines altorientalischen Königs. Entsprechend ist die rechtsförmige Interpretation von Himmels- und Naturphänomenen im Alten Orient und im antiken Israel anders konturiert als in der klassischen griechischen Polis, und anders auch als in der europäischen Neuzeit: Himmel und Natur folgen der gesetzgeberischen Aktivität des jeweiligen Höchsten Gottes, sie könnten es aber – das ist, wenn auch nicht vorgesehen, so doch prinzipiell denkbar und möglich – auch *nicht* tun.

Die Vorstellung konstanter ‚Naturgesetze', die keiner Veränderung unterworfen sind, hat deshalb wohl einen tiefgreifenden Wandel des Rechtsverständnisses zu ihrer Voraussetzung, der sich einerseits in den frühen Demokratien Griechenlands, andererseits auch im nachstaatlichen Juda der Perserzeit zeigt: Recht wird in diesen postmonarchischen Gesellschaften nun neu verstanden als eine normative Instanz, die aus sich selber heraus bindende Wirkung hat. Erst im Gefolge solcher rechtsgeschichtlicher Neuinterpretationen konnte sich die Vorstellung einer durchgehend ‚naturgesetzlichen' Verfasstheit der Welt etablieren. Diese wiederum zog in der frühen Neuzeit die Ausbildung der Vorstellung eines für alle Menschen gleicherweise geltenden Naturrechts nach sich, das auch aller menschlichen Gesetzgebung zu Grunde liegen müsse.

Die Beiträge des vorliegenden Bandes sondieren die Thematik vor allem in den früheren Phasen ihrer altorientalischen und biblischen Formulierung. Sie gehen zurück auf eine Tagung in Zürich vom 5.-6. September 2011, die von der Theologischen Fakultät der Universität Zürich in Zusammenarbeit mit dem Universitären Forschungsschwerpunkt Asien und Europa und der Schweizerischen Gesellschaft für orientalische Altertumswissenschaft veranstaltet wurde. Wir danken den beitragenden Autorinnen und Autoren für ihre Mitarbeit und die Geduld angesichts der verzögerten Drucklegung. Phillip Laster hat zur redaktionellen Vereinheitlichung und Formatierung der Beiträge beigetragen.

Wir danken der Theologischen Fakultät der Universität Zürich, dem Universitären Forschungsschwerpunkt Asien und Europa, dem Schweizerischen Nationalfonds für wissenschaftliche Forschung, der Schweizerischen Gesellschaft für orientalische Altertumswissenschaft für ihre Unterstützung bei der Durchführung der Tagung, der Schweizerischen Akademie der Geistes- und Sozialwissenschaften für ihren Beitrag zur Finanzierung der Druckkosten.

Gewidmet sei der Band dem Andenken an Walter Burkert, der am 11. März 2015 im Alter von 84 Jahren verstorben ist. Ordinarius für Klassische Philologie an der Universität Zürich von 1969 bis zu seiner Emeritierung 1996, hat Burkert wie kaum ein zweiter Forscher des 20. Jahrhunderts zur kritischen, quellengestützten Überwindung dichotomer Gegenüberstellungen von orientalischer und griechisch-römischer Antike insbesondere im Bereich der Religionsgeschichte beigetragen. Ein wichtiger Ausgangspunkt seines wissenschaftlichen Schaffens war die Auseinandersetzung mit

Pythagoras gewesen, in dessen Werk er die Beziehung zwischen mathematisch-naturwissenschaftlicher und religiöser Weltdeutung umfassend analysierte. Mit seinen international gefeierten Standardwerken zur griechischen Religion und zum Kulturtransfer zwischen Orient und Griechenland hat er weit über den Bereich der Klassischen Philologie hinaus gewirkt. Über zwei Jahrzehnte lang hat er in Zürich an der Akkadischlektüre teilgenommen, die unsere Fakultät im Rahmen von Lehrveranstaltungen zur altorientalischen Religionsgeschichte anbietet, und blieb uns so ein wertvoller Gesprächspartner weit über die Emeritierung hinaus. Als 1977 die Schweizerische Gesellschaft für orientalische Altertumswissenschaft gegründet wurde, war er von Anfang an ganz selbstverständlich dabei. Mehr als 30 Jahre lang hat er der Gesellschaft die Treue gehalten, sei es als Vorstandsmitglied, Referent und Autor oder regelmässiger Besucher der Studientage. Gerne und dankbar erinnern wir uns daran, dass er auch im September 2011 an der in diesem Band dokumentierten Tagung unter uns war und, gewohnt kenntnisrech und pointiert, mitdiskutierte.

Zürich, im Oktober 2015

Konrad Schmid
Christoph Uehlinger

Der vergessene Orient. Forschungsgeschichtliche Bestimmungen der antiken Ursprünge von ‚Naturgesetzen'

Konrad Schmid

Der Untertitel und der Titel des nachstehenden Beitrags verhalten sich zueinander wie Fragehinsicht und Resultat. Die Fragestellung lautet dahingehend, wie im Bereich der Wissenschaftsgeschichte das Aufkommen der Vorstellung von ‚Naturgesetzen' historisch beschrieben und fixiert worden ist; ein Resultat, das hier unter anderen herauszustellen ist, besteht in der Beobachtung, dass der Orient dabei weitgehend vergessen wurde. Man kann diesen Umstand im Anschluss an Edward Said als einen wissenschaftsgeschichtlichen „Orientalismus" bezeichnen.[1] Dass die Orient-Begrifflichkeit im Titel selber – was die Terminologie betrifft – einen Orientalismus reproduziert und dabei in geographischer und historischer Hinsicht undeutlich bleibt, sei dem Beitrag vorerst nachzusehen.

Es bedarf gegenwärtig keiner grossen Anstrengungen mehr, grundsätzliche Zustimmung für die Erinnerung daran zu bekommen, dass die moderne Geistes- und Wissenschaftsgeschichte nicht einfach in der griechischen Antike wurzelt, sondern historisch und geographisch weit dahinter zurückreicht in die antiken Hochkulturen des Vorderen Orients und Ägyptens, die nun doch seit 150 Jahren der wissenschaftlichen Öffentlichkeit in hinreichendem Masse bekannt geworden sind.

Es ist allerdings eine gewisse Paradoxie, dass die Entdeckung der Verwandtschaft der indogermanischen Sprachfamilien etwa in dieselbe Zeit fiel wie die grossen archäologischen Funde des 19. Jhs. aus Mesopotamien und Ägypten, was zur Folge hatte, dass der sich ergebenden Möglichkeit einer orientalischen Kontextualisierung der abendländischen Kultur sogleich wieder eine Barriere der Abgrenzung von Indogermanen einerseits und Semiten andererseits vorgeschoben wurde[2] und es bei der Kultivierung der klassischen Ursprungsmythen der abendländischen Kultur und Wissenschaft blieb.

Es wäre aber billig, die gängige Wissenschaftsgeschichtsschreibung nun einfach dafür zu beschuldigen, dass sie Kulturbereiche aus ihren Fragestel-

---

1 Zur Auseinandersetzung mit Saids Orientalismus-These und einer differenzierten Darstellung der orientalistischen Forschung von ihren Anfängen bis in die Gegenwart s. R. Irwin, *Dangerous Knowledge. Orientalism and Its Discontents*, Woodstock: Overlook Press, 2006.

2 Vgl. W. Burkert, *Die Griechen und der Orient. Von Homer bis zu den Magiern*, München: C. H. Beck, 2003, 10.

lungen und Arbeitsgebieten ausklammerte, mit denen sie nicht vertraut war und die – aus welchen Gründen auch immer – nicht in ihr Blickfeld getreten war. Die Wissenschaftshistoriker sind aus verschiedenen Gründen zumindest partiell zu entschuldigen:

Erstens wird das Projekt einer umfassenden interkulturellen Wissenschaftsgeschichte immer ein defizitäres Unternehmen bleiben müssen. Um hier nur kurz an eine weitere Perspektive zu erinnern, von der her man mein Einklagen des Einbezugs des Vorderen Orients für die Ausbildung der Vorstellung von Naturgesetzen seinerseits wieder als zu begrenzt kritisieren könnte: Wie sich die antike Wissenschaftsgeschichte des *Nahen* Ostens und Griechenlands zu derjenigen des *Fernen* Ostens verhält,[3] wäre immerhin zu fragen – auch wenn die Kulturkontakte zwischen Indien, China und der Levante sehr viel weniger eng geknüpft waren als innerhalb des Bereichs des Vorderen Orients und des Mittelmeers.

Zweitens produziert das Ausklammern der vor- und nebengriechischen Denkbemühungen in der Antike zwar in der Tat einen wissenschaftsgeschichtlichen Kurzschluss. Gleichwohl spielt aber natürlich die klassisch-griechische Diskussionslage für die Entstehung der abendländischen Wissenschaft eine besonders hervorgehobene Rolle, die im Gegenzug auch nicht einfach wieder einzuebnen ist. Das hängt vor allem mit den ganz unterschiedlichen Entdeckungs- und Tradierungszusammenhängen der griechischen Wissenschaft einerseits und der altorientalischen Wissenschaft andererseits zusammen: Während die klassische mesopotamische und ägyptische Literatur mit dem Ausgang der Antike weitgehend in Vergessenheit geriet, war das griechische Kulturerbe nicht nur durchgehend greifbar; die durchgängige intellektuelle und kreative Auseinandersetzung mit ihm *formte* nachgerade die Wissenschaftsgeschichte des Abendlandes. Plato, Aristoteles, die Stoiker und die Epikuräer waren nicht einfach historische Gegenstände der Philosophie- und Wissenschaftsgeschichte, sondern Paradigmengeber und Bereiter der methodischen Grundlagen für viele weitere nachfolgende intellektuelle Entwicklungen.

Wie immer man das bewerten mag, im Folgenden geht es nicht um das Verfolgen wissenschaftspolitischer Sonderinteressen aus der Sicht der vor-

---

[3] Vgl. H. Oldenberg, *Vorwissenschaftliche Wissenschaft*, Göttingen: Vandenhoeck & Ruprecht, 1919; neuerdings K. Plofker, *Mathematics in India 500 B.C.E.–1800 C.E.*, Princeton: Princeton University Press, 2008; V. Katz (Hg.), *The Mathematics of Egypt, Mesopotamia, China, India and Islam. A Sourcebook*, Princeton: Princeton University Press, 2007. Zum Einfluss der babylonischen auf die indische Astronomie vgl. H. Hunger / D. Pingree, *Astral Sciences in Mesopotamia* (HdO 44), Leiden: Brill, 1999, 31; M. Clagett, *Ancient Egyptian Science. A Source Book* (Memoirs of the American Philosophical Society 184), Philadelphia: American Philosophical Society, 1989; K. von Fritz, *Grundprobleme der Geschichte der antiken Wissenschaft*, Berlin: de Gruyter, 1971.

derorientalischen Kulturwissenschaften, sondern um Analyse und Deutung bislang unterbeleuchteter Phänomene aus deren Bereich.

Die nachstehenden Überlegungen gliedern sich in die folgenden Abschnitte: Zunächst soll der Befund in der Sekundärliteratur zu den historischen Ursprüngen der Vorstellung von so etwas wie ‚Naturgesetzen' erhoben werden. Ein zweiter Abschnitt wird fragmentarisch, aber doch exemplarisch einige Gegenbefunde nennen, die für die Frage nach rechtsförmigen Interpretationen von Naturphänomenen von Bedeutung sind. Im dritten und letzten Teil soll dann – gewissermassen als relativierendes Gegenwicht – das unterschiedliche Rechtsverständnis in der altorientalischen Antike mit seinen Folgen für entsprechende Naturdeutungen angesprochen werden, welches zeigt, dass doch auch bemerkenswerte Unterschiede zu modernen Vorstellungen von Naturgesetzlichkeit bestehen. Ein kurzer Ausblick wird den Beitrag beschliessen.

1. „Orientalismen" in der westlichen Wissenschaftsgeschichtsschreibung

In der wissenschaftsgeschichtlichen Diskussion über die Ursprünge von Naturgesetzen lassen sich stark vereinfachend zwei unterschiedliche Zugangsweisen unterscheiden, die man abgekürzt wie folgt bezeichnen könnte: (1) der blinde Einsatz bei der griechischen Antike, und (2) Annäherungen an das Thema im Rahmen der Debatte um die Anfänge von Wissenschaft überhaupt. Ein eigener kurzer Abschnitt (3) wird sich den Arbeiten des früh verstorbenen, aber hellsichtigen Wissenschaftshistorikers E. Zilsel widmen, der bereits 1941 auf die vorgriechischen Ursprünge der Naturgesetz-Begrifflichkeit aufmerksam gemacht hat.

1.1. Der blinde Einsatz bei der griechischen Antike

Der blinde Einsatz bei der griechischen Antike ist der am weitesten verbreitete Zugang und auch derjenige, der sich im Rahmen der Lexikonkultur am meisten Gehör verschaffen konnte, jedenfalls, wenn man sich an das Lemma „Naturgesetz" hält. Was ist mit „blindem Einsatz" gemeint? Einer der besten Kenner der Geschichte des Naturgesetzbegriffs in der Neuzeit, der Zürcher Philosoph M. Hampe, schreibt in seiner Studie *Eine kleine Geschichte des Naturgesetzbegriffs*, wenn er zum ersten Mal in seinem Buch auf die historischen Ursprünge dieses Begriffs zu sprechen kommt, Folgendes:

> „Geht man auf die vormodernen antiken Verwendungsweisen von ‚Natur' und ‚Gesetz' zurück, so wird deutlich, daß in der damaligen semantischen Landschaft der Ausdruck ‚Naturgesetz' ein Oxymoron dargestellt hätte. Denn der griechische Begriff *nómos* stellt spätestens seit dem 5. Jahrhundert v. Chr. einen Kontrastbegriff zu *phýsis* dar."[4]

Die inhaltliche Zurückhaltung Hampes gegenüber der griechischen Diskussionslage bezüglich der Vorstellung von Naturgesetzen ist hier zunächst gar nicht zu kommentieren; es geht nur um die Argumentation als solche: Deutlich zu erkennen ist, dass mit den „vormodernen antiken Verwendungsweisen" sogleich und ohne weitere Diskussion auf die *griechische* Antike fokussiert wird. Neben- und außergriechische Quellen kommen nicht in den Blick, ebenso wenig die kulturgeschichtliche Vernetzung der griechischen Antike mit dem Vorderen Orient. Diese Zugangsweise kann als blind gegenüber den aussergriechischen Kulturen der Antike bezeichnet werden.

Ein weiteres Beispiel findet sich in der ausführlichen Behandlung von antiken Vorstufen des modernen Begriffs des Naturgesetzes in einem längeren Aufsatz des 1996 emeritierten Freiburger Altphilologen W. Kullmann. Sie hat folgenden Aufbau[5]:

1. Einleitung
2. Archaische und klassische Zeit
3. Platon und Aristoteles
4. Die Redner, Theophrast, Aristoteles' Rhetorik, Stoa
5. Dionysios von Halikarnass, Philon
6. Lukrez und Seneca
7. Kaiserzeit
8. Griechische Kirchenväter
9. Lateinische Kirchenväter
10. Zusammenfassung

Der Aufsatz schreitet also die griechische und lateinische Antike ab, um dann bei den griechischen und lateinischen Kirchenvätern zu enden. Mesopotamien und Ägypten fehlen. 2010 hat Kullmann diesem Aufsatz eine monographische Behandlung der Vorstellung des Naturgesetzes v. a. in der

---

[4] M. Hampe, *Eine kleine Geschichte des Naturgesetzbegriffs* (stw 1864), Frankfurt am Main: Suhrkamp, 2007, 51.

[5] W. Kullmann, Antike Vorstufen des modernen Begriffs des Naturgesetzes, in: O. Behrends / W. Sellert (Hg.), *Nomos und Gesetz. Ursprünge und Wirkungen des griechischen Gesetzesdenkens.* 6. Symposion der Kommission „Die Funktion des Gesetzes in Geschichte und Gegenwart" (AAWG.PK III/209), Göttingen: Vandenhoeck & Ruprecht, 1995, 36–111.

Stoa folgen lassen, die aber im Wesentlichen das Stoa-Kapitel seines 15 Jahre älteren Aufsatzes ausbaut.[6]

Auch die Behandlung der Geschichte des Naturgesetzbegriffs bei K. Hartbecke beginnt mit den Vorsokratikern und diskutiert v. a. deren Konzept der *anagkē* „Notwendigkeit", welches sie für die Vorgeschichte der Naturgesetzbegrifflichkeit qualifiziert.[7] Ein Blick über Bosporus und Hellespont hinaus wird nicht getätigt.

Ebenso erkennbar wird die ‚blinde' Zugangsweise in Lexikonartikeln: G. Freys Beitrag „Naturgesetzlichkeit, Naturgesetz" im *Historischen Wörterbuch der Philosophie*, dem führenden begriffsgeschichtlichen Lexikon im deutschsprachigen Raum, setzt mit Anaximander, Heraklit, Platon und Aristoteles ein, ohne diesen Einsatz zu begründen oder zu kommentieren.[8] Das Historische Wörterbuch der Philosophie hatte keinen assyriologischen oder ägyptologischen Fachberater, selbst bei den Einträgen zu den Einzelwissenschaften „Astronomie" und „Mathematik" ist der Orient dramatisch unterrepräsentiert: Bei der Astronomie fehlt die Zeit vor den Griechen ganz, bei der Mathematik finden sich 15 vergleichsweise lustlos abgefasste Zeilen über die Babylonier.

Der ‚blinde' Zugang in bezug auf den Orient ist also vergleichsweise gut in der westlichen Wissenschaftsgeschichtsschreibung verankert. Was die Anfänge der Vorstellung von Naturgesetzen nun bei den Griechen selbst betrifft, so ist festzuhalten, dass das Urteil hierzu differenziert auszufallen hat und die von Hampe angeführte Überlegung durchaus nachzuvollziehen ist – *phýsis* und *nómos* sind zunächst ein Gegensatzpaar und nicht Gegenstand und dessen Interpretation. Hinzu kommt, dass im Gefolge von Platons Ideenlehre ohnehin eine durchgängige Gesetzlichkeit nur für die Ideenwelt zu erwarten wäre, nicht aber für die empirische Welt, die diesen Ideen nun annäherungsweise entspricht.

In gewissen Umrissen lassen sich der Begriff und die Sache „Naturgesetz" aber doch bei den Vorsokratikern bzw. bei Platon finden, was an dieser Stelle kurz anzusprechen ist. Zunächst sind die kosmologischen Spekulationen v. a. bei Anaximander und bei Heraklit zu nennen.

In dem sogenannten „Fragment" Anaximanders ist von einer umfassenden Ordnung der seienden Dinge die Rede, die sich in einem rechtlich und zeitlich geordneten Verhältnis zueinander verhalten:

---

6 Ders., *Naturgesetz in der Vorstellung der Antike, besonders der Stoa. Eine Begriffsuntersuchung* (Philosophie der Antike 30), Stuttgart: Franz Steiner, 2010.

7 K. Hartbecke, Geschichte des Naturgesetzbegriffs: Methodologische Überlegungen, in: Ders. / C. Schütte (Hg.), *Naturgesetze: Historisch-systematische Analysen eines wissenschaftlichen Grundbegriffs*, Paderborn: Mentis, 2006, 25–35.

8 G. Frey, Art. „Naturgesetzlichkeit, Naturgesetz", *HWP* 6 (1984), 528–531.

> „Aus welchen [seienden Dingen] die seienden Dinge ihr Entstehen haben, dorthin findet auch ihr Vergehen statt, wie es in Ordnung (*kata to chreōn*) ist, denn sie leisten einander Recht (*dikē*) und Strafe (*tísis*) für das Unrecht (*adikía*), gemäss der Ordnung (*táxis*) der Zeit.“[9]

Zwar fällt der Begriff „Naturgesetz“ nicht, die rechtliche Interpretation der Weltenordnung ist aber über die verwendete Rechts- und Unrechtsterminologie mit Händen zu greifen. Deutlich allerdings ist auch, dass die Rechtsvorstellung hier dynamisch und nicht deterministisch gedacht ist: Die Dinge verhalten sich zwar gemäss der vorgeschriebenen Ordnung, aber nicht, weil sie nicht anders können, sondern weil sie sie befolgen.

Auch Heraklit spricht nicht explizit von „Naturgesetzen“, aber er erkennt einen das All durchwirkenden Logos (B 31: „... durch den das All regierenden Logos ...“) und beschreibt die nach bestimmten Massgaben (*métra*) gestaltete Ordnung des Kosmos:

> „Dieses ordentliche Gebilde (*kósmos*) hier, dasselbe für alle, schuf weder einer der Götter noch einer der Menschen, sondern es war immer und ist und wird sein; ewig lebendiges Feuer, entflammend nach Maßen (*métra*) und erlöschend nach Maßen (*métra*)“ (Clem. Strom. 5,104,2 [B 30]).[10]

Der Kosmos ist zwar nicht unveränderlich, aber wenn er sich verändert, dann in einer gewissen Gesetzmässigkeit.

Der Begiff des „Naturgesetzes“ findet sich dann – wahrscheinlich zum ersten Mal explizit – bei Platon in dessen Timaios (83e), allerdings in einem wenig spektakulären Zusammenhang, der zeigt, dass dem Begriff keine programmatische oder fundamentale Bedeutung zukommt. Platon beschreibt krankhafte Ausscheidungen aller Art beim Menschen und erklärt diese wie folgt:

> „Und all diese Substanzen (sc. kranke Ausscheidungen) sind natürliche Werkzeuge der Krankheiten, wenn das Blut sich nicht naturgemäss aus den Spesen und Getränken nährt, sondern seine Masse aus Entgegengesetztem wider die Gesetze der Natur (*parà toùs tès phýseos ... nómous*) gewinnt.“[11]

Die „Naturgesetze“ sind hier also nicht auf die Physik, sondern den Menschen und seinen Organismus angewandt. Der Begriff ist metaphorisch

---

[9] J. Mansfeld (Hg.), *Milesier, Pythagoreer, Xenophanes, Heraklit, Parmenides. Griechisch / Deutsch. Band. 1: Die Vorsokratiker*, Leipzig: Reclam, 1983, 72f, vgl. 63.

[10] Ebd., 263f. Siehe dazu H. Diels, *Die Fragmente der Vorsokratiker* (hg. von W. Kranz) Hildesheim: Weidmann, 2004, 22.

[11] Platon, *Timaios. Griechisch / Deutsch* (hg. von R. Rehn / T. Paulsen), Leipzig: Reclam, 2003, 83e.

verwendet und entbehrt der universalen Dimension, die etwa die Ordnungsspekulationen der Vorsokratiker prägt.

Neben den Vorsokratikern und Platon stehen vor allem die Stoiker im Ruf, eine naturgesetzliche Ordnung des Kosmos vertreten zu haben:

> „Die Stoiker verstehen (sc. unter der Heimarmene) eine Verkettung (*heirmós*) von Ursachen, d. h. eine unzerstörbare Ordnung und wechselseitige Verknüpfung."[12]

Hier fehlt wiederum die spezifische Begrifflichkeit von Naturgesetzen, aber die kosmische Ordnung wird als regelhaft angenommen wird. Doch ist mit S. Bobzien zu präzisieren:

> "The stoics are often assumed to have grounded their determinism on the idea of an all-encompassing set of 'laws of nature', similar to some modern theories of determinism, and that such a concept lies behind Philopator's principle. The assumption of such laws is an essential feature of those theories of determinism that are based on universal regularity. However, as we have seen earlier (4.2), what comes closest to modern laws of nature in early Stoic philosophy, the theorems (*theōrēmata*), are precisely not causal laws, but superimposed regularities. Futhermore, as I said above, we have no signs that Philopator developed a concept of empirical laws of nature."[13]

Man sieht: Die Vorstellung einer naturgesetzlichen Ordnung der Welt lässt sich zwar bei den Griechen erahnen, in Ansätzen auch erkennen, sie ist aber, wie durchaus auch zu erwarten ist, noch stark dynamisch und soziomorph geprägt. Die Ausklammerung des Orients bringt also in der Sache noch keinen strahlenden Anfang der Naturgesetzbegrifflichkeit bei den Griechen mit sich.

1.2. Annäherungen an das Thema im Rahmen der Diskussion um die Anfänge von Wissenschaft

Der eben beschriebene ‚orientblinde' Zugang scheint stark gattungsgebunden zu sein und sich v. a. bei wissenschaftshistorischen Thematisierungen der Naturgesetzbegrifflichkeit eingeübt zu haben.

---

12 H. von Arnim (Hg.), *Chrysippi fragmenta logica et physica. Band. 2: Stoicorum veterum fragmenta*, Berlin: de Gruyter, 1903, 917. Siehe dazu R. Nickel (Hg.), *Stoa und Stoiker. Band 1: Griechisch-lateinisch-deutsch*, Düsseldorf: Artemis & Winkler, 2008, 510f.

13 S. Bobzien, *Determinism and Freedom in Stoic Philosophy*, Oxford: Clarendon Press, 1998, 374.

Blickt man in die Diskussion um die Anfänge von Wissenschaft überhaupt, präsentiert sich die Sachlage etwas anders.[14] Dass Wissenschaft als solche nicht einfach bei den Griechen beginnt, ist in der akademischen Welt wohlbekannt. Zu nennen ist zunächst der bekannte Aufsatz von W. von Soden zu „Leistung und Grenze sumerischer und babylonischer Wissenschaft",[15] der die unterschiedlichen Bereiche der altorientalischen Wissenskultur abschreitet und deren Erkenntnisse beschreibt, dabei aber gleichzeitig auf das Fehlen von metareflexiven und theoriebildenden Elementen aufmerksam macht. Der Gesetzesbegriff spielt bei ihm keine Rolle, aber er wendet doch immerhin die Wissenschaftsbegrifflichkeit auf die gedanklichen Anstrengungen des Alten Orients an.

Im angelsächsischen Bereich ist dies namentlich für die Astronomie und die Mathematik gang und gäbe geworden, namentlich durch die Arbeiten von O. Neugebauer, H. Hunger, D. Pingree oder N. Swerdlow. Ja, man kann sogar feststellen, dass sich hier eine eigene Subdisziplin der Wissenschaftsgeschichte etablieren konnte, so dass immerhin auch das Buch des Altphilologen K. von Fritz *Grundprobleme der Geschichte der antiken Wissenschaft*[16] aus dem Jahr 1971 in seinem Vorwort als Allererstes auf die bahnbrechenden Veröffentlichungen der letzten Jahrzehnte zur babylonischen Astronomie und Mathematik verweist.

Auch das umfangreiche Werk des Pariser Wissenschaftshistorikers A. Pichot *Die Geburt der Wissenschaft*[17] behandelt Mesopotamien, Ägypten und Griechenland. Gleichwohl zeigt sich für Pichot doch ein deutlicher Unterschied zwischen der nichtgriechischen und griechischen Welt, er bezeichnet die geistigen Anstrengungen Mesopotamiens und Ägyptens als den „gegenstandbezogenen Weg", während Griechenland denjenigen „des wissenschaftlichen Geistes" gegangen sei, wobei er den „gegenstandsbezogenen" Weg als „geringer veranschlagt".[18]

Pichot ist für die Fragestellung der Naturgesetze besonders interessant, denn es gibt eine sehr spezifische Belegverteilung für das Stichwort „Gesetz" in seinem Buch. Der Begriff „Gesetz" findet sich in der allgemeinen

---

14 Interessanterweise gibt es zu diesem Thema eine Diskussion in antiken Texten selbst, die sich um das Thema des *prōtos euretēs* drehen. A. Kleingünther, *Prōtos Euretēs: Untersuchungen zur Geschichte einer Fragestellung* (Philologus Suppl. XXVI/1), Leipzig: Dieterich, 1933.

15 W. von Soden, Leistung und Grenze sumerischer und babylonischer Wissenschaft [1936], in: B. Landsberger / W. von Soden, *Die Eigenbegrifflichkeit der babylonischen Welt. Leistung und Grenze sumerischer und babylonischer Wissenschaft*, Darmstadt: Wissenschaftliche Buchgesellschaft, 1965, 21–123.

16 Siehe Anm. 3.

17 A. Pichot, *Die Geburt der Wissenschaft. Von den Babyloniern zu den frühen Griechen*, Frankfurt am Main: Campus-Verlag, 1995 = Ders., *La naissance de la science*, Paris: Gallimard, 1991.

18 Ebd., 556.

Einführung,[19] taucht danach aber erst *nach* der Behandlung von Mesopotamien und Ägypten bei der Besprechung der „ägäischen Welt“ wieder auf S. 246 auf:

> „Überhaupt ist die Tendenz, einen immer größeren Teil des Lebens durch die Gesetzgebung zu regeln, unverkennbar. Zwar waren Kodizes, die Richtlinien für Handel, Arbeit, Ehe, Rechtsprechung etc. aufstellen, auch schon früher bekannt, etwa der Kodex Hammurapi, doch nun weitet sich die Bewegung aus. Vor allem tauchen nun verfassungsgebende Gesetze auf, die die Macht regeln und in ihre Schranken verweisen, die bis dahin im besten Fall durch den Erlaß von Gesetzen regierte, falls sie es nicht vorzog, einfach willkürlich zu herrschen.“

Dieser Aussage korrespondiert der letzte voraufgehende Beleg für „Gesetz“ in der Einführung:

> „In einer demokratischen Gesellschaft, die sich ihre Gesetze selber gibt (...), wird der Mensch geneigt sein, auch in der Natur nach einer ihr eigenen Ordnung zu suchen, nach einer natürlichen, dem Menschen zugänglichen, nichtgöttlichen Ordnung.“[20]

Eben um dieses Thema „Wissenschaft und Demokratie“[21] dreht sich dann das Schlusskapitel des Buches, und es wird deutlich, wo das Herz des Autors schlägt: Wissenschaftliches Denken kann nur in demokratischen Gesellschaften entwickelt werden und florieren, und erst Griechenland hat die Demokratie erfunden. Wissenschaft ist für Pichot „das Resultat aus der Kreuzung der vielfältigen, wenn auch nichtwissenschaftlichen mesopotamischen und ägyptischen Erkenntnisse mit den aus der griechischen Demokratie geborenen Prinzipien.“[22]

Der Primat des griechischen Denkens, bei Pichot nicht zuletzt sozialgeschichtlich begründet, bleibt also gewahrt, aber es wird im Blick auf die weiteren Entwicklungen – vielleicht etwas simplifizierend – mit den altorientalischen Denkanstrengungen vermittelt. Die Entdeckung von Naturgesetzen aber ist an das Aufkommen der Demokratie gekoppelt, was nun einmal in Griechenland der Fall war.

Auffällig ist allerdings, dass Pichot offenbar der Meinung ist, mit Mesopotamien, Ägypten und Griechenland sei die alte Welt vollständig abgeschritten; das antike Israel fehlt. Dass aber etwa die kosmologischen Aus-

---

[19] Ebd., 15f.
[20] Ebd., 16.
[21] Ebd., 547–557.
[22] Ebd., 557.

sagen von Gen 1 oder das kalendarische System der Geschichtsbücher des Alten Testaments nicht in diesen Bereich gehören sollen, ist nicht plausibel.

Blicken wir nochmals zurück auf die allgemeine Wissenschaftsgeschichte mit Blick auf die Antike, so ist festzuhalten, dass eine generelle ‚Orientblindheit' als solche nicht festzustellen ist, im Gegenteil: Das Bewusstsein um die Errungenschaften v. a. in Astronomie und Mathematik der altorientalischen Kulturen ist in der Wissenschaftsgeschichte gut verankert. Die spezifische Vorstellung einer Naturgesetzlichkeit *vor* den Griechen kommt jedoch auch hier kaum in den Blick, wie vor allem bei Pichot zu erkennen ist, der dafür eine eigene Erklärung liefert: Erst in demokratischen Systemen, die übergeordnete Ordnungen kennen, sei die Vorstellung von entsprechenden natürlichen Ordnungen, die nicht einfach willkürlich geändert werden können, überhaupt zu erwarten.

1.3. Edgar Zilsel

Von den bisher festgestellten Trends hebt sich eine Figur in besonderer Weise ab, der österreichische Philosoph E. Zilsel, der von 1891 bis 1944 lebte. Seine Beiträge zu den "sozialen Ursprünge[n] der neuzeitlichen Wissenschaften" sind 1976 von W. Krohn herausgegeben worden, darin findet sich auch eine biobibliographische Skizze zu Zilsel von J. Behrmann.[23]

Besonders interessant ist in diesem Band der Beitrag „Die Entstehung des Begriffs des physikalischen Gesetzes", der auf einem englischen Originaltext beruht, den Zilsel 1942 in seinem amerikanischen Exil veröffentlicht hat.[24] Er zeichnet Vorgeschichte und Geschichte der Vorstellung von gesetzlichen Abläufen in der Natur vom Alten Testament bis ins 17. Jh. n. Chr. nach. Nur schon diese Untersuchungsspanne ist bemerkenswert: Ganz offenkundig greift Zilsel über die klassische Antike hinaus, die er auch bespricht,[25] aber erst nach den aus seiner Sicht relevanten Stellen des Alten Testaments. Mesopotamien kommt bei ihm allerdings nur ganz beiläufig und am Rande in den Blick.[26] Seine Sensibilität für die alttestamentlichen Belege hängt zweifellos mit seiner strengen jüdisch-religiösen Erziehung in Wien zusammen, von der er sich aber im Erwachsenenalter mehr und mehr zugunsten marxistischer Auffassungen löste.

---

[23] E. Zilsel, *Die sozialen Ursprünge der neuzeitlichen Wissenschaft* (hg. von W. Krohn; stw 152), Frankfurt am Main: Suhrkamp, 1976, 44–47.

[24] Ders., The Genesis of the Concept of Physical Law, in: *Philosophical Review* 51 (1942), 245–279.

[25] Zilsel, *Die sozialen Ursprünge*, 70–75.

[26] Ebd., 94.

Zilsel relativiert zwar zunächst die Bedeutung der vorgriechischen Geschichte der Vorstellung von Naturgesetzen in ganz allgemeiner Weise: „Primitiven und orientalischen Zivilisationen ist der Begriff des Naturgesetzes völlig unbekannt."[27] Diese Aussage konterkariert er dann aber *de facto*, indem er über drei Seiten hinweg biblische Vorstellungen von gesetzlichen Abläufen in der Natur bespricht und diese als „Wurzeln" des Naturgesetzbegriffs ansieht: „Die Wurzeln unseres Begriffs reichen bis ins Altertum zurück. Sie bestehen aus einigen wenigen Passagen der Bibel und des *Corpus Juris.*"[28]

Die von ihm angeführten biblischen Stellen sind die folgenden:

Hi 28,25f
Als er [sc. Gott] dem Wind sein Gewicht gab
und das Mass des Wassers bestimmte,
als er dem Regen eine Grenze schuf
und Blitz und Donner einen Weg …

Hi 26,10
Rund um das Wasser hat er eine Grenze gezogen,
wo Licht und Finsternis sich scheiden.

Hi 38,10f
Ich habe ihm [sc. dem Meer] ein Becken gegraben
und ihm Tor und Riegel gegeben.
Und ich habe gesagt: Bis hierher und nicht weiter!
Hier müssen deine stolzen Wogen sich legen.

Ps 104,9
Du hast eine Grenze gesetzt, die sie [sc. die Wasser der Urflut] nicht überschreiten; nie dürfen sie wieder die Erde bedecken.

Spr 8,29
… als er dem Meer seine Grenze setzte,
und die Wasser seinen Befehl nicht übertraten,
als er die Grundfesten der Erde festsetzte.

Jer 5,22
Mich wollt ihr nicht fürchten, Spruch JHWHs,
vor mir nicht zittern,
der ich dem Meer den Sand als Grenze gesetzt habe,
als ewige Schranke, die es nicht überschreiten darf?

---

27 Ebd., 66.
28 Ebd., 68–70, hier 68.

Und wogten die Wellen auch hin und her,
nichts können sie erreichen,
und brausen auch seine Wogen,
sie werden sie nicht überschreiten.

Zilsel findet in diesen Belegen die Vorstellung einer gesetzlichen Bestimmung der Natur seitens von Gott. Besonders sprechend ist für ihn, dass die Vulgata an zwei Stellen den Begriff *lex* gebraucht. Der grundlegende Unterschied in der Gesetzesauffassung dieser Stellen liegt dabei allerdings auf der Hand:

> „Der Begriff des physikalischen Gesetzes, so wie er in der modernen Naturwissenschaft gebraucht wird, enthält keine Vorstellungen von Befehl und Gehorsam.“[29]

Doch Zilsel ist immerhin überzeugt:

> „In den zehn Versen des Alten Testaments [sc. Hi 28,25f; 26,10; 38,10f; Ps 104,9; Spr 8,29; Jer 5,22 (ich zähle nur acht Verse, K.S.)] sind wir mit der ältesten Stufe des Begriffs des Naturgesetzes bekanntgeworden. Der Einfluss der Bibel auf das abendländische Denken ist unermesslich gross.“[30]

2. Einige altorientalische und alttestamentliche Gegenbefunde

Zilsels Beitrag weist in eine richtige Richtung, er schweigt aber fast ganz über die mesopotamische Literatur und nennt aus der alttestamentlichen Literatur die handgreiflichsten Belege nicht. Zu diesen weiteren alttestamentlichen Stellen zählen die folgenden:

Jer 31,35f
So spricht JHWH,
der die Sonne zum Licht am Tag gemacht hat,
die Ordnungen (*ḥuqqôt*) des Monds und der Sterne zum Licht in der Nacht,
der das Meer in Bewegung versetzt hat,
dass seine Wellen brausten,
JHWH Zebaot ist sein Name:
Könnten diese Ordnungen (*ha-ḥuqqîm*) vor mir verschwinden,
Spruch JHWHs,
so könnten auch die Nachkommen Israels für immer aufhören,
vor mir eine Nation zu sein.

---

[29] Ebd., 67.
[30] Ebd., 69.

Bemerkenswert an diesem Text ist, dass sowohl die Regelhaftigkeit der Natur wie auch ihre Unregelhaftigkeit („der das Meer in Bewegung versetzt hat, dass seine Wellen brausten") gleicherweise Ausdruck von Gottes Schöpfermacht sind. Deutlich wird dadurch wiederum: Gesetzmässige Vorgänge in der Natur folgen nicht eigenen Gesetzen, sondern der Gesetzgebung Gottes, die neben Regularitäten eben auch Irregularitäten verursachen kann.

Weiter zu nennen sind dann folgende Passagen, die sich dadurch von Zilsels Beispielen unterscheiden, dass sie nicht nur der Sache, sondern auch den Begriffen nach ganz deutlich *rechtliche* Interpretationen kosmischer Phänomene vornehmen:[31]

Jer 33,25f

So spricht JHWH: Wenn mein Bund mit Tag und Nacht nicht bestünde, wenn ich die Ordnungen (*ḥuqqôt*) des Himmels und der Erde nicht festgesetzt hätte, dann würde ich auch die Nachkommen Jakobs und Davids, meines Dieners, verwerfen, so dass ich von seinen Nachkommen keine Herrscher mehr nähme über die Nachkommen Abrahams, Isaaks und Jakobs. Aber ich werde ihr Geschick wenden und mich ihrer erbarmen!

Hi 38,12

Hast du in deinem Leben je dem Morgen geboten (*ṣwh*),
der Morgenröte ihren Ort gezeigt?

Hi 38,33

Kennst du die Gesetze (*ḥuqqôt*) des Himmels,
und setzt du auf der Erde seine Herrschaft durch?

Ps 148,3-6

Lobt ihn [sc. JHWH], Sonne und Mond,
lobt ihn, all ihr leuchtenden Sterne.
Lobt ihn, ihr Himmel der Himmel
und ihr Wasser über dem Himmel.
Sie sollen loben den Namen JHWHs,
denn er gebot (*ṣwh*), und sie wurden geschaffen.
Er setzte sie für immer und ewig,
er gab eine Ordnung (*ḥoq*), und niemand darf sie verletzen.

---

31 In der alttestamentlichen Wissenschaft ist dies durchaus gesehen worden: „In jener Welt droben bestehen ‚Ordnungen' oder Naturgesetze, die natürlich von Gott gegeben sind (vgl. Jer 31,35f; 33,25; Ps 148,6)." (G. Fohrer, *Das Buch Hiob* [KAT XVI], Gütersloh: G. Mohn, 1963, 508). Die wissenschaftsgeschichtliche Bedeutung dieser Texte wurde jedoch nicht zureichend erkannt.

Die Termini für "gebieten" (*ṣwh*) und "Ordnungen" (*ḥuqqôt*) stammen aus der Rechtssprache. Die Wurzel *ṣwh* "gebieten" steht hinter dem Ausdruck "Gebote" (*miṣwôt*); so besteht nach jüdischer Tradition die Tora aus 613 *miṣwôt*. "Ordnungen" (*ḥuqqôt*) bezeichnet ebenfalls die Rechtssätze innerhalb einer Rechtssammlung.[32]

Was die Datierung dieser alttestamentlichen Texte angeht, so ist die kontroverse Diskussion darüber hier nicht im Einzelnen aufzurollen; man kann aber mit grosser Wahrscheinlichkeit davon ausgehen, dass alle diese Texte nachexilischen Ursprungs, d. h. wohl kaum älter als das 6. Jh. v. Chr. sind. Die universale rechtsförmige Interpretation von Naturphänomenen im Alten Testament setzt gewissermassen die Erfahrung der universalen Perserherrschaft voraus, analog zu der auch die Universalität Gottes neu gedacht wird. Man hat hier zwar nicht die Demokratie als Ursache der Vorstellung von einer Eigengesetzlichkeit der Natur vor sich, aber doch die dezentrale, teilautonome rechtliche Verwaltung eines weltumfassenden Grossreiches, dessen Einzelteile rechtlich nach eigenen Massgaben leben.

Doch hat das Alte Testament diese Vorstellung nicht erfunden. Sie ist in mesopotamischen Texten bereits vorgedacht worden.

Ein fragmentarisches, aber doch hinreichend deutliches Beispiel findet sich im Text K 7067, den W. Horowitz in seiner *Mesopotamian Cosmic Geography* bearbeitet hat:[33]

K 7067
Ea in the Apsu …
The Great Gods took council and their d[ecisions …
The stars, like a beaut[iful] glo[w of …
The vast heavens [...
From sunrise to sunse[t …
They multiplied the width by the height.

Trotz der Bruchstückhaftigkeit des Textes ist zu erkennen, dass er die Ordnung der Sternenwelt auf göttliche Anordnungen zurückzuführen scheint.

Weiter ist die Tafel V des babylonischen Weltschöpfungsepos *Enūma eliš* zu nennen. Dessen Aussageziel ist allerdings weniger die Schöpfung,

---

32 Zu nennen wäre weiter Psalm 19, der mit seiner Zusammenstellung von Schöpfung und Gesetz zumindest kompositionell den Eindruck der Beschreibung einer Korrespondenz von Naturgesetzen und Tora erweckt. Schliesslich ist auch an den Gedanken der Schöpfung durch das Wort in Genesis 1 zu erinnern, der doch für die Überzeugung zu stehen scheint, dass die Welt eine intelligible, textliche Struktur hat und ihre Ordnungen sozusagen lesbar sind.

33 W. Horowitz, *Mesopotamian Cosmic Geography* (Mesopotamian Civilizations 8), Winona Lake, IN: Eisenbrauns, 1998, 147f.

die die vergleichende Bibelforschung so sehr an ihm interessiert hat, als vielmehr der Erweis der Suprematie Marduks über die Götterwelt:

Ee V 1–25[34]
Er [sc. Marduk] schuf den himmlischen Standort für die großen Götter
und errichtete Sternbilder, die Muster der Sterne.
Er bestimmte (*ú-ad-di*) das Jahr, bezeichnete die Grenzen,
und stellte für zwölf Monate je drei Sterne hin.
Nachdem er das Jahr eingeteilt hatte,
bestimmte (*ú-šar-šid*) er den himmlischen Standort von Neberu, um die Sternabstände festzulegen.
Damit keiner sündige oder nachlässig sei,
legte er die himmlischen Standorte von Enlil und Ea mit ihm fest.
Er öffnete Tore an beiden Seiten
und brachte rechts und links starke Riegel an.
In ihren (sc. der Tiamat) Bauch stellte er die (Himmels-)Höhen
und erschuf Nannar, dem er die Nacht anvertraute.
Er bestimmte ihn *(ú-ad-di-šum-ma)* zum Schmuckstück der Nacht, um die Tage festzulegen,
und Monat für Monat ohne Unterlass erhöhte er ihn mit einer Krone.
„Am Monatsanfang scheine über dem Land,
leuchte mit Hörnern, um sechs Tage zu bestimmen.
Am siebten Tag soll die Krone halbvoll sein,
am 15. Tag, in der Hälfte des Monats, stehe in Opposition.
Wenn Schamasch dich am Horizont [sieht],
nimm in den richtigen Stufen ab und leuchte rückwärts.
Am 29. Tag nähere dich dem Pfad von Schamasch,
[...] 30. Tag stehe in Konjunktion und konkurriere mit Schamasch.
Ich habe [....] das Zeichen, folge seiner Spur,
nähere dich … [.....] und fälle Urteil.
[......] Schamasch, zügele [Mord] und Gewalt,
[...]

Es ist gut zu erkennen, wie die Regelmässigkeit der Sternbewegungen und des Mondlaufs als Resultat gesetzgeberischer Anordnung Marduks beschrieben werden. Allerdings ist vollauf klar, dass Sterne und Mond sich auch anders verhalten *könnten*, wenn sie wollten. Deshalb bedarf es des Sterns Neberu – damit ist der Jupiter gemeint –, der darüber wacht, dass

[34] Übersetzung hier und im Folgenden nach O. Kaiser (Hg.), *Texte aus der Umwelt des Alten Testaments. Bd. III, Lfg. 4: Mythen und Epen* II, Gütersloh: Gütersloher Verlagshaus, 1994, 587f (W. G. Lambert). Transkriptionen des Akkadischen nach Ph. Talon, *The Standard Babylonian Creation Myth Enūma Eliš* (SAACT 4), Helsinki: Helsinki University Press, 2005.

kein Himmelskörper „sündigt", d. h. gegen die entsprechenden Gesetze Marduks verstösst.

Besonders interessant ist der Folgekontext dieser Anordnungen, da hier nun irreguläre Naturphänomene beschrieben werden, wie das Toben des Windes und die Regenstürme.

Ee V 46–52[35]
Die Wachen von Nacht und Tag [......].
Den Speichel, den Tiamat [......],
machte Marduk [......].,
er sammelte ihn und machte ihn zu Wolken.
Das Toben des Windes, heftige Regenstürme,
das Schwallen des Nebels – die Anhäufung ihres Speichels –
das wies er sich selbst zu (*ú-ad-di-ma ra-ma-nu-uš*) und nahm es in seine Hand.

Beides, Wind und Sturm, untersteht unmittelbar der Jurisdiktion Marduks selbst, die entsprechende Terminologie (*wadû* D-Stamm) in V 52 ist dieselbe wie in V 3 und V 13.

Regularitäten und Irregularitäten himmlischer und natürlicher Phänomene werden also nicht mit Präsenz oder Absenz göttlicher Anordnung, sondern mit unterschiedlichen Hierarchiestufen in den göttlichen Zuständigkeiten erklärt: Je tiefer die Zuständigkeit verankert ist, desto regelmässiger das entsprechende Phänomen, da es Kontrollmechanismen gibt. Irregularitäten dagegen beruhen auf Interventionen übergeordneter Instanzen in der göttlichen Welt.

Ein sprechendes Beispiel dafür gibt der Text in Ee IV 17–28:

Ee IV 17–28[36]
„Bel, wer auf dich vertraut, dessen Leben schone,
doch vernichte den Gott, der Böses im Sinn hat."
Sie setzten ein Sternbild in ihre Mitte
und sprachen zu Marduk, ihrem Sohn:
„Dein Schicksal, Bel, ist höher als das aller Götter.
Befiehl und verursache Auslöschen und Wiederherstellung.
Durch dein Word lass das Sternbild verschwinden,
mit einem zweiten Befehl lass das Sternbild wiedererscheinen."
Er gab den Befehl, und das Sternbild verschwand,
mit einem zweiten Befehl kam das Sternbild wieder ins Sein.
Als seine göttlichen Väter (das Ergebnis) seine(r) Äußerung sahen,
freuten sie sich und gratulierten: „Marduk ist König!"

---

35 Übersetzung nach TUAT III/4, 588 (W. G. Lambert).
36 Übersetzung nach TUAT III/4, 583f (W. G. Lambert).

Marduks Herrschaft über die Götter wird dadurch erwiesen, dass er ein Sternbild verschwinden und wieder erscheinen lassen kann.[37] Der Umstand, dass es gesetzmässige Regularitäten in der himmlischen und natürlichen Welt gibt, ist die Grundvoraussetzung dafür, dass die Himmels- oder Naturbeobachtung als extrapolationsfähig gilt: Wer den Himmel oder die Natur beobachtet, kann bestimmen, was geschehen wird. Das im Alten Orient florierende Divinationswesen baut der Sache nach auf dieser Überzeugung auf. Die Überzeugung einer der Welt zugrundeliegenden Gesetzmässigkeit findet ihren sinnenfälligen Ausdruck darin, dass das Geschäft der Zukunftsweissagung mit einer durch *šumma* eingeleiteten Protasis, die von einer Apodosis gefolgt wird, Grundelemente rechtlicher Sprache reproduziert, wie dies S. Maul beschrieben hat:

> „Allen Satzgefügen dieser Art ist in jedem Falle gemein, dass der durch die Verknüpfung von Protasis und Apodosis hergestellte Zusammenhang im altorientalischen Weltbild das Offenlegen einer Gesetzmässigkeit des dynamischen Weltgefüges darstellt.“[38]

Diese grundlegende Korrespondenz findet sich auch in analogen Beschreibungen des Wirkens des Sonnengottes Schamasch in der Schöpfung sowie den rechtssprechenden Tätigkeiten menschlicher Richter: Der Sonnengott Schamasch gilt als Garant der Schöpfungsordnung, in Gebeten wird er häufig als *muštēširu* “der, der recht leitet” (< *šutēšuru*, *mešēru* Št-Stamm) bezeichnet. „Eben dieses Verb *šutēšuru* ‚in Ordnung bringen‘ ist auch das Verb, das als juristischer Fachterminus die Tätigkeit eines ‚profanen‘ Richters, nämlich ‚das Recht herzustellen‘ bezeichnet.“[39]

Man sieht: Die alttestamentliche und altorientalische Überlieferung bietet genügend Beispiele für rechtsförmige Interpretationen von Himmels- und Naturphänomenen, so dass die bisherige Lexikonkultur zu den Naturgesetzen überdacht werden muss.

Gleichwohl ist aber auch Zurückhaltung geboten. Eine systematisierende Begrifflichkeit lässt sich auch in den besprochenen Stellen nicht erkennen. Mit F. Rochberg gesprochen:

---

37 M. Albani, „Kannst du die Sternbilder hervortreten lassen zur rechten Zeit...?“ (Hi 38,32). Gott und Gestirne im Alten Testament und im Alten Orient, in: B. Janowski / B. Ego (Hg.), *Das biblische Weltbild und seine altorientalischen Kontexte* (FAT 32), Tübingen: Mohr Siebeck, 2001, 209.

38 S. M. Maul, Art. Omen, Omina, *Reallexikon der Assyriologie* 10 (2003–2005), 45–88.

39 S. Maul, Der assyrische König – Hüter der Weltordnung, in: J. Assmann u. a. (Hg.), *Gerechtigkeit. Richten und Retten in ihrer abendländischen Tradition und ihren altorientalischen Ursprüngen*, München: W. Fink, 1998, 65–77, hier 66. Vgl. auch *šutēšuru* in Codex Hammurapi XXIV 73, XXV 38 und V 16.

> „Cuneiform astronomical tablets had no use for axiomatic expressions of law-like regularities or causal explanations of the synodic phenomena of the moon and planets, but their systems (…) were constructed on an empirical foundation.“[40]

Vor allem aber ist eine grundlegende Differenz des antiken zum modernen Rechtsverständnis in Anschlag zu bringen: Die rechtliche Interpretation natürlicher und kosmischer Phänomene erfolgt in der vorgriechischen Antike entsprechend dem damaligen Rechtsverständnis, dass das Recht nicht als dem Machthaber übergeordnete, sondern ihm untergeordnete Grösse gilt. Recht ist keine feststehende, konstante Grösse, sondern ein formbares Herrschaftsinstrument eines altorientalischen Königs. Entsprechend ist die rechtliche Interpretation von Himmels- und Naturphänomenen im alten Orient und im antiken Israel anders konturiert als in der europäischen Neuzeit: Himmel und Natur folgen der gesetzgeberischen Aktivität des jeweiligen Gottes, sie könnten es aber grundsätzlich auch nicht tun. Die Vorstellung konstanter Naturgesetze, die keiner Veränderung unterworfen sind, hat ein tiefgreifendes Verständnis im Wandel des Rechtsverständnis zu ihrer Voraussetzung, das sich einerseits in den frühen Demokratien Griechenlands und andererseits im nachstaatlichen Juda der Perserzeit zeigt: Recht wird in diesen postmonarchischen Gesellschaften nun neu verstanden als eine normative Instanz, die aus sich selber heraus bindende Wirkung hat. Erst im Gefolge dieser rechtsgeschichtlichen Prozesse konnte sich dann die Vorstellung einer durchgehend naturgesetzlichen Verfasstheit der Welt etablieren. Dieser historischen Differenz in der Rechtsauffassung gilt das abschliessende Kapitel.

3. Autonome oder heteronome Gesetze: Die Notwendigkeit rechtsgeschichtlicher Differenzierung bei antiken rechtsförmigen Interpretationen der Natur

Was war das altorientalische Recht? Die Rechtssätze der altorientalischen Rechtssammlungen scheinen eher einen deskriptiven und nicht einen normativen Status gehabt zu haben. Aus zwei Beobachtungen heraus erscheint das als wahrscheinlich: Zum einen zeigt ein Vergleich dieser Rechtssammlungen mit Prozessurkunden, dass die tatsächlich gefällten Urteile nicht mit den Regelungen der Sammlungen übereinstimmen müssen; zum anderen zeigt nur schon die Auswahl dessen, was geregelt wird, dass hiermit nicht das gesamte Feld möglicher Streitfälle im privaten und öffentlichen Leben

[40] F. Rochberg, *The Heavenly Writing. Divination, Horoscopy, and Astronomy in Mesopotamian Culture,* Cambridge: Cambridge University Press, 2004, 277.

abgedeckt wird. Besonders sprechend sind die klassischen Fälle des stössigen Rindes oder des Aborts einer schwangeren Frau, die in verschiedenen Rechtssammlungen belegt sind und wohl nur sehr selten angewendet werden konnten. Wahrscheinlich sind diese Rechtssammlung vor allem Produkte der Rechtsgelehrsamkeit, die in exemplarischer Weise besonders schwierige Fälle behandelten und anhand dieser Fälle Modelle zur Rechtsfindung darstellen wollten. Die meisten Konflikte wurden ohnehin im Gewohnheitsrecht entschieden, das keiner schriftlichen Fixierung bedurfte.

Entsprechend bedarf auch die übliche Bezeichnung der altorientalischen Rechtssammlungen als „Codex" oder „Codices" („Codex Ur-Nammu", „Codex Lipit-Ištar" etc.) der Erläuterung und Korrektur.[41] Der Begriff „Codex" impliziert aufgrund seiner mittelalterlichen Verwendung die Vorstellung von normativem Recht, was für die altorientalischen Rechtssammlungen eher irreführend ist. Diese sind eher als „Rechtsbücher" anzusprechen.[42] Sie bieten Hilfe, formulieren aber keine verbindlichen Regeln der Rechtsfindung.[43] Die Autorität dieser Texte lag nicht in ihnen selbst, sondern in der Autorität des Königs, der die Gesetze immer wieder in Kraft zu setzen hatte. Der Umstand, dass es im klassischen alten Ägypten keine schriftlich fixierten Gesetzeskorpora gab – überliefert ist im Wesentlichen nur ein Erlass des Königs Haremhab aus der 18. Dynastie[44] – ist deshalb eigentlich keine Ausnahme, sondern nur ein sehr sprechendes Beispiel dafür, dass die eigentlich legislative Instanz nicht ein Text, sondern der König war.[45]

---

[41] K.-J. Hölkeskamp, *Schiedsrichter, Gesetzgeber und Gesetzgebung im archaischen Griechenland* (Historia Einzelschriften 131), Stuttgart: Franz Steiner, 1999, 16. Siehe dazu S. Greengus, Art. Law. Biblical and ANE Law, *Anchor Bible Dictionary* 4 (1992), 242–252, hier 243; Ders., Legal and Social Institutions of Ancient Mesopotamia, in: J. M. Sasson (Hg.), *Civilizations of the Ancient Near East.* Vol. II, Peabody: Hendrickson, 2000, 469–484, hier 471f.

[42] C. Houtman, *Das Bundesbuch. Ein Kommentar* (DMOA 24), Leiden: Brill, 1997, 18; J. Assmann, *Herrschaft und Heil. Politische Theologie in Ägypten, Israel und Europa*, München: C. H. Beck, 2000, 178–179; R. Rothenbusch, *Die kasuistische Rechtssammlung im ‚Bundesbuch' (Ex 21,2-11.18–22,16) und ihr literarischer Kontext im Licht altorientalischer Parallelen* (AOAT 259), Münster: Ugarit-Verlag, 2000, 408–473.

[43] Assmann, *Herrschaft*, 179. Zum „Codex Hammurabi" vgl. H.-J. Gehrke (Hg.), *Rechtskodifizierung und soziale Normen im interkulturellen Vergleich* (ScriptOralia 66), Tübingen: Narr, 1994, 27–59; Assmann, *Herrschaft*, 179–180.

[44] E. Otto, Recht und Ethos in der ost- und westmediterranen Antike: Entwurf eines Gesamtbildes, in: M. Witte (Hg.), *Gott und Mensch im Dialog* (FS Otto Kaiser; BZAW 345/I), Berlin: de Gruyter, 2004, 105.

[45] Greengus, Law (Anm. 41), 244; vgl. das griechische bzw. römische Konzept des Königs als *nomos empsychos* oder *lex animata*, J. Assmann, Gottesbilder – Menschenbilder: anthropologische Konsequenzen des Monotheismus, in: R. G. Kratz / H. Spieckermann (Hg.), *Gottesbilder – Götterbilder – Weltbilder. Polytheismus und Monotheismus in der Welt der Antike. Band II: Griechenland und Rom, Judentum, Christentum und Islam* (FAT II/18), Tübingen: Mohr Siebeck, 2006, 321.

Geht man von diesem altorientalischen Verständnis von „Gesetz“ aus, dann liegt auf der Hand, dass sich die rechtförmige Interpretation von Regularitäten in der Natur in anderer Weise nahelegte, als dies in einem modernen Kontext der Fall wäre. Jede Naturgesetzlichkeit ist zwar nach altorientalischem Verständnis aktuell festgesetzt, aber doch prinzipiell veränderbar, und zwar eben aus dem Grund, dass sie auf veränderliche Gottheiten zurückgeführt wird und nicht auf unveränderlichen Prinzipien basiert. Besonders zu erinnern ist noch einmal an die besondere Thematisierung und Erklärung von unregelmässigen Naturphänomenen in Ee IV–V oder in Jer 31,35.

Die rechtsförmige Interpretation der Natur entspricht also dem vergleichsweise dynamischen Rechtsverständnis der damaligen Zeit. Von hierher kann man den in den nichtmonarchischen Gesellschaften von Sparta und Athen ebenso wie im antiken Juda der Perserzeit beobachtbaren Vorgang, dass sich die Vorstellung eines aus sich selbst heraus verbindlichen Rechts entwickelt, nicht bedeutsam genug einschätzen – und zwar namentlich auch für das Konzept von unveränderlichen Naturgesetzen. Insofern kann man Pichot mit seiner Betonung der Demokratie für die Entwicklung der Wissenschaft doch wieder ein Stück weit Recht geben.

Der Umstand, dass dieses dynamische Rechtsverständnis sich gleichwohl zur Interpretation kosmischer Regularitäten nahelegte, hat seinen einfachen Grund darin, dass die antike Weltsicht grundsätzlich soziomorph geprägt war. D. h. die Welt wurde nicht, wie bei Kant, als ein Konglomerat aus gesetzlichen Abläufen, sondern gewissermassen gesellschaftsförmig, organisch gedacht. Deshalb waren regelmässige Abläufe auch als gesetzmässig im antiken Sinne interpretierbar, ohne dass damit – jedenfalls nicht vor dem 3. Jh. v. Chr. – ein strenger Determinismus verbunden war.

Dass unsere Fragestellung in der weiteren Wissenschaftsgeschichte relevant geblieben ist, zeigt sich v. a. angesichts der Ergebnisse des von L. Daston und M. Stolleis durchgeführten Forschungsprojekts zum Verhältnis von Naturgesetzen und Ausbildung von Rechtsvorstellung in der frühen Neuzeit.[46] Die Beiträge des daraus hervorgegangenen Sammelbandes deuten darauf hin, dass die Ausbildung von Naturrechtsvorstellung im 16. und 17. Jh. zur Voraussetzung hatte, dass sich zuvor in der Physik die Vorstellung einer allgemeinen Naturgesetzlichkeit durchsetzen konnte. Hier scheint also die Physik eine wichtige Rolle als gebender Part gespielt zu haben. Rechtsgeschichte und Naturinterpretation haben nicht nur in der Antike untereinander interagiert. Für die Einsicht in die historische Relativität von Kosmologie und Rechtsaufassung sind solche Beobachtungen von grosser Bedeutung und bleibender Aktualität.

---

[46] L. Daston / M. Stolleis, *Natural Law and Laws of Nature in Early Modern Europe. Jurisprudence, Theology, Moral and Natural Philosophy*, Farnham: Ashgate, 2010.

Where were the Laws of Nature Before There was Nature?

Francesca Rochberg

In the historical discourse about nature, especially about nature's relationship to gods, or God, the use of the conception of law as a way to describe perceived order and regularity in the world of physical phenomena shows nearly continuously from Greek and Greco-Roman antiquity down to the 17th century. Even today the several related conceptions, the laws of nature, laws of physics, and laws of science perpetuate a metaphor of law to refer to structures purportedly embedded in a world apart from human thought or intervention, and in the view that the aim of science is the discovery of these laws. It is precisely the power of the metaphor of the "laws of nature" to connect what is seemingly outside the sphere of human culture with what is human and cultural. Real and independent as we may think nature and its orderliness are, the very notion of physical phenomena being subject to laws is a profoundly cultural claim, one which imparts a human value to the world external to human society. In so doing, that noble part of civilization, law, is further dignified by being written into the very substance of the world, and, in turn, the world is made intelligible and even predictable by its law-like behavior.

Endemic to the development of Western science are three conceptions in which the metaphoric extension of the idea of law is projected outside of human society and into the realms of nature and the gods, or God. They are divine law, the order imposed upon nature from a transcendent source, the laws of nature, seen as a property of the physical world, and the natural law, an ethical theory grounded in a commitment to a universal human reason. Scholarship on the origins of the conception of laws of nature or physical law, as well as of the natural law, has traditionally focused on the classical and Greco-Roman periods, with a view to tracing that history down to the fully nomological and secularized laws of nature in early modern Europe.[1] So closely associated with the West is the trope "laws of na-

---

1 E. Zilsel, "The Genesis of the Concept of Physical Law," *Philosophical Review* 51 (1942), 245–279, places the origins of the idea of nature as fully and independently nomological and as emerging from the view of natural phenomena being law-like as a result of obeying God's commands, "in the period of Descartes, Hooke, Boyle and Newton" (247). J. E. Ruby, however, in "The Origins of Scientific 'Law,'" *Journal of the History of Ideas* 47 (1986), 341–359 pushes the idea further back into the Middle Ages, saying, "although prima facie, the explanation of scientific 'law' as arising from the idea of divine legislation is highly plausible, it is for the most part mistaken. The idea of legislation by God or Nature does account for much of ancient use of 'law' for natural phenomena. However, the modern use emerged through different processes at different

ture" that J. Needham cited it as a key point of difference with science in China. "In Western civilization," Needham wrote, "ideas of natural law (in the juristic sense) and the laws of Nature (in the sense of the natural sciences) go back to a common root (…). For without doubt one of the oldest notions of western civilization was that just as earthly imperial lawgivers enacted codes of positive law, to be obeyed by men, so also the celestial and supreme rational creator deity had laid down a series of laws which must be obeyed by minerals, crystals, plants, animals and the stars in their courses."[2] In his article from the *Journal of the History of Ideas* of 1951, Needham was probably the first to assert that "there can be little doubt that the conception of a celestial lawgiver 'legislating' for non-human natural phenomena has its first origin among the Babylonians."[3] He also proposed that the Stoic universal law (*koinos nomos*) was "derived from Babylonian influences," specifically by means of the transmission of the astral sciences after ca. 300 B.C.E.[4] As I hope to show, the "celestial lawgiver" of Needham, by which he meant the Babylonian national god Marduk, is not the exclusive or even the principal source for the legal metaphor in ancient Mesopotamian texts reflecting on the connection between divine and world, though it must be counted toward a statement of the idea.[5]

In the Western tradition, the metaphor of nature's lawhood was ultimately realized in two separate but related doctrines, one of the so-called natural law and the other of the laws of nature, each one predicated on the universality of nature. Though distinct in the domain of their effect, natural law applying to human social life and the laws of nature to physical phenomena, they interconnect historically in Stoicism and its philosophical

---

times in three distinct fields, in only one of which the idea of divine legislation had any part. In all three it appeared before 1543" (342). For the argument against this position, see D. Lehoux, *What Did the Romans Know? An Inquiry in to Science and Worldmaking* (Chicago: University of Chicago Press, 2012), 65–74, where he sets Ruby's (modern) criteria for a law of nature against those of J. R. Milton, discussed below.

2 J. Needham, "Human Laws and Laws of Nature in China and the West," *Journal of the History of Ideas* 12 (1951), 3; see also D. Bodde, "Evidence for 'Laws of Nature' in Chinese Thought," *Harvard Journal of Asiatic Studies* 20 (1957), 709, citing J. Needham, *Science and Civilization in China. Vol. 2: History of Scientific Thought* (New York: Cambridge University Press, 1956), 518.

3 Needham, "Human Laws and Laws of Nature," 18.

4 Ibid., 20.

5 G. Striker says that the idea that the natural law theory was invented by the Stoics "would be an exaggeration," but they "maintained that the reason which governs the universe can be described as a universal lawgiver—it prescribes what ought to be done, and prohibits what must not be done. In Cicero's solemn words, 'law is the highest reason, implanted in nature, which commands what ought to be done and forbids the opposite.'" See G. Striker, "Following Nature: A Study in Stoic Ethics," *Oxford Studies in Ancient Philosophy* 9 (1991), 35, and citing Cicero, *Leg.* 1.18 (trans. C. W. Keyes; Loeb Classical Library; London: Heinemann, 1961).

heirs by virtue of the identification between the universe of nature and a divine universal creator who established both the law-like nature of nature and a universal ethical order (*koinos nomos*). The context of such ideas about physical order as a function of theocratic order, implied in the terms *ius divinum* "divine law" and *deus legislator* "divine lawgiver," has thus far been looked for in earlier Greek materials and in the various relationships assumed between the terms *nomos* "law" and *physis* "nature."

Asking the question where the Laws of Nature were before there was Nature is meant to dislodge the discussion of the "laws of nature" from the mostly Greco-Roman period and later Greek and Latin sources that speak explicitly in those terms, and to bring with the framework and history of this concept cuneiform evidence from the second and first millennia B.C.E. that does not speak of nature at all, indeed has no terminology equivalent to "nature" in its vocabulary. Whereas the cuneiform corpus altogether lacks a lexical counterpart to the word or the conception "nature," and thus, strictly speaking, belongs prior to and outside the bounds of the Western discourse about nature, that is to say, it is literally "before nature," a relation between the divine and the world is nonetheless described in the Akkadian language in legal and juridical terms.[6] Whether or to what extent this terminology was employed in a consciously metaphorical way is not what I set out here to decide. What I do set out to show is that a language of law and of judgment in the Babylonian sources bears relation to what is later quite clearly a laws of nature metaphor.

Whether Stoic natural law theory actually emanated from Babylonian "cosmology"[7] is a question that would be significant for understanding the very roots of an important point of Western jurisprudential and theological thought. As M. Scholfield said, with Stoic natural law "the stage is set for *ius naturale* as it appears in Cicero's *de officiis* and the *Digest*—and in

---

6 Having a lexical counterpart to "nature" is obviously not a requirement for the application of the legal metaphor in cosmological thought, as Bodde's study (cited above, n. 2) of the Chinese evidence demonstrates. See further his follow-up, "Chinese 'Laws of Nature': A Reconsideration," *Harvard Journal of Asiatic Studies* 39 (1979), 139–155. One could also say that having a lexical counterpart to "nature" is obviously not a requirement for the interest in, observation of, and theorizing about the phenomena. The presence or absence of the divine in nature is also beside the point, as demonstrated by the history of mediaeval European science.

7 It would probably be better to avoid the use of the modern term "cosmology," as there was no "study of the universe in its totality" in cuneiform texts, nor a study of the universe absent of consideration of the role of the gods in its functioning. As will certainly be noticed in this paper, sources for the variety of ideas on the universe and its relation to divine agency, including references to parts of the universe inhabited or governed by various deities, consist largely of text types such as prayers, hymns, incantations and ritual texts. Neither do texts focusing on the physical functioning of the celestial bodies, such as the Astrolabes, MUL.APIN, or the late Babylonian observational and predictive mathematical texts, articulate what we would recognize as "cosmological" ideas.

Grotius, Pufendorf and beyond."[8] But that is a goal far beyond the scope of the present paper or the competence of its author, and my interest is not in tracing the transmission of ideas from the Near East to the classical West. My goal is simply to review the cuneiform sources relevant to the connection between "divine law" and "cosmic order," leaving specialists to draw their own conclusions about its later Western legacy. To that end I would like to consider first the Mesopotamian trope of the divine judiciary, second its extension to the physical world, and lastly, and in all brevity, to take up the question of the casuistic, or case-law, formulation of Akkadian omen statements as they appear in codified written series.

Cuneiform sources reflecting on the ancient Mesopotamian conception of law run the gamut of chronological periods, geographical locations, and genres. None are philosophical in nature, and so do not afford second order articulations on the nature of cuneiform law.[9] Their terminology is juridical, referring to elements of the enactment of law, the administration and function of the law court, and consisting of words for "legal cases" (*amatu*, *dīnu*), "verdict" (*purussû*), "judge" (*dajānu*), "to render judgment" (*dīna dânu*), and "decide a legal decision" (*purussâ parāsu*). Yet terms for the moral principles of truth and equity, or justice, are included within the juridical framework, such as the phrase the "equitable laws of Hammurabi" (*dīnāt mīšarim ša Hammurabi*),[10] and the hendiadys *kittu u mīšaru* "truth and right," which expresses ethical principles that effect the righteous administration of justice.[11] For natural law theorists, this coalescence of legal procedure and morality confirms the so-called Overlap Thesis which posits a necessary relation between the concepts of law and morality.[12] For Assyr-

---

8 M. Schofield, *The Stoic Idea of the City* (Cambridge: Cambridge University Press, 1991), 103.

9 Strictly speaking, second order thinking about the contents of texts is precisely what is represented in commentaries, although they are not forthcoming on the nature or principles of law. The single legal text for which a commentary is preserved is the Codex Hammurabi and this provides alternative words as explanations (such as *hazannu* "mayor" for *rabannu* "high functionary;" the same equivalence is found in a commentary to the omen text Izbu, see *CAD* s.v. *hazannu*, lex. section. For the Hammurabi Laws commentary, see W. G. Lambert, "The Laws of Hammurabi in the First Millennium," in *Reflets des deux fleuves: Volume de Mélanges offerts à André Finet* (ed. M. Lebeau and Ph. Talon; Akkadica Supplementum 6; Leuven: Peeters, 1989), 96–98; and E. Frahm, *Babylonian and Assyrian Text Commentaries: Origins of Interpretation* (Guides to the Mesopotamian Textual Record 5; Münster: Ugarit-Verlag, 2011), 242.

10 Col. xl 1.

11 See *CAD* s. v. *kittu* A, meaning 1 usage b. See also B. Landsberger, "Die babylonischen Termini für Gesetz und Recht," in *Symbolae ad Iura Orientis Antiqui Pertinentes Paulo Koschaker Dedicatae* (ed. J. Friedrich, J. G. Lautner, and J. Miles; Studia et Documenta ad Iura Orientis Antiqui Pertinentia 2; Leiden: Brill, 1939), 219–234.

12 http://www.iep.utm.edu/natlaw/.

iologists it is a welcome, if indirect, reflection on the conception of cuneiform law in "native" terms.

From as early as there are texts that bear on the administration of justice, "law" was attributed to a divine source and was legitimated by a claim to divine foundations. The divine legitimation of royal dispensations of justice is found in one of the earliest attested of Sumerian historical documents, Entemena's account of the border dispute between the cities of Lagaš and Umma in the ED IIIb period, ca. 25th–24th centuries B.C.E. There, it is reported that Mesalim of Kiš once decided a border dispute between those two cities, but that judgment originated with the cosmic creator god Enlil who decided the case as though it were a matter between the patron gods of the two cities, i. e. Ningirsu of Lagaš and Šara of Umma. The divine judgment was conveyed to king Mesalim through Ištaran, god of justice.[13] This early manifestation of the idea of the divine warrant for law becomes foundational for later Babylonian legal thought. As Assyriologist and legal historian R. Westbrook emphasized, the gods stood "behind and above" the entire judicial system. Moreover, oaths and the ordeal[14] effectively moved the court of appeal directly to the gods, whose judicial authority was final.[15]

A number of gods have epithets calling them judges, or they appear in contexts where they function as judges,[16] but in Babylonian mythology, the sun god Shamash, called "lord of truth" (*bēl kittim*[17]) and lord of law cases or judgment (*bēl dīnim*), is the cosmic judge par excellence. The large

---

13 See C. Wilcke, *Early Ancient Near Eastern Law. A History of its Beginnings. The Early Dynastic and Sargonic Periods* (Bayerische Akademie der Wissenschaften, Philosophisch-Historische Klasse Jahrgang 2003, Heft 2; Munich: Verlag der Bayerischen Akademie der Wissenschaften, 2003), 36.

14 See the address to the River (Euphrates), line 7: "You judge the case of mankind," in L. W. King, *The Seven Tablets of Creation or the Babylonian and Assyrian Legends concerning the Creation of the World and of Mankind, Vol. 1* (London: Luzac and Co., 1902), 200f. (hereafter *STC*); and E. Ebeling, *Keilschrifttexte aus Assur religiösen Inhalts I/II* (WVDOG 28; Leipzig: Hinrichs, 1919), 294; see also *STC*, 129.

15 R. Westbrook, "Judges in the Cuneiform Sources," in *Cuneiform and Biblical Sources*, Vol. 2 of *Law from the Tigris to the Tiber: The Writings of Raymond Westbrook* (ed. B. Wells and R. Magdalene; Winona Lake, IN: Eisenbrauns, 2009), 210.

16 The attribution of the power of judicial command and decree to gods is also a part of Sumerian religious discourse, the full exposition of which would take us far afield. To illustrate, see e. g., the Electronic Text Corpus of Sumerian Literature (hereafter ETCSL) 2.5.4.13, an adab hymn to Nanna for Išme-Dagan, Segment A 17–22: "After you have extended yourself in the bright……, the daylight ……, after you have established…… on earth, on the day of the disappearance of the moon, as you have completed the month, you summon (?) the people, lord; and then in the nether world you decree great judgments, you decide sublime verdicts. Enki and Ninki, the great lords, the great princes, the lords who determine fates, await your utterances, father; they…… the newborn (?) moon."

17 J. A. Craig, *Assyrian and Babylonian Religious Texts, Vol. 1* (Leipzig: Hinrichs, 1895), 56:14, cited *CAD* s. v. *kittu* 1b.

iconographic register atop Hammurabi's monumental law stele depicts the enthroned Shamash, patron of the law and universal judge, in the act of bestowing upon the king "truth," or "right," by extending toward him the symbols of divine rectitude, the rod (*šibirru*) and ring (possibly *kippatu*).[18] The depiction of this handing over of judicial precepts is the pictorial image of the conception of the connection between divine and world, that is, of the underpinning and validating of law by the transfer of "right" or "justice" from divine to human.[19] The law collection confirmed the king as the recipient of "truths" (*kinātu*) from Shamash, legitimating his own promulgation of law by divine command. Although the meaning and purpose of Hammurabi's stele in all its complexity is beyond the present scope,[20] the firm rooting of the conception of justice in divine truth or rectitude is of central interest here.

In the scholarship on the Code of Hammurabi, discussion of the ideology of the Code has emphasized its religious and ethical context, indeed, that Shamash did not give the king laws but rather "truth" or "truths" in the plural (*kinātum*), as it is stated in the Epilogue (l. 90). On this basis, N. Yoffee defined the notion of law underpinning the code as "law in the sense of 'natural law,' i. e., law that *transcends* human creativity but whose suprahistorical ideals are those toward which lawmakers should strive."[21] E. A. Speiser had also stated that in the cuneiform tradition, "law is an aspect of cosmic order and hence ultimately the gift of the forces of the universe,"[22] seeing the term "truth" (*kittum*) as "an immutable aspect of the

---

18 Other gods can extend the rod and ring toward royal figures. See F. Wiggermann, "Ring und Stab," in *Reallexikon der Assyriologie und vorderasiatischen Archäologie* (Berlin: Walther de Gruyter, 2008), 11: 414–421. See also my discussion, "Canon and Power in Cuneiform Scribal Scholarship," in *Problems of Canonicity and Identity Formation in Ancient Egypt and Mesopotamia* (ed. K. Ryholt and G. Barjamovic; Copenhagen: Carsten Niebuhr Institute, forthcoming).

19 M. Stolleis put it that the metaphor is "indicative of something that is not, in itself, law, but which underpins law, lending it validity and, as it were, making it 'right' or 'just.'" See "The Legitimation of Law through God, Tradition, Will, Nature and Constitution," in *Natural Law and Laws of Nature in Early Modern Europe: Jurisprudence, Theology, Moral and Natural Philosophy* (ed. L. Daston and M. Stolleis; Surrey: Ashgate, 2008), 45.

20 For a summary and discussion of the debate concerning the legislative status of the cuneiform law codes, see R. Westbrook, "Cuneiform Law Codes and the Origins of Legislation," in *The Shared Tradition*, Vol. 1 of *Law from the Tigris to the Tiber: The Writings of Raymond Westbrook* (ed. B. Wells and R. Magdalene; Winona Lake, IN: Eisenbrauns, 2009), 77–95. See also ibid., 9–20 ("Law Codes and Omen Series: Practical Application").

21 N. Yoffee, "Context and Authority in Early Mesopotamian Law," in *State Formation and Political Legitimacy* (ed. R. Cohen and J. D. Toland; Political Anthropology 6; New Brunswick: Transaction Books, 1988), 106, my emphasis.

22 E. A. Speiser, "Cuneiform Law and the History of Civilization," *Proceedings of the American Philosophical Society* 107 (1963), 537.

cosmic order" and the principle of cuneiform civil law expressed by *kittu u mīšaru* as a reflection of an ethical law in the universe. The metaphysics of *kittu u mīšaru*, whether they were thought to be of the divine or to transcend even the divine is not a feature of the texts in which the terms are used, and it is difficult to posit anything transcendent of the gods in Mesopotamian terms, as consideration of their creation accounts suggests. What is clear in the case of the legal principles of *kittu u mīšaru* is that they denoted not only what was equitable and right by human law, but also later, in the Neo-Assyrian period, were used to refer to regularity in heavenly phenomena, thus extending the legal metaphor into a cosmological context.[23] I will return to this point.

Contemporaneous with Hammurabi's law collection are Old Babylonian petitionary prayers (*ikribu*) to Shamash and Adad, gods of judgment and the divinatory inspection of the *exta*, respectively. These prayers are a particularly evocative source for the whole complex of ideas about the relation of the divine to the world in its Mesopotamian form. Spoken in preparation for the performance of an extispicy, the inspection of the sheep's liver for the purpose of taking omens, the prayers ask the gods directly for judgment and a "true" (that is, just, or, reliable) verdict. At daybreak, the diviner, having made himself ritually clean by means of cedar, addressed Shamash and Adad, saying:

> Cleansed now, to the assembly of the gods draw I near for judgment (*ana dīnim*). O Shamash, lord of judgment, O Adad, lord of prayers and acts of divination (*bēl ikribi u bīri*), in the ritual I perform, in the extispicy I perform, place the truth! (*ina ikrib akarrabu ina têrti eppušu kittam šuknam*).[24]

The same entreaty to "put truth (for me)" (*kittam šuknam*) is made in the Old Babylonian nocturnal prayer to the celestial deitics, the "gods of night," before the lamb is offered and the extispicy is performed in the morning. The *bārû*-diviner says, "in the extispicy which I am performing (or will perform), in the lamb/ritual blessing which I am offering (or will offer), put truth for me!" (*ina têrti eppušu in a puhād/ikribi akarrabu kittam šuknam*). Another Old Babylonian *ikribu* makes clear that the divination on behalf of the client is a legal case, and the sun god is asked to put truth (or a true verdict) in the offered lamb:

---

[23] See n. 37 for this passage.

[24] See B. R. Foster, *Before the Muses: An Anthology of Akkadian Literature, Vol. 1* (3rd ed.; Bethesda, MD: CDL Press, 2005), 148, where he in his introduction to this text points out that "the procedure is a 'case;' inducements are offered for a favorable decision; the outcome is a 'verdict.'" For the edition, see A. Goetze "An Old Babylonian Prayer of the Divination Priest," *JCS* 22 (1968), 25–29.

> (Just as) you (Shamash) judge the case of the great gods, (just as) you judge the case of the beasts of the field, (just as) you judge the case of mankind, judge today the case of so-and-so, son of so-and-so. On the right of this lamb (place) a true verdict, and on the left of this lamb place a true verdict.[25]

The plea to the god Shamash, or the gods Shamash and Adad, to "put truth" in the entrails of the lamb is a formula that occurs as well in later 7th century extispicy literature, including the so-called *tamītu* inquiries, in which a series of questions are posed to Shamash and Adad, who are, in turn, as in the *ikribu*s, expected to make a judicial deliberation and answer (i. e., give the verdict) in the form of "written" signs upon the liver.

The function of Babylonian divination was therefore to give the diviner a "hearing" with the gods and to receive "truth," as J. Bottéro was the first to observe.[26] Extispicy was the direct process, requiring that an offering and a formal petition be made before the divine judges. Celestial divination, on the other hand, was indirect, happening by virtue of the diviner's perspicacity, though still part of the juridical complex of thought, as evidenced by the use of the term *purussû* "verdict" for the consequent (apodosis) of the unprovoked omen statements.[27] That the celestial deities gave judgments in the form of their own appearances as signs and portents is also implied in the aforementioned nocturnal prayer (*ikrib mušīti*) to the "gods of night," where it is said, "the gods of the land, the goddesses of the land, Shamash, Sîn, Adad and Ishtar have gone off into the lap (*utlu*) of heaven.[28] (There) they give no judgment, nor decide cases."[29] Not being visible, therefore,

---

25 HSM 7494:11–12, edited I. Starr, *The Rituals of the Diviner* (Bibliotheca Mesopotamica 12; Malibu, CA: Undena, 1983), 30 and 37. See also line 7 for "the case of so-and-so…."

26 J. Bottéro, "Symptômes, signes, écritures," in *Divination et Rationalité* (ed. J.-P. Vernant *et al.*; Paris: Éditions du Seuil, 1974), 139–142.

27 See F. Rochberg, *The Heavenly Writing: Divination, Horoscopy, and Astronomy in Mesopotamian Culture* (Cambridge: Cambridge University Press, 2004), 109 with n. 44, and 266–267. Bottéro already described unprovoked divination as "judicial." See his *Mesopotamia: Writing, Reasoning and the Gods* (trans. Z. Bahrani and M. van de Mieroop; Chicago: University of Chicago Press, 1992), 141–142, where he says, "each oracle [omen] was like a verdict against the interested parties on the basis of the elements of the omen, just as each sentence by a tribunal established the future of the guilty person based upon the dossier submitted to its judgment. The divinatory future, the predicted future, was what had to be expected at the moment that the gods publicized their decision by means of and in the omen" (142).

28 A. Jeremias, "Kleinere Mitteilungen," *ZA* 43 (1936), 306:8. For discussion of the two senses of "heaven's interior," one located below the horizon and the other in the faraway (hence invisible) heavens, see W. Heimpel, "The Sun at Night and the Doors of Heaven in Babylonian Texts," *JCS* 38 (1986), 130–132.

29 W. Horowitz, "Astral Tablets in the Hermitage, St. Petersburg," *ZA* 90 (2000), 194–206; and G. Dossin, "Prières aux 'dieux de la nuit,'" *RA* 32 (1935), 182–183, lines 5–8.

these celestial deities as manifested in the planets or weather cannot produce ominous signs.

While various gods are named as judges who convene before an extispicy, the sun god presides as supreme judicial authority in the cosmos, both in heaven and in the netherworld. That the sun god held sway above and below the horizon, over the heavens and into the netherworld, is further reflected in epithets showing him to be lord and ruler in the Great City, in Arali, and over the Anunnaki and the spirits.[30] The ritual against the machinations of sorcerers and witches known as *Maqlû* "Burning" is a nocturnal procedure in which Shamash is called upon for judgment and sentencing. In the first part, the images of the witches are raised up to the divine judge Shamash before being placed in the brazier for burning. The incantation is as follows:[31]

> O Šamaš, these are the images of my sorcerer; These are the images of my sorceress;…. You, Šamaš, the judge, know them, but I do not know them (…). You, Šamaš, the judge, overwhelm them so I not be wronged! Judge my case, render my verdict! Burn the warlock and the witch![32]

The text of *Maqlû* is replete with the imagery of the divine judge Shamash. Here, judgment is specifically tied to the decision of the divine court, and to the juridical terminology already noted, an additional collocation from this text may be added, namely, "render a divine decision" (*alakta lamādu*), as explicated by T. Abusch.[33] In the prayers to the divine judge(s), the phrase *alakta lamādu* occurs as a complement to the expression "decree fate" (*šīmta šâmu*), as in the entreaty "Decree my destiny, render for me an (oracular) decision (*šīmti šīmā alaktī limdā*)."[34] According to Abusch, the expression *alakta lamādu*, literally, "to make known/reveal the course," has specific reference to the course of the stars, which provided yet another means of

30 P. Steinkeller, "Of Stars and Men: The Conceptual and Mythological Setup of Babylonian Extispicy," in *Biblical and Oriental Essays in Memory of William L. Moran* (ed. A. Gianto; Biblica et Orientalia 48; Rome: Pontifical Biblical Institute, 2005), 24–26.

31 T. Abusch, *Mesopotamian Witchcraft: Toward a History and Understanding of Babylonian Witchcraft Beliefs and Literature* (Leiden: Brill, 2002), 124 n. 23 cites Maqlu IX 1+x+27, K.8879+...(+) Sm.1901 obv.i and STT 83 obv. 1'–20'.

32 Ibid., 125. See also Steinkeller, "Of Stars," 26 n. 38, citing a Sumerian incantation against witchcraft in which Shamash also presides as judge. The incantation is from M. Geller, "A New Piece of Witchcraft," in *DUMU-E2-DUB-BA-A: Studies in Honor of Ake W. Sjöberg* (ed. H. Behrens, D. Loding, and M. T. Roth; Philadelphia: University Museum, 1989), 199, lines 31, 37–40.

33 For the original identification and elucidation of this usage of *alaktu*, see T. Abusch, "ALAKTU and HALAKHAH: Oracular Decision, Divine Revelation," *Harvard Theological Review* 80 (1987), 15–42.

34 E. Ebeling (ed.), *Literarische Keilschrifttexte aus Assur* (Berlin: Akademie-Verlag, 1953), 139 rev. 25; apud Abusch, " ALAKTU," 21.

reading the divine will through divination. Prayers to gods as celestial bodies similarly request of the god/star that the future should be revealed by them, as in the prayer to Ninurta as Sirius:

> To reveal the future I stand before you, to give a right judgment I pray with uplifted hands to you.[35]

Complementary to the idea of the course of the stars (*alaktu*) representing the decision of a divine judiciary is the use of the cosmic *kittu* to mean the established visible order in the cosmos, thus "right" in the sense of "regularity." An inscription of Esarhaddon states:

> The stars of the heavens went according to their positions, taking the "right" (i. e., physically regular) path (*harrān kitti*) and avoiding the un-right (*la kitti*, irregular) path.[36]

And, in another passage, in which both principles of truth and justice occur, the moon god and sun god are said to take the *harrān kitte u mišāri*, the "path of truth and justice" (i. e., of physical regularity), in order to give true and just judgment to the land and its people, meaning, of course through celestial signs.[37]

The locus classicus for the establishment of order in the cosmos is in the Babylonian creation poem *Enūma Eliš* Tablet V. There, the Babylonian god Marduk fixes the heavenly bodies in specified areas of the sky, called the paths of Ea, Anu, and Enlil. Their regularity is coordinated with the marking of time in a manner correlated with a scholarly text known as the "Astrolabe," which lays out in detail the arrangement of three stars for each month of a 12-month ideal year, one star for each "path."[38] The moon god

---

35 E. Burrows, "Hymn to Ninurta as Sirius (K 128)," *JRAS Centenary Supplement* (1924), 35:2–36:6 (pl. III): *ana lamādi arkati attaziz maharka ana šutēšuri dinu nīš qāti našaka*.

36 MUL.MEŠ AN-*e ina man-za-zi-šú-nu* DU.MEŠ-*ma har-ra-an kit-ti iṣ-ba-tú ú-maš-še-ru ú-ru-uh la kit-ti*, see E. Leichty, *The Royal Inscriptions of Esarhaddon, King of Assyria (680-669 BC)* (The Royal Inscriptions of Mesopotamia, Neo-Assyrian Period 4; Winona Lake, IN: Eisenbrauns, 2011), 106, Esarhaddon 48:58–59.

37 ^{d}[30 *u* ^{d}U]tu DINGIR.MEŠ *maš-šu-ú-te áš-*[*šú de*]*-en kit-te u mi-šá-ri ana* KUR *u* UN.MEŠ *šá-ra-ku* ITI-*šam-ma har-ra-an kit-te u mi-šá-ri ṣab-tu-ma*. Sîn and Shamash, the twin gods, in order to give to the land and the people a judgment of truth and justice each month took the *harrān kitte u mišāri* "path of truth and justice" (i. e., of physical regularity). See Leichty, *Royal Inscriptions*, 121, Esarhaddon 57 col. i 3'–8'.

38 The intertextual nature of *Enūma Eliš* and the Astrolabes raises the question of their respective dates of composition. The debate has not been resolved on the date of *Enūma Eliš*'s composition, though arguments have been put forward for the latter part of the second millennium, perhaps the time of Nebuchadnezzar I (1125–1103). See W. G. Lambert, "Studies in Marduk," *Bulletin of the School of Oriental and African Studies* 47 (1984), 4–6; and for a later date in the first millennium, see T. Abusch, "Marduk," in

is assigned the regular marking of the month by his changing appearance from bearing horns for 6 days (the crescent moon) to wearing a crown (*agû*[39]) when he stands opposite the sun on the 15th day of each month. The moon is instructed to draw near (*šutaqrubu*) to the "path of the sun" (l. 21, *harrān* dUtu) and to assume the same position (*šutamhuru*) as the sun on the 30th day (conjunction). No juristic terminology is found in this passage, nor is Marduk referred to as judge. But as new creator and ruler of the cosmos at this stage of the narrative, the positions and courses of the heavenly bodies are determined by Marduk's verbal command, delivered in direct discourse and with imperatives addressed to the moon and sun as the gods Sîn and Shamash. In Tablet VII, Marduk's role as the god who regulates the celestial universe is reiterated with the line: "May Marduk make the courses (*alkātu*) of the stars of heaven constant and enduring."[40] Upon completing his orders to the heavenly bodies, Marduk states, "I de[signated] the celestial sign,"[41] and he commands Sîn and Shamash to "proceed on its path (that of the sign), … approach each other and render (oracular) judgment."[42] Therefore, despite Marduk's not being called judge here, the text has him establish the sun and moon as judges, thus maintaining the juridical language in the context of the appearances of heavenly bodies, namely, as the mechanism for delivering divine judgments.

A variant account of the formation and ordering of the celestial cosmos is found in the several introductions to the celestial omen series *Enūma Anu Enlil*. In the bilingual exemplar, the Sumerian version attributes to Anu, Enlil, and Ea the fashioning of the "great divine powers of above and below" (me gal-gal-la an-ki-a), rendered in the parallel Akkadian as *uṣurātu*, the "designs" of heaven and earth (GIŠ.HUR.MEŠ AN-*e u* KI-*tim*). In the Sumerian, the moon's course is next established as an indicator of the month (iti) as well as of a "sign" (giskim). The Akkadian version describes the celestial markers of time in both sun and moon, referring to the creation of the day and the renewal of the month. What is of interest in the present context is that these acts of cosmological ordering are, as elsewhere, effect-

---

DDD, 546–548. The earliest exemplar of the Astrolabe comes from a Middle Assyrian copy datable to the time of Tiglath-Pileser I (1115–1077), though W. Horowitz has suggested that its composition is even Old Babylonian. See his *Cosmic Geography* (Winona Lake, IN: Eisenbrauns, 1998), 155. It is certain that this astronomical text underlies EnEl V 1–22.

39 For the emendation *a-‹gu›-ú* in EnEl V 14, see W. G. Lambert in *Texte aus der Umwelt des Alten Testament*, *Vol. 3.4* (ed. O. Kaiser; Gütersloh: G. Mohn, 1982–), 588.

40 EnEl VII 130.

41 *ú-*[*ad-di*(?)] GISKIM, EnEl V 23, restoring a form of *idû*, with J.-J. Glassner, "Droit et divination: deux manières de rendre la justice. À propos de *dīnum*, *usurtum* et *awatum*," *Journal of Cuneiform Studies* 64 (2012), 45 n. 40, citing the parallel from Clay, YOS 1 45 I 7: *ú-ad-di it-ta-šu*.

42 EnEl V 23-24: *ba-i'-i ú-ru-uh-ša za-m*[*i-x x*] *šu-taq-ri-ba-ma di-na di-na*.

ed by "divine decision," expressed here in Akkadian with the word *milku* "instruction" or "order," taken here to mean "(divine) decision,"[43] and in Sumerian, with the word galga "(fore)thought, plan(ning)," or "instruction."[44] But another lexical equivalent of *milku* is a.rá "way" or "course," and can be written logographically as A.RÁ, which is also the writing for *alaktu* "course" or "divine oracular decision," even "omen."[45] Despite slight differences in terminology, a unified conceptual frame of reference in which the regularity of heavenly appearances is the result of divine legislative decree appears consistently in Babylonian cosmological texts.

One last example for the legal metaphor for divine cosmic order must be adduced. It is an incantation to ward off the evil consequences of omens (*namburbû*) that employs explicitly juridical terminology with respect to the gods Ea, Shamash, and Marduk. It not only has these gods handing down the verdicts of heaven and earth, but also determining the fates and, as was attributed to Anu, Enlil, and Ea in the introduction to *Enūma Anu Enlil*, organizing or designing the cosmic plans (*uṣurātu*):

> [Incantation.] Ea, Shamash, and Asalluhi, you are the great gods, who [jud]ge the cases of heaven and underworld ([*da-i-*]*nu di-nu šá* AN-*e u* KI-*tim*), who decree [the fates] (*mu-šim-mu* [NAM.MEŠ]), who glorify sanctuaries and establish shrines, who establish the lots, who draw the designs, who apportion the lots (and) make decisions ([*pa-r*]*i-su* EŠ.BAR), who draw the lots, who fashion the designs, who apportion the lots, establish temples (and) keep the rites pure, who know the ritual purification. To determine the fates (NAM.MEŠ *šá-a-mu*), to draw the designs (GIŠ.HUR.ME[Š *uṣ*]-*ṣu-ru*) (is) in your hands. The fates (destinies) of life you alone determine. The designs of life you alone fashion. The decisions of life you alone make (…). You alone are the great gods who direct the decisions of heaven and earth, (and of) the depths of the seas.[46]

The *namburbû* positions the deities Shamash, Ea and Asalluhi/Marduk at the highest level of cosmic creative and authoritative power, where they hold court and enact decisions in no less extensive a jurisdiction than all the world, administering judicial power throughout the universe and all life. Shamash, Ea and Asalluhi/Marduk's decreeing of fate recalls the mytholo-

---

[43] See *CAD* s. v. *milku* meaning 1 usage c.

[44] See *ePSD* s. v. galga, where [[ĝalga]] = [ĝá-al-ga] = [É×GAR] = *mi-el-ku* OB Aa 223:1.

[45] For a.rá in this meaning, see OB Diri Nippur 316, and discussion in Abusch, "ALAKTU," 18–23; also D. Brown, "Astral Divination in the Context of Mesopotamian Divination," *Medicine, Religion, Magic, Society, and Scholarship. East Asian Science, Technology, and Medicine* 25 (ed. H. U. Vogel; Special Issue in Honor of Prof. Ho Peng Yoke's 80th Birthday; Tübingen: Asien-Orient-Institut, 2006), 77 n. 22.

[46] J. Laessoe, "A Prayer to Ea, Shamash, and Marduk, from Hama," *Iraq* 18 (1956), 63. See duplicates in Ebeling (ed.), *Literarische Keilschrifttexte*, 109:1–8; and Burrows, "Hymn to Ninurta," 285:1–13. Translation is mine.

gy both of the Sumerian creator god Enlil, whose holy command decided everlasting fate,[47] and also *Enūma Eliš*, in which Marduk decrees destinies in his newfound capacity as creator and king of the universe. In the incantation to this divine triad, however, divinatory judgment (*dīnu*, the law case, and *purussû*, the verdict itself) and the decreeing of fate (*šīmta šâmu*) are explicitly and repeatedly brought together within a single frame of reference.[48]

The evidence thus far adduced for the deployment of legal and juridical terminology in expressions of the relation between the divine and the world can be summarized as follows. First, legitimation of civil law is secured by the transmission to the king of the principles of right and justice from Shamash, chief justice over the whole of the cosmos. This, and the prayer petitions to deities for truth in oracular judgment, make it clear that *kittu* and *mīšaru* are legal and ethical principles that are the gods' to give, ideas which lie at the center of what we would call "divine law."[49] Second, access to knowledge of the future was described by the metaphor of obtaining divine judgment through divination from extispicy or from celestial signs. Again, this places "divine law" at the center of the interaction between human beings and the gods, where the human stands humble before that law awaiting judgment. Third, the idea that the celestial phenomena are signs of divine judgment was written into the very creation of cosmic order, as attested in Tablet V of *Enūma Eliš* and in the introduction to *Enūma Anu Enlil*. Creation and arrangement of a celestial order was conceived of as the product of divine decree. One expression of this idea was that Marduk assumed the role of organizer of the cosmos and, in that capacity, fixed the regular positions of the stars, thereby creating the sun and moon as visible indications of time and as celestial omens. Another expression of the same idea was that the cosmic gods Anu, Enlil, and Ea produced the celestial positions and their meaning as signs. The nature of heavenly appearances as conveying written judgments of the gods, the so-called "heavenly writing," is in the background of the prayer literature when the plea is made to "reveal, or make known the course (of the stars)," meaning "to deliver a

---

47 See "Enlil in the E-kur," ETCSL 4.05.1:1–2: Enlil's commands are by far the loftiest, his {words} {(1 ms. has instead:) commands} are holy, his utterances are immutable! The fate he decides is everlasting.

48 For further discussion, see my "Fate and Divination in Mesopotamia," in *In the Path of the Moon* (Studies in Ancient Magic and Divination 6; Leiden: Brill, 2010), 19–30.

49 From a different point of view, B. L. Eichler, "Ethics and Law Codes, Mesopotamia," in *Religions of the Ancient World* (ed. S. Iles Johnston; Cambridge: The Belknap Press of Harvard University Press, 2004), 518, sees these principles as transcending the divinities themselves, considering them a "moral cosmic standard" and "an innate force" of the universe.

favorable (oracular) judgment," as Abusch argued.[50] Yet another attribution concerning the divine establishment of cosmic order through law was to the divine triad, Shamash, Ea and Asalluhi/Marduk. These gods were also placed at the center of the administration of divine law, addressed as the judges of cosmic judgments (*dā'inū dīnī ša šamê u erṣetim*, literally, "who judge the cases of heaven and earth"), who decree all fate (*mušimmū šīmāti*, literally, "who decree decrees") and establish all things (*muṣṣirū uṣurāti*, literally, "who design designs"). These various cuneiform references to cosmic order point to a conception of a divine law with universal legitimacy, whether it is the divine judge Shamash and his cosmic jurisdiction, Marduk as the cosmic regulator of heavenly phenomena, Anu, Enlil, and Ea's decision to lay down a cosmic plan, or the association of Shamash, Ea and Marduk with cosmic law.

In view of this evidence, it is difficult to argue against some connection between the Babylonian legal metaphoric language used to express divine cosmic order and the later history of the *topoi* of the natural law and laws of nature, particularly inasmuch as they too were deeply rooted in the idea of divine law. Cicero stated that "one eternal and unchangeable law will be valid for all nations and all times, and there will be one master and ruler, that is, God, over us all, for he is the author of this law, its promulgator, and its enforcing judge."[51] And, even more definitively, "Nothing, moreover, is so completely in accordance with the principles of justice and the demands of Nature (and when I use these expressions, I wish it understood that I mean Law) as is government, without which existence is impossible for a household, a city, a nation, the human race, physical nature, and the universe itself. For the universe obeys God; seas and land obey the universe,

---

50 The view that the stars form a decipherable language, written by the gods upon the sky as though on a tablet, is a trope that continues within the history of astrology well into the early modern period. A. Grafton points out that "Giovanni Gioviano Pontano, who published his treatise *On Celestial Things* in 1512, argued explicitly that the language of the stars conformed in all essential ways to the language of humans.... Stars and planets, Pontano argued, formed the letters of a cosmic alphabet.... Every planet...played the role of a letter with defined qualities. Every astrologically significant configuration of two or more planets—for example, when two of them met, or came into conjunction—resembled a word or a phrase, the sense of which the astrologer could determine." See Grafton's *Cardano's Cosmos* (Cambridge: Harvard University Press, 1999), 6. To the sky as a surface upon which gods could write, and the ominous phenomena as a written language, see my *Path of the Moon* (n. 48), 304–305, 417–418. See also, "For the whole sensible world is like a kind of book written by the finger of God" (Hugh of Saint Victor, *Didascalicon*, *VII*, *De tribus diebus*, 4 [late 1130s], cited in A. Scafi, *Mapping Paradise: A History of Heaven on Earth* [Chicago: University of Chicago Press, 2006], 125).

51 Cicero, *On the Republic* 3.33 (trans. C. W. Keyes; Loeb Classical Library 213; Cambridge: Harvard University Press, 1988), 210–211.

and human life is subject to the decrees of supreme Law."[52] Similarly, in one of the earliest statements of natural law theory, Philo said that "the same being was the father and creator of the world, and likewise the law-giver of truth; secondly, that the man who adhered to these laws…would live in a manner corresponding to the arrangement of the universe with a perfect harmony and union."[53] Even as the two doctrines separated and became more fully articulated in the European middle ages and into the 17th century, J.-Robert Armogathe showed how the term *deus legislator* "divine lawgiver" continued to figure prominently in the mediaeval and early modern scientific discourse, where the theological, the juridical, and the physical were intertwined. The omnipotence of God, in Armogathe's words, "manifests itself by its decrees, which constitute a juridic apparatus of government (*gubernatio*)."[54] Thus, as he said, "one cannot understand the transfer of concepts which have a juridical origin onto the physical world unless one understands the *theological matrix* that undergirds them both."[55] By the 17th century, therefore, according to J. R. Milton, "the idea of nature being governed by laws had become widely acceptable. Francis Bacon quotes James I as saying that 'kings ruled by their laws as God did by the laws of nature.'"[56]

Though strikingly similar to the use of a legal metaphor in the Western tradition of natural philosophy to describe regularity in the physical world, and considering the similarity found in the later Western foundations of both tropes—the laws of nature and natural law—in the idea of divine law and the expression "*deus legislator*," I think the frame of reference and the aim of the cuneiform use of terms like "divine judge" along with the results of divination being referred to as "judgements" is of a different order. Juridical or legal terminology in cuneiform texts has no reference to "nature," that is to say, no reference to a domain of physical phenomena qua phe-

---

52 Cicero, *Laws* Vol. 16, 1.3 (trans. C. W. Keyes; Loeb Classical Library 213; Cambridge: Harvard University Press, 1988), 461.

53 Philo, *On Moses* 2.48 (trans. F. H. Colson; Loeb Classical Library 289; Cambridge: Harvard University Press, 1935), 472–473. In fact, Helmut Koester, in "NOMOS PHYSEOS: The Concept of Natural Law in Greek Thought," in *Religions in Antiquity* (ed. J. Neusner; Leiden: Brill, 1968), 521–541, argued for Philo being the earliest philosopher to articulate the theory of natural law. R. A. Horsley, however, in his "The Law of Nature in Philo and Cicero," *Harvard Theological Review* 71 (1978), 35–59, proposed an earlier voice on natural law in Cicero, which derived from a Stoic source on "universal law and right reason" (36), namely in Antiochus of Ascalon.

54 J.-Robert Armogathe, "Deus legislator," in *Natural Law and Laws of Nature in Early Modern Europe: Jurisprudence, Theology, Moral and Natural Philosophy* (ed. L. Daston and M. Stolleis; trans. A. T. Delehanty; Surrey: Ashgate, 2008), 266.

55 Armogathe, "Deus legislator," 265 (italics in the original).

56 J. R. Milton, "Laws of Nature," in *The Cambridge History of Seventeenth-Century Philosophy, Vol. 1* (ed. D. Garber; Cambridge: Cambridge University Press, 1998), 684.

nomena, but only to phenomena qua signs of divine will and intent. The divine-human relation, whether effected by means of divinatory techniques to obtain knowledge directly or indirectly from the gods, or by means of ritual acts of entreaty to gain a response from a divinity, is what was described juridically, not the phenomena themselves (i. e., not nature itself). However, insofar as phenomena were taken as signs of divine communication, legal terms were extended to them as well, as in Esarhaddon's use of the word *kittu* "truth" to denote the regular path of the stars,[57] and in the formulation of omen statements as "laws."

What I want finally to consider is the formulation of omen statements in the systematic Assyro-Babylonian omen series of *Enūma Anu Enlil*, *Šumma ālu*, *Šumma izbu*, etc., as laws, or case rulings, viewing them in parallelism with the civil laws of royal law collections, such as the Code of Hammurabi.[58] What it is that makes something a "law" can be a matter of locution, e. g., "all Ps are Qs," or, indeed, "if P, then Q." On the other hand, as philosopher N. Goodman put it, "confirmation of a hypothesis by an instance depends rather heavily upon features of the hypothesis other than its syntactical form."[59] But the set of phenomena deemed appropriate to law-like statements will vary across history and culture, as will the warrant for something qualifying as a "law." It was of concern to Goodman, for example, that lawlike generalizations were to be distinguished from statements of mere contingent or accidental generality. He said, "only a statement that is *lawlike*—regardless of its truth or falsity or its scientific importance—is capable of receiving confirmation from an instance of it; accidental statements are not."[60] As a consequence he placed great importance on distinguishing between such statements.

Today, what separates law-like physical phenomena from other kinds of regularities is a quality of necessity and universality in all cases. The philosopher H. Beebee described the difference between physical laws and non-law-like, or accidental, regularities in the following way: "We tend to suppose that laws (as opposed to accidental regularities) 'govern' what goes on in the universe. We tend to suppose that laws are rather like pieces of divine legislation; decrees that the universe must obey certain rules rather than mere general description of what in fact happens."[61] For her to have put it in that way is testament not only to the deeply ingrained nature

---

57 See n. 36 and 37.

58 See Rochberg, *Heavenly Writing* (n. 27), 193–196.

59 N. Goodman, *Fact, Fiction and Forecast* (4th ed.; Cambridge: Harvard University Press, 1983), 72–73.

60 Ibid., 73.

61 H. Beebee, "Causes and Laws: Philosophical Aspects," in *International Encyclopedia of the Social and Behavioral Sciences* (ed. N. J. Smelser *et al.*; Amsterdam: Elsevier, 2001), 1574.

of the legal metaphor, but to its theological formulation. Indeed, E. Zilsel, in what is still one of the principal essays on the history of the concept of physical law, said, "the concept of physical law, as it is used in modern natural science, does not contain any ideas of command and obedience. Yet it obviously originates in a juridical metaphor."[62] Zilsel saw what he called the embryonic stage of the laws of nature in a non-empirical theologically grounded conception, where divine law and physical law were coeval. He stated that "the roots of our concept go back to antiquity. They consist in a few passages of the Bible and the *Corpus Iuris*. A few other ancient ideas are of less importance."[63] In 1942 when Zilsel wrote, the cuneiform evidence was perhaps not accessible enough to be taken into account, or it was ignored for other reasons, and it would be nearly ten years before Needham would see the relevance of Babylonian tradition.

As has been noted elsewhere, omen statements were formulated in just the same way as the "laws" in law collections, i. e., in conditional sentences introduced by the subordinating conjunction "if" (*šumma*).[64] The rulings in the civil law collections are of the nature of precedents, the bases of future judicial decisions given the same material facts in a case. Despite discussion and debate over the precise nature of the cuneiform civil law collections and the degree to which they represent legislative codifications or a kind of royal display of righteousness, they can be called codifications by virtue of being systematically arranged rulings. Similarly, omen series are also codifications, in the sense of their being systematic arrangements of rulings in accordance with various criteria or subject matter. As far as the historical relation between omen collections and laws of nature as recognized in later Western tradition, the crux lies in the respective criteria by which the collected statements "If P, then Q" are taken as law-like. Conceived (or perceived) as omen statements, the law-like nature of phenomena is a function of their being correlated with other, mostly social, phenomena, rather than there being a conception of lawhood intrinsic to the phenomena themselves. In *Enūma Anu Enlil*, the systematic structure imposed upon the phenomena for the purpose of their codification as signs and thus their inclusion within the series—such structures as groupings of like phenomena (e. g., heliacal risings of various stars) or arrangement by variations of a single phenomenon (e. g., colors of a particular planet, or the number of haloes around the moon)—does not seem to argue for an interest

62 Zilsel, "Genesis of the Concept," 246.

63 Ibid., 247.

64 See Rochberg, *Heavenly Writing* (n. 27), 53; and J. C. Fincke, "Omina, die göttlichen 'Gesetze' der Divination," *Jaarbericht van het Voor-Aziatisch-Egyptisch-Genootschap Ex Oriente Lux* 40 (2006–2007), 131–147; each of which goes back to F. R. Kraus, "Ein zentrales Problem des altmesopotamischen Rechtes: Was ist der Codex Hammu-rabi?" *Genava* 8 (1960), 288. See Fincke's excursus on *šumma* ("Omina," 132–139).

in the inherent lawhood of physical phenomena in any way similar to our thinking about laws of nature.

The case law formulation of omen collections constitutes yet another aspect of the legal metaphor as it was projected onto divination. Just as in Hammurabi's law code or the others where case rulings represent what was decided in the case of P, so the omen statements refer to what was "decided" by the gods in the event of P, where P is some possible physical phenomenon. And just as in the use of precedent by judges to make the same decision as in a prior case where the material facts are the same, so the diviner would find the ruling in his case in the same way each time the same ominous phenomenon occurred. There was no need for (physical or efficient) causality to connect the event with its consequent; indeed, the Babylonian omen statements do not represent causally connected events in that way.[65] The juridical expression for the gods' decisions, literally "verdicts," about the future through signs in the liver or in the heavens is in fact a way of expressing divine causality, that is to say, the action of an omnipotent divine will in the universe. One is hard-pressed to find Nature within such a cosmic picture.

To conclude: Omens are law statements because they were meaningful within a juridical frame of reference extended to the divinities of the cosmos. Though formulated in a law-like way, criteria such as "causal necessity," "necessary condition," "physical possibility," and "real connections between matters of fact" will not be met by the elements of Babylonian omen statements.[66] Within the Babylonian framework, however, omens and civil case rulings had a parallel formulation because of the parallel structure of universal and human domains. It is on this basis that I might begin to argue that the legal, juridical, and judicial language applied to divinatory practice and signs was in fact metaphoric, though admittedly, this could be a function of my thinking in modern, not ancient, terms.

As I said at the outset, my interest in the subject of legal terminology for universal order in ancient Mesopotamia was neither for tracing the transmission of ideas from the Near East to the West nor for determining the origins of the concepts of laws of nature or natural law in Mesopotamia, and certainly not for claiming a direct linear evolution of these ideas from the ancient Near East to Athens or to the Stoics and on to the Christian West. I only hope I have shown that cuneiform texts have a place in that complex history. Perhaps apparent commonalities are a function of even

---

65 See F. Rochberg, "Divine Causality and Cuneiform Divination," in *Tablet and Torah: Mesopotamia and the Biblical World, Studies in Honor of Barry L. Eichler* (ed. G. Frame *et al.*; Bethesda, MD: CDL Press), 189–203.

66 See R. M. Chisholm, "Law Statements and Counterfactual Inference," *Analysis* 15 (1955), 99.

more basic human impulses to implement metaphors from human social mechanisms of control as a conceptual tool for the description of things that are manifestly not within human control. Although our subject is by no means restricted to the history of science, it has direct relevance for it in that science, in its desire to understand physical phenomena (or as we would say, natural phenomena) is still susceptible to the use of metaphor, the legal metaphor being particularly attractive and entrenched.[67] I hope I have demonstrated with examples from cuneiform texts, that legal language has had a continuous presence in the history of our engagement with physical phenomena. By means of it, whether it functioned metaphorically or not, recurring cyclical phenomena were described as being regulated by some outside agency (gods, or God), with the transfer of this same notion only much later to one of internal regulation through (physical) "law," altering but not relinquishing the metaphor. The commitment to the view of nature as having "laws" has had a longstanding claim on our conception and representation of nature, and even though, strictly speaking, ancient Mesopotamian cosmological texts are "before nature," their juridical language has a place in the history of that claim.

[67] R. C. Lewontin, review of L. E. Kay, *Who Wrote the Book of Life? A History of the Genetic Code*, *Science* 291 (2001), 1263, said, "It seems impossible to do science without metaphors (…). But the use of metaphor carries with it the consequence that we construct our view of the world, and formulate our methods for its analysis, as if the metaphor were the thing itself."

All About Rainbows*

Wayne Horowitz

My interest in rainbows in a sense lies outside my normal academic activities. It did not begin as a research project, like the work leading to my books *Mesopotamian Cosmic Geography* or *Cuneiform in Canaan: Cuneiform Sources from the Land of Israel in Ancient Times*,[1] but rather as a result of personal experience. Only later did this interest lead me to an academic study of rainbows in cuneiform sources. So too this paper will begin with personal observations, and only later present the cuneiform evidence for rainbows and their significance in ancient Near Eastern texts.

This paper in its truest sense began one rainy night outside my house in the Judean Desert in Israel. It had rained and thundered for what seemed to me like hours, but had finally stopped, so I went out to do some errand or another, and happened to glance at the now clearing sky. What I saw there shocked me: a moonbow, an apparent black and white rainbow reflecting the shine of the full moon. It looked to me as if someone had strangled all the color out of a daytime sunshine rainbow and placed it in the sky to scare me.[2] So I wondered, had ancient Mesopotamians seen such a phenomenon, and if so, how did they respond to it? This inquiry led to me to thinking about rainbows in cuneiform. All this happened not long before I was invited to our "Laws of Heaven – Laws of Nature" meeting, and so it came about that I gave a version of the following paper about rainbows in the ancient Near East. As with the original paper, the written form below will be divided into two parts. First will be a study of the rainbow in modern civilization, the biblical flood story, ancient Near Eastern parallels, and some related texts. Second, will be an Assyriological study of the Sumerian and Akkadian terminology for rainbows, which will then allow us to con-

---

* The following is a written version of my conference presentation without the supporting PowerPoint presentation that illustrated the lecture. Assyriological abbreviations are as they appear in *CAD* (*Chicago Assyrian Dictionary*) with the exception of *EAE* = the series *Enūma Anu Enlil*, for which see H. Hunger and D. Pingree, *Astral Sciences in Mesopotamia* (Handbuch der Orientalistik I,44; Brill: Leiden, 1999), 5–31.

1 W. Horowitz, *Mesopotamian Cosmic Geography* (Mesopotamian Civilizations 8; Winona Lake, IN: Eisenbrauns, 1998); W. Horowitz and T. Oshima, *Cuneiform in Canaan: Cuneiform Sources from the Land of Israel in Ancient Times* (Jerusalem: Israel Exploration Society, 2006).

2 Lunar rainbows may only be observed at the middle of the month when the Moon is at its brightest. Moonbows have all the colors of the rainbow yet are most often perceived as devoid of color, just black and white and shades of grey. The light from the sun reflecting off the face of the moon passes through the droplets of water that cause the moonbow, but this light is too faint to excite the cone color receptors in the human eye.

clude with an investigation into ancient Mesopotamian perceptions of the rainbow, in light of some of the observations that we will reach in Part 1.

1. The Rainbow

From our perspective as moderns, rainbows are good. It seems obvious why. They are beautiful, very colorful with, literally, all the colors of the rainbow. In our world they are taken as a sign of good times, happy places, and an even better future to come. In the movie *The Wizard of Oz*, "Somewhere over the Rainbow" was much nicer than the real world of Aunty Em and Uncle Henry's farm in Kansas. Later, in *The Muppet Movie* of 1979, Kermit the Frog sings the song "The Rainbow Connection" with his ukulele as a rainbow-covered paradise is seen on the screen. Likewise, tradition and cereal boxes of *Lucky Charms* agree that leprechauns with a pot of gold are waiting for anyone who can reach the foot of a rainbow, and rainbows are used as emblems or symbols by all types of organizations promoting anything from universal human rights to peace in our time to mundane products and services which can be found listed under "rainbow" in any city's *Yellow Pages*: Rainbow Grocery Store; Rainbow Foods; Rainbow Skiing Area in New Zealand; Rainbow, "The World's Premier Home Cleaning System." Again, each reference is positive! In terms of the ancient Near East and its omens, one could say universally "benefic."

From the perspective of the biblical text, this is also the case as is made clear by the story of what is probably the most famous rainbow in history: the rainbow that followed the great flood in Genesis, "the bow in the cloud" that serves as a reminder of God's promise to the human race in Genesis 9:12–17 to never again bring a flood to destroy life on earth. Here the rainbow serves not only as a reminder of the flood, but more importantly of the divine promise:

> **Genesis 9: 12–17**
> God further said: "This is the sign that I set for the covenant between Me and you, for all ages to come. I have set my bow in the clouds and it shall serve as a sign of the covenant between Me and you. When I bring clouds over the earth, and the bow appears in the clouds, I will remember my covenant between Me and you and every living creature among all flesh, so that the waters shall never again become a flood to destroy all flesh. When the bow is in the clouds I will see it and remember the everlasting covenant between God and all living creatures, all flesh that is on the earth. "That," God said to Noah: "shall be the sign of the covenant that I have established between Me and all flesh that is upon the earth."

Thus, in our civilization in addition to being pretty, the rainbow also brings to mind what at face value seems to be the positive reminder of the divine promise in Genesis to never again flood the earth, a promise which Jewish tradition finds appropriate to remind God of in the blessing that one is to recite upon seeing a rainbow: "Blessed are You, Lord our God, King of the universe, who remembers the covenant, and is faithful to his covenant, and keeps his promise."

The flood in general, and the closing episode of the bow in the clouds, have made a deep impression on our civilization. The rainbow has become an iconic symbol of the biblical flood narrative, no less so than the animals marching two by two, Noah's ark, the dove with the olive branch, and in some cases the sad unicorns who miss the boat. The flood narrative also occupies an important place in the history of Assyriology, dating back to G. Smith's discovery in the 1880's of a flood story written in cuneiform on a tablet from Nineveh. Today we know that what Smith was reading was Tablet XI of *The Gilgamesh Epic* from Nineveh.[3] This prompted *The Daily Telegraph* newspaper to send an expedition back to Nineveh, yielding even more pieces of the flood story. Today, the ancient Near Eastern flood story is still best known among the general population from *Gilgamesh* XI, though a fuller version of the flood story is to be found in Akkadian in *The Atrahasis Epic*, which was last published in full edition in 1969 by W. G. Lambert and A. Millard[4] along with a fragment from a short Akkadian version of the flood from Ugarit, the flood as reported in the *Babyloniaca of Berossus*, and an edition of a Sumerian flood account.[5] Together, these materials yield what might be called a generic or composite ancient Near Eastern flood tradition, which was understood from the 19th century onwards to include most of the episodes and elements best known from the biblical account, but not the story of the rainbow.

Such was the state of affairs until 1987, when Ann Draffkorn Kilmer published a study entitled "The Symbolism of the Flies in the Mesopotamian Flood Myth and Some Further Implications."[6] Here Kilmer finds the rainbow in the Mesopotamian flood story in the guise of the necklace of the

---

3 For an account of Smith's excitement upon making this discovery see A. George, *The Epic of Gilgamesh, A New Translation* (London: Penguin Press, 1999), xxii–xxiii.

4 W. G. Lambert and A. Millard, *Atra-hasīs, The Babylonian Story of The Flood* (Oxford: Clarendon Press, 1969).

5 For a general overview of ancient Near Eastern flood narratives, see e. g. B. B. Schmidt, "Flood Narratives of Ancient Western Asia," in *Civilizations of the Ancient Near East* (ed. J. Sasson; New York: Scribner, 1995), 2337–2351.

6 A. Draffkorn Kilmer, "The Symbolism of the Flies in the Mesopotamian Flood Myth and Some Further Implications," in *Language, Literature and History: Philological and Historical Studies Presented to Erica Reiner* (ed. F. Rochberg-Halton; New Haven, CT: American Oriental Society, 1987), 175–180.

goddess who comes to the ante-diluvial picnic of the flood hero in both *Atrahasis* and *Gilgamesh* XI:

> **Atrahasis III v 46–47, vi 2, 4**[7]
> Then she (Nintu) approached the big flies
> Which Anu had made and was carrying
> (…)
> Let these flies be the lapis around my neck
> That I may remember it [every(?)] day [and forever(?).]
>
> **Gilgamesh XI:154–167**[8]
> I brought out a raven, setting it free:
> off went the raven, it saw the waters receding.
> It was eating, *bobbing up* and d*own*, it did not come back to me.
> I brought out an offering and sacrificed to the four corners of the earth
> I strewed incense on the peak of the mountain.
> Seven flasks and seven I set in position,
> below them I heaped up (sweet) reed, cedar and myrtle.
> The gods smelled the savour,
> the gods smelled the sweet savour,
> the gods gathered like flies around the sacrificer.
> As soon as Bēlet-Ilī arrived,
> she lifted aloft the great flies that Anu had made when he wooed (her):
> "O gods, let these be lapis lazuli (beads) around my neck,
> so that I remember these days, and never forget them!"

As pointed out by Kilmer,[9] these are but two of a larger number of allusions to flies in the Mesopotamian tradition that impact on the significance of the flies in the flood accounts, but it is not until the very end of her article that Kilmer reaches her ultimate conclusion:

> "…that the necklace of flies in the flood myth has further reference to the rainbow. That is, a necklace of flies was a symbolic reference to the rainbow (as a chain of flies) that appears at the end of the storm. It also suggests an etiological explanation of a rainbow as the Great Goddess' cosmic jewelry." (179)

In other words, the flies of lapis around Nintu's neck in Atrahasis, and lapis-lazuli around the neck of the Great Goddess in Gilgamesh XI, which are said to remind the goddess of the days of the flood forever, are none other than the rainbow of the Mesopotamian flood narrative, thus offering a clear parallel/precursor to the biblical "bow in the cloud" of Genesis 9. In

---

7 Lambert and Millard, *Atra-hasīs*, 98–101; Kilmer, "Symbolism of the Flies," 175. The translation is from Kilmer's article.

8 Translation from A. George, *The Babylonian Gilgamesh Epic: Introduction, Critical Edition and Cuneiform Texts* (Oxford: Oxford University Press, 2003), 713, 715.

9 "Symbolism of the Flies," 176–179.

this, the goddess' oath in Gilg. XI 166–167 that the lapis lazuli around her neck remind her of the days of the flood, so that she may never forget them, even echoes God's similar promise in Genesis that the bow in the clouds would remind him of his vow never again to flood the earth. Yet there remains the question of exactly how we get from a necklace of flies to the rainbow. Part of the answer is given by Kilmer herself. As she points out, "one can see the spectrum in a fly's wings in sunlight."[10] This would even be more pronounced if the wings of the flies were wet, for example, in the aftermath of the flood reflecting back the colors of the rainbow. Further, the shape of a necklace, or chain, as a piece of jewelry around one's neck is that of the rainbow, only inverted, upside-down. Finally, the Mesopotamian stone typically translated as lapis-lazuli in English, Sumerian $^{\text{na4}}$za.gìn = Akkadian *uqnû*, refers not just to the blue hues of the various types of lapis-lazuli identified by the modern name, but in the ancient world, to a wider spectrum of colors. Note for example the following entries in the $^{\text{na4}}$za.gìn sub-section of the list of stone-names in Tablet XVI of the lexical series Urra = *hubullu*:[11]

Urra XVI:59–65[12]		
$^{\text{na4}}$za.gìn.gú.tu	*ša ki-šá-du su-um-ma-*[*t*]*um*	like the neck of a dove
$^{\text{na4}}$za.gìn.gú.uga^{mušen}	*šá* MIN *a-ri-bi*	like the neck of a crow
$^{\text{na4}}$za.gìn.lu.úb	*lap-ta-nu-ú*	turnip-colored
$^{\text{na4}}$za.gìn.geštin	*ka-ra-<na>-nu-ú*	wine-colored
$^{\text{na4}}$za.gìn.anše.edin.na	*sír-ri-ma-nu*	wild-ass like
$^{\text{na4}}$za.gìn.mul.mul	*kak-ka-b*[*a-n*]*u*	star-like
$^{\text{na4}}$za.gìn.bur.um.tum	*bu-ru-mi-tum*	starry-sky like[13]

Of the above, only the last two, which bring to mind the night sky, would seem to be blue. Thus, the beads of lapis-lazuli of the necklace of the goddess in Atrahasis and Gilgamesh XI may very well have been thought to be multi-colored, and somehow to reflect how Mesopotamians perceived the

[10] "Symbolism of the Flies," 179.

[11] The series as a whole is edited in volumes V–XI of B. Landsberger *et al.*, *Materials for the Sumerian Lexicon* (Rome: Pontificium Institutum Biblicum, 1951–1985) (hereafter *MSL*). A general description and discussion of the series is available in M. Civil, "Ancient Mesopotamian Lexicography," in *Civilizations of The Ancient Near East* (ed. J. Sasson; New York: Scribner, 1995), 2305–2314.

[12] Adapted from *MSL* X:6.

[13] From the name for the starry sky, *burūmū*, for which see Horowitz, *Mesopotamian Cosmic Geography* (n. 1), 226f.

colors of the rainbow against the blue backdrop of the sky.[14] In this light, one can cite one more relevant lexical entry, Urra XVI:120 which can be restored as follows: [^{na4}nim.za].gìn = *zu-um-bu*,[15] literally Sumerian "[the fly of lapis]-lazuli" = Akkadian *zumbu*, "fly," which *CAD* Z 155 lists together with the above passage from Gilgamesh, and two examples of flies made of gold, under meaning 2. for the word: "fly-shaped ornament of precious stone."[16] Given all this, in particular the evidence of flies of gold and lapis as jewelry, I must agree with Kilmer that the motif of the necklace of lapis-lazuli/chain of flies around the goddess' neck in the flood narrative is, as Kilmer puts it, "an etiological explanation of a rainbow as the Great Goddess' cosmic jewelry."[17] If so, the fact that rainbows most often appear in the sky immediately after heavy rains would have been a most poignant reminder for ancient Mesopotamians of the potential for a possible worldwide future flood to come. In the Bible, as we have seen above, this fear is mitigated by God's promise to never again bring a worldwide flood, with the rainbow as the symbol of this divine promise. In Mesopotamia, no such promise is made by the goddesses who wear the necklaces after the flood, or any other deity.[18]

---

14 The problem of perception of colors across cultures is quite complex. For ancient Mesopotamia, the classic study of colors remains B. Landsberger, "Über Farben in Sumerisch-Akkadischen," *Journal of Cuneiform Studies* 21 (1969), 139–173.

15 *MSL* X:8. Restored in part from the parallel list from Ugarit (Ras Shamra), see *MSL* X:40, 89.

16 From an Old Babylonian inventory of jewelry from Qatna and the lexical entry *Urra* XII:349. The entry from Qatna places the tradition of flies as jewelry in the west. In the spoken form of this paper, this allowed me to start a chain of speculation which brought me to the observation that the name of Gilgamesh in examples of the Gilgamesh Epic at Megiddo and Boghazkoi—and only at Megiddo and Boghazkoi—is written with the PAN sign; ^{m}PAN.MAŠ at Megiddo (see Horowitz and Oshima, *Cuneiform in Canaan*, 105), which would appear to be a simplification of ^{d}GIŠ.PAN.MAŠ at Boghazkoi (see George, *Babylonian Gilgamesh Epic*, 81, 84). Given that Sumerian ^{giš}PAN = Akkadian *qaštu*, "the bow," one may wonder if this is somehow related to the transmission of the Mesopotamian flood story with the rainbow to the west by way of *The Gilgamesh Epic*. If so, the final resting place of Noah's biblical ark at Mt. Ararat in eastern Anatolia may be relevant here, betraying the fact that the flood narrative was transmitted to Canaan from the Hittite realm in Anatolia, rather than directly from Mesopotamia without intermediaries.

17 "Symbolism of the Flies," 179.

18 In Gilg. XI:177–206, Ea criticizes Enlil's decision to bring the flood, but this does not lead to what might be the logical consequence of this criticism, a promise by Enlil to never bring a flood again. Instead Enlil elevates the flood-hero and his wife to divine status.

2. Sumerian and Akkadian Rainbow Terminology and Related Matters

The Sumerian and Akkadian dictionaries know but a few common terms for rainbow. They are Sumerian ^{d}tir.an.na[19] and IM.ŠEŠ, and Akkadian ^{d}*manzât*[20] and *marratu*. Of these, by far the most common is Sumerian ^{d}tir.an.na = Akkadian ^{d}*manzât*. A quick glance at the dictionaries confirms the meaning for the two as "rainbow," with the divine determinative dingir usually occurring with tir.an.na—both as a Sumerian word in its own right and as a sumerogram in Akkadian contexts for Akkadian ^{d}*manzât* as well. Thus, we learn that rainbows were normally considered divine in ancient Mesopotamia.[21] However, not all examples of ^{d}tir.an.na = ^{d}*manzât* are actual rainbows in the sky. Rather, ^{d}tir.an.na = ^{d}*manzât* can include a wider range of rainbow-shaped or rainbow-colored non-rainbow astronomical phenomena. For example, note the following lunar phenomena in *Enūma Anu Enlil* tablet 3:[22]

> If (the Moon) wears the crown of rainbow, Adad will destroy the harvest, rain [...
> If (the Moon) wears the crown of a rainbow; this month—lions: This land will experience hard times; (weakening of the land.)
> If (the Moon) wears 2 rainbows, there will be abundance in the land (...).

Context requires that these omens all refer to rainbow-colored halos around the Moon. Likewise, on a much more mundane level, one finds Sumero-Akkadian rainbows, or rather mini-rainbows in more earthly contexts, for example, in mini-oil slicks as in the following oil omen: "If when I pour oil on water it produces a red and yellow coloring like the front of a rainbow (*manzât*)...."[23] For Sumerian, besides ^{d}tir.an.na, we also have a writing IM.ŠEŠ, which is attested on the commentary tablet of Nabu-zuqup-kēnu IIR 47 as a synonym for both Akkadian *imbaru*, "fog, haze, mist, drizzle,"

---

19 There is also a writing ^{d}ŠE.tir.an.na in *Lugale* 9:
^{d}nin.urta aga.zi ^{d}ŠE.tir.an.na igi nim.ğir du$_7$.du$_7$
Ninurta, who makes the good tiara, the rainbow, flash like lightning.

20 Akkadian *manzât* is also attested without the divine determinative. There is also evidence for an Akkadian word loan-word *tirannû* from Sumerian tir.an.na, but this is only attested as an adjective for those people or things from the city of Uruk, by way of the name for the city Tir.an.na^{ki}, "Rainbow (city)." See *CAD* T 423.

21 At least two explanations may be given for this divine status: 1) rainbows appear in the sky like the sun, moon, stars, and constellations which too are considered to be gods; 2) rainbows, as the necklace of goddesses, were accessories to the divine, and so too could be considered divine.

22 L. Verderame, *Le Tavole I–VI della serie astrologica Enūma Anu Enlil* (Nisaba 2; Messina: Dipartimento di Scienze dell'Antichità, 2002), 69–70.

23 *CAD* M$_I$ 230–231 1.

and ^{d}TIR.AN.NA, "rainbow."[24] In this term, the IM-sign is undoubtedly the sign as used for atmospheric phenomena of all types, in particular IM = tumu = tum_9 = tu_{15} (all the same sign) = *šāru* "wind"—with ŠEŠ in this context at least shared with or borrowed from a bird, *marratum*, which is a homonym of the word for rainbow *marratum*. Although it is unclear if these two homonyms are related,[25] one might guess that *marratum* originally referred to the bird, and then was expanded in meaning to include the rainbow, perhaps because the *marratum*-bird was particularly colorful.[26] In any case, one can cite many writings of the type IM.ŠEŠ-*tum* for *marratum*, "rainbow," in rainbow omens in *EAE* 45–46.[27]

This above identification of *marratum* as a synonym of the most common word for rainbow in Akkadian ^{d}*manzât* allows us to take our discussion one step further or, in a sense, backwards to where we were in Part 1 of this paper. For the Akkadian noun *marratum* is not only a synonym of ^{d}*manzât* = "rainbow," but also of Akkadian *šeršerratu* = "chain," providing us with yet another association between the rainbow in the sky and jewelry. The evidence for this equation is to be found in a list of synonyms of the word *šeršerratu*, which can be reconstructed from the lexical series An = *šamû* VII: 80–90 on the basis of entries cited in the *CAD*. Most important of these entries is that for *šeršerratu* itself in *CAD* $Š_{II}$ 320, which gives all 11 synonyms from An = *šamû* in the lexical list section of the entry. In this context, the fact that *šeršerratu*, "chain," can be a piece of jewelry is assured by the fact that the *šeršerratu* list follows that of synonyms for Akkadian *unqu* = "ring."[28] In our reconstruction below, we give the entries as quoted in *CAD* $Š_{II}$ 320, with the translations for each of the synonyms as given in their own entry. For example, in the case of the An VII 80, *e-di-ip-tum* = [*šèr-š*]*er*-[*ra-tum*], "(a piece of jewelry)," this translation is from

---

24 IIR 47 ii 36–37. See E. Weidner, "Ein Omenkommentar des Nabû-zuqup-kênu," *Archiv für Orientforschung* 21 (1966), 46.

25 *CAD* M_I 285–286 list the two as separate words: marratu B (a wild bird) and marratu C rainbow, (a chain?).

26 This same Sumerian term IM.ŠEŠ also occurs with determinative GIŠ, for wood and wooden implements, as one of a number of terms for the weathervane in ancient Mesopotamia as in *Urra* IV 14, ^{giš}IM.ŠEŠ = *iṣ-ṣur šá-a-ri* ('the bird of the wind, i. e. the bird of the weathervane, *MSL* V:151). This same instrument is also to be found aboard ship in an Akkadian literary fragment (W. G. Lambert, *Babylonian Wisdom Literature* [Oxford: Clarendon Press, 1960], 166, lines 11–14):

> […] is placed on the roof.
> Like a headband, the temple is adorned with [...
> They look at the "[b]ird of the wind" ([*i*]*ṣ-ṣur šá-a-ri*) to test the wind.
> ... the sailor carries [...

27 See e. g. E. Gehlken, *Weather Omens of Enūma Anu Enlil, Thunderstorms, Wind and Rain (Tablets 44-49)* (Leiden: Brill, 2012), 55:5', 13'; 58:22'; 113:73'.

28 See *CAD* E 33 *ediptu*, *CAD* U and W 167 *unqu*.

CAD E 33. In each case, the synonym given for [*šèr-š*]*er*-[*ra-tum*] is a very rare word, most of which are not attested in the *CAD* outside our list:

80.	*e-di-ip-tum*	=	[*šèr-š*]*er*-[*ra-tum*]	(a piece of jewelry)
81.	*mar-ra-tum*	=	[*šèr-š*]*er*-[*ra-tum*]	(a chain?)
82.	*šal-la-pi-tum*	=	[*šèr-š*]*er*-[*ra-tum*]	(a type of footwear)
83.	*ú-ri-tu*	=	[*šèr-š*]*er*-[*ra-tum*]	(an ornament)
84.	*ka-mi-tum*	=	[*šèr-š*]*er*-[*ra-tum*]	(a kind of jewelry/ornament)
85.	*e-pa-pu*	=	[*šèr-š*]*er*-[*ra-tum*]	(a kind of ornament?)
86.	*še-ti-ip-tum*	=	[*šèr-š*]*er*-[*ra-tum*]	(meaning unknown)
87.	*še-e-nu*	=	[*šèr-š*]*er*-[*ra-tum*]	sandal, shoe
88.	*har-tum*	=	[*šèr-š*]*er*-[*ra-tum*]	(meaning uncertain)
89.	*e-ma-ar-tum*	=	[*šèr-š*]*er*-[*ra-tum*]	(a kind of ornament)
90.	*di*-ŠUN-*ú*	=	[*šèr-š*]*er*-[*ra-tum*][29]	

Here, Akkadian *šeršerratu*, "chain," has *CAD* meanings ranging from jewelry to footwear (perhaps straps, chains, or laces on shoes or the like), with the position of our list in An = *šamû* after rings, assuring our proposed set of associations as follows: rainbows (*marratu*) → jewelry → the beaded necklace of the goddess → the chain of the lexical list → and if we cross over from Assyriology into art history, jewels worn by the rain goddess crosswise over her body. M. van Loon noted this last point in his article, "The Rainbow in Ancient West Asian Iconography."[30] In connection with 13th-century figurines of goddesses with necklaces from the temple of Adad and Šala at Choga Zanbil—subsequently published by H. Ghirshman—van Loon asked: "Could the string of beads, possibly thought of as multi-colored stones, be another symbol for the rainbow?"[31] This question received an affirmative answer five years later in Kilmer's article. Thus, we find in art as well as in texts scattered evidence and possible evidence supporting Kilmer's understanding of rainbows as a divine necklace, "(as a chain of flies)," in the flood narratives of *Atrahasis* and *Gilgamesh* XI.

This then brings us to the last part of our discussion, the question of how an ancient Mesopotamian would have reacted to seeing a rainbow. Would he have seen it as a positive sign as is the case in our modern culture, being reassured by the rainbow that the gods would never again bring a flood of biblical proportions as is the case in Jewish tradition, or would the appearance of the rainbow have raised other types of emotions and associations in

---

29 This word does not appear in *CAD* D.

30 "The Rainbow in Ancient West Asian Iconography," in *Natural Phenomena, Their Meaning, Description, and Depiction in the Ancient Near East* (ed. D. J. W. Meier; Amsterdam: Royal Netherlands Academy of Arts and Sciences, 1992), 149–168.

31 Ibid., 152.

the minds of a non-Israelite ancient Near Easterner? In search of an answer to this question, let us review the place of rainbows in the omen tradition of first-millennium Assyria and Babylonia.

3. Rainbows in Omens

Rainbows in ancient Mesopotamian thought belong to the category of phenomena associated with the weather-god Adad, mostly atmospheric phenomena such as winds, rain, clouds, thunder, and lightning, but also earthquakes which we today would not connect with the weather. The canonical section of omens for rainbows in the series *Enūma Anu Enlil* has recently been edited as part of *EAE* 47 by E. Gehlken,[32] occurring between sections for lightning and earthquakes that are also to be found in this tablet of the series. Omens relating to rainbows are also quoted in the astronomical reports, edited by H. Hunger,[33] mostly from the time of Esarhaddon and Assurbanipal. Additionally, omens that give rainbows as but one of a number of variables are to be found occasionally in *Enūma Anu Enlil* outside the framework of the rainbow omens of *EAE* 47.[34]

The section of *EAE* 47 relating to rainbows is unfortunately very poorly preserved. Parts of the section are still missing, and many of the omens we do have are incomplete. Thus, my remarks below may be considered tentative in nature as much of the ancient evidence needed to support my conclusions remains unavailable. Nonetheless, my review of the omens concerning rainbows in *EAE* 47 and SAA 8 below demonstrates that rainbows were not universally viewed as positive signs (that is, benefic) by ancient Mesopotamians in contrast to what the case seems to be for modern Western civilization. For example, a survey of the rainbow omens in *EAE* 47 for which the apodosis is either complete or well enough preserved for me to render an opinion shows that only roughly one third of the apodoses are benefic while the remainder are malefic.[35] Here I count only three as

---

32 Gehlken, *Weather Omens*, 138–148.

33 H. Hunger, *Astrological Reports to Assyrian Kings* (State Archives of Assyria 8; Helsinki: Helsinki University Press, 1992). Hereafter denoted by the abbreviation SAA 8.

34 Some of these are quoted in *CAD* M_I 231 sub *manzât*.

35 This is a rough estimate, and reflects at times my own sense of whether an apodosis is positive or negative in nature. Other users of *Enūma Anu Enlil*, ancient or modern, might have interpreted some of these apodoses differently. This estimate disregards those omens which have conflicting benefic and malefic elements in their apodosis, or which seem to me to be unclear. For example, note Gehlken, *Weather Omens*, 139:10': "…[there will be] protection of Enlil for the land, an attack of locusts, …[and] the waters will bubble out of [their] sources." In addition, apodoses which only predict rain or lack of rain are not counted in this survey.

benefic,[36] but eight as malefic.[37] The small sample of rainbow omens in the astronomical reports yields a similar result, albeit from a smaller sample than *EAE* 47 with many of the protases referring to rainbows as well as other phenomena. Here only two omens in SAA 8 453 have benefic apodoses, while those in SAA 8 31, SAA 8 43 (the same omen), and SAA 8 502 are malefic. The omens in SAA 8 212 and 541 are too broken to allow for a determination.[38] Taken together, *EAE* 47 and the reports in SAA 8 yield the following statistic: benefic five,[39] malefic eleven. This split of roughly one third benefic and two thirds malefic is typical of many groups of omens relating to a wide variety of phenomena. In any case, even this incomplete and relatively small sample indicates that rainbows were not *a priori* a special portent of good tidings in the omen tradition. This is also made clear in Mul-Apin II iii 33a–34:

> The name of the rainbow is "day of abundance," If in the south—rain, in the north—flood, in the east—rain, in the west—devastation.

This, I suggest, shows that the ancient Mesopotamian view of rainbows was very different from that exhibited in Genesis 9, and later Jewish, and Judeo-Christian thought. Further, I would suggest that the reason for this difference is the fact that the rainbow serves in Genesis, and so later Jewish/Western tradition, as the token of God's promise not to bring about another flood, and so was not seen as a possible harbinger of a flood, devastation, or other bad things to come. In ancient Mesopotamia, in lieu of this promise, the rainbow was just another of a number of indicators that the gods made visible to man which could be interpreted as a benefic sign, or malefic sign, by those familiar with the omen traditions. This then leaves only the issue of the rare phenomenon of the moonbow, which to date I still have not been able to find in Mesopotamia, neither in the *Enūma Anu Enlil* materials nor in reports of observed rainbows elsewhere. There are also no moonbows to be found in SAA 8, the letters of SAA 10 (each of which often contains astronomical materials) or the volumes of the series *Astronomical Diaries and Related Texts from Babylonia*.[40] However, it is possible that the ancient Near Eastern terms for moonbows are not the same as

---

36 Gehlken, *Weather Omens*, 140:15'; 143:12'; 145:16'.

37 Gehlken, *Weather Omens*, 139:13'–14'; 141:5'; 144: 15'; 146: 21'; 147:23'–24'; 148:25'.

38 SAA 8 223 gives an observation of an rainbow, but no corresponding omen.

39 Four, if the two omens in SAA 8 453 are taken as one benefic report, but five if they are counted separately.

40 See H. Hunger and A. Sachs, *Astronomical Diaries and Related Texts from Babylonia* (ed. H. Hunger; Vienna: Verlag der Österreichischen Akademie der Wissenschaften, 1988). What I was looking for was omens or observations of rainbows at night, hopefully in the middle of the lunar month, the only time of the month when moonbows are possible.

those for rainbows, and so perhaps I am looking for the wrong word in the wrong place.

To conclude, then, if I started with a goal of looking for moonbows in Mesopotamia, I have clearly failed, but if my ultimate goal was to learn more about rainbows in cuneiform, I feel that I have at least been moderately successful in that next time I see a rainbow (or moonbow for that matter), I will remember the Jewish blessing ("Blessed are You, Lord our G-d, King of the universe, who remembers the covenant, and is faithful to his covenant, and keeps his promise."), which I have come to believe, in Mesopotamian terms, was not meant to be a reminder of the flood to man, but more as a reminder from man to God that God has promised never to bring a flood again, thus mitigating the frightening portents of destruction that rainbows, I believe, would have conjured up from time to time in the minds of ancient Mesopotamians.

Naturgesetze und göttliche Justiz in Ägypten: zwei Pole einer Betrachtung*

Franziska Naether

1. Einleitende Bemerkungen

Die Beobachtung natürlicher kosmischer Phänomene hat im antiken Ägypten eine lange Tradition. Die Auseinandersetzung mit Erscheinungen in Tier- und Pflanzenwelt, am Himmel und auf Erden ist zusätzlich und zugleich auch eine Auseinandersetzung mit der altägyptischen Götterwelt. Dieser Beitrag versucht, exemplarisch Zeugnissen nachzugehen, in denen die auf einen göttlichen Schöpfer zentrierte Sichtweise ansatzweise in den Hintergrund tritt und Naturphänomene nur als solche gesehen werden. In einem zweiten Schritt werden ausgewählte Zeugnisse göttlicher Justiz vorgestellt, die sich des gleichen sprachlichen Registers bedienen wie die Formulierungen von ‚Naturgesetzen'. Dabei soll nicht das altägyptische Schrifttum in Gänze aufgearbeitet werden, was durch die punktuelle Überlieferungslage ohnehin ein schwieriges Unterfangen wäre, sondern Anstöße für eine Diskussion der Auffassung von antiken Gesetzmäßigkeiten am Nil geliefert werden – sei es auf dem Gebiet der Natur und des Kosmos, sei es auf dem Gebiet des Rechtslebens.

Naturgesetze wurden im alten Ägypten in der Regel über eine Götterhierarchie erklärt: Je nach den vorhandenen lokalen und überregionalen Theologien, die sich diachron über die Zeitläufte herausgebildet hatten, wurde der jeweiligen göttlichen Schöpfermacht die Entstehung von Kosmos und Erde, Natur und Mensch zugeschrieben. Einer Auffassung von Naturphänomenen als einer von Theologie losgelösten Lehre quasi säkularer Naturgesetze wurde und wird für die antiken Kulturen des Vorderen Orients in der Regel widersprochen. Exemplarisch sei meinen Ausführungen eine Äußerung des Politikwissenschaftlers E. Voegelin (geboren als Erich Hermann Wilhelm Vögelin, 1901–1985) vorangestellt, der sich in seinem Mammutprojekt „Ordnung und Geschichte / Order and History" mit der Beschreibung der philosophischen und geistigen Hintergründe von menschengemachten Ordnungen, Gesellschaften und Geschichte(n) beschäftigte – und das von den frühen Hochkulturen bis in die Neuzeit:

* Ich danke Konrad Schmid und Christoph Uehlinger für die Einladung zur Tagung. Wertvolle Hinweise für diesen Beitrag verdanke ich H.-W. Fischer-Elfert und H.-J. Thissen.

> „Vom günstigen Stande der Gegenwart aus können wir in ägyptischen Quellen die Saat erkennen, die vermutlich in den Leistungen von Israel und Hellas Früchte getragen hat. (…) Eine geeignete Illustration der Grenzen ägyptischer Differenzierungen liefern die Kosmogonien im Vergleich mit der ionischen Naturphilosophie. (…) In Ägypten ist die Antwort ein kosmogonischer Mythos, eine Geschichte der Schöpfung, oder besser: der Ordnung der Welt durch einen Gott; in Hellas ist sie eine Spekulation über das Prinzip, den Urgrund des Seins.“[1]

Für Voegelin geht die Auffassung von Naturphänomenen im alten Ägypten auf Erfahrungen und Symbole zurück, die mit Göttern und Mythen verknüpft worden sind. Und dies, so mit Voegelin, sei „eine ältere, umfassendere Form, die Seinsordnung zum Ausdruck zu bringen“. Im griechischen Ionien haben die Naturphilosophen aus diesen Mythen Erkenntnisse über „Sein“ und „Werden“ extrahiert und beschrieben. „Dieser Akt der Differenzierung, in dem der Philosoph eine Welt mit einer immanenten Seinsordnung konzipiert, ist eine entschieden hellenische Leistung; nichts dieser Art ereignet sich in Ägypten.“[2]

Abgesehen davon, dass nach Voegelins Darstellung zahlreiche neue Quellen erschlossen wurden und neue Erkenntnisse dazukamen – seine amerikanische Originalausgabe über die antiken Hochkulturen erschien erstmals 1956 –, so hat er doch einige für die Forschungsfrage m. E. zentrale Texte übersehen. Wenn auch mythologisch überformt, existieren Texte aus Ägypten, in denen Naturphänomene als universelle Gesetze gedacht wurden – in manchen Passagen sogar ohne Nennung einer Gottheit als Schöpfer oder Verursacher. Manches Material mag noch unediert in Archiven liegen, manche Textstelle mag vor dem Hintergrund der Fragestellung auch anders kommentiert werden können. Was sich aber seit Voegelin kaum geändert hat, ist die innerhalb der Ägyptologie geübte Zurückhaltung bei der Suche nach den Naturgesetzen. Im Folgenden soll – unter Berücksichtigung von Auffassungen von Gesetzen an sich – kurz auf eine solche Spurensuche gegangen werden.

2. Auf der Suche nach altägyptischen Naturgesetzen: exemplarische Betrachtungen

Ägypten war bis zum Bau des Sadd el-Ali-Hochdamms bei Aswân ab 1960 einer essentiellen Naturgewalt ausgesetzt: der jährlichen Nilüberschwem-

---

[1] E. Voegelin, *Ordnung und Geschichte. Band 1: Die kosmologischen Reiche des Alten Orients – Mesopotamien und Ägypten*, München: W. Fink, 2002, 129f.

[2] Ebd., 130f.

mung. Die Flut, angekündigt durch den heliakischen Aufgang des Sothissterns, geschah nach einem festen Regelmaß, das als „Gesetz“ (ägyptisch *hp*) bezeichnet wurde.[3] Die Überschwemmung, personifiziert durch den Gott Hapi, kam zu ihrer Zeit und füllte Ober- und Unterägyptens Felder mit fruchtbarem Schlamm, der reiche Ernten versprach. Fiel die Flut zu gering oder im Übermaß aus, drohten eine Hungersnot oder eine Flutkatastrophe. Deshalb wurden die Götter um eine optimale Überschwemmung gebeten.[4] Der Pharao selbst in seiner Funktion als oberster Priester und Stellvertreter der Götter auf Erden wurde am Ausmaß der Flut gemessen.[5] Insofern ist die Charakterisierung Ägyptens als „Geschenk des Nils“ durch Herodot[6] durchaus treffend, denn entlang des Flusses, seiner Nebenarme (insbesondere im Delta) und der Oasen entwickelten sich Städte und Dörfer.[7]

Diese starke Abhängigkeit von einer Naturgewalt dominierte natürlich die drei ägyptischen Jahreszeiten (Überschwemmung, Aussaat, Ernte). Allerdings wurde der Kalender nie vordergründig zur zeitlichen Orientierung von wiederkehrenden Naturereignissen genutzt, sondern in erster Linie als Festkalender. Lokale und überregionale Rituale zu Ehren einzelner Götter waren darin aufgeführt, deren Vollzug das Fortbestehen der Welt garantieren sollte. Hinzu kamen Hemerologien („Tagewählkalender“), mit denen günstige und ungünstige Zeitpunkte für bestimmte Unternehmungen bei

---

3 A. Erman / H. Grapow, *Wörterbuch der ägyptischen Sprache.* Band 2, Berlin: Akademie Verlag, 1971, 488–89. Generell zu *hp* als „Gesetz“: M. Bontty, Concerning *hp*, in: *Journal of the Society for the Study of Egyptian Antiquities* 27 (1997), 1–8; S. Jin, Bemerkungen zum Papyrus München 809: Zum Verständnis des Begriffes *hp*, in: *Discussions in Egyptology* 48 (2000), 89–94; V. Polácek, Zur Frage des altaegyptischen Rechts- und Gerechtigkeitsgedankens, in: *Journal of Juristic Papyrology* 13 (1961), 243–269.

4 W. Helck, *Der Text des „Nilhymnus“* (Kleine Ägyptische Texte), Wiesbaden: Harrassowitz, 1972; D. van der Plas, *L'hymne à la crue du Nil* (Egyptologische uitgaven 4), Leiden: Nederlands Instituut voor het Nabije Oosten, 1986.

5 Zu den Folgen von unregelmäßigen Nilfluten s. J. F. Quack, Danaergeschenk des Nil? Zu viel oder zu wenig Wasser im Alten Ägypten, in: A. Berlejung (Hg.), *Disaster and Relief Management – Katastrophen und ihre Bewältigung* (FAT 81), Tübingen: Mohr Siebeck, 2012, 330–381; Datenmaterial in S. Seidlmayer, *Historische und moderne Nilstände. Untersuchungen zu den Pegelablesungen des Nils von der Frühzeit bis zur Gegenwart*, Berlin: Achet Verlag, 2001.

6 Αἴγυπτος, ἐς τὴν Ἕλληνες ναυτίλλονται, ἐστὶ Αἰγυπτίοισι ἐπίκτητός τε γῆ καὶ δῶρον τοῦ ποταμοῦ (Hdt. 2,5,1). Kommentar: A. B. Lloyd, *Herodotus Book II.* 3 Bände (Études préliminaires aux religions orientales dans l'empire romain 43), Leiden: Brill, 1975–1993.

7 Die moderne Landwirtschaft muss heutzutage ohne den fruchtbaren Schlamm auskommen und hat das antike landwirtschaftliche Jahr durch extensive Düngung und mehrere Ernten ohnehin außer Kraft gesetzt. Doch werden viele Auswirkungen des Staudamms kritisch betrachtet. Aus ägyptologischer Sicht sei auf die zahlreichen im Nasser-Stausee versunkenen Bauwerke verwiesen sowie auf die Bodenversalzung, die auch vor Tempeln nicht halt macht.

den Göttern erfragt werden konnten.[8] Ein 2008 in Edition vorgelegtes, vergleichbares Textzeugnis ist der Naos der Dekaden, der durch Funde der Unterwasserarchäologie vor Alexandria ergänzt werden konnte.[9] Der Schrein aus der Zeit von König Nektanebos I. (ca. 379–360 v. Chr.) beinhaltet eine kalendarische Einteilung des Jahres nach den 36 Dekanen und den Epagomenen. Dazu werden Vorhersagen gegeben – also eine Kombination aus Kalkulation und Kultpraxis, d. h. Naturbeobachtung und Divination.

Wie die bereits erwähnte Überschwemmung wurden fast alle Erscheinungen der Natur als Gottheiten personifiziert, meist in Paaren: Luft (Schu) und Feuchtigkeit (Tefnut); Erde (Geb) und Himmel (Nut), Sonne (Re), die Gestirne, die Unterwelt usw., und oft noch in einzelnen Aspekten differenziert. Naturgesetze sind demnach, da der Himmel göttlichen Ursprungs ist, auch und vor allem Himmelsgesetze.

Dieses Bild lässt sich ebenso für die Gestalt der Götter bestätigen. Viele von ihnen können anthropomorph und zoomorph dargestellt werden. Auch Mischformen sind üblich, meist mit menschlichem Körper und tiergestaltigem Kopf. In Tieren sah man in bestimmten Kontexten die Manifestation der Götter, weshalb an manchen Heiligtümern in Farmen heilige Tiere aufgezogen, für Orakelbefragungen genutzt und mumifiziert worden sind.[10] Durch die Fauna wurden also Rückschlüsse auf das Pantheon gezogen, und die Gestalt der Götter orientierte sich nicht selten an ‚natürlichen' Gegebenheiten. So ist es sicher kein Zufall, dass der Nekropolengott Anubis schakals- bzw. wolfsköpfig dargestellt werden konnte – hielten sich diese Tiere doch des Nachts oft dort auf.[11]

---

8 Dazu F. Naether / M. Ross, Interlude: A Series containing a Hemerology with Lengths of Daylight, in: *Egitto e Vicino Oriente* 31 (2008), 52–91. Neu ediert worden ist eine Festliste aus Aswân von F. Hoffmann, Die Datierung des Ostrakon Brooklyn 12768 1630 und der Kult des Osiris-Espmetis auf Elephantine in römischer Zeit, in: D. Kessler / R. Schulz / M. Ullmann u. a. (Hg.), *Texte – Theben – Tonfragmente* (FS G. Burkard; Ägypten und Altes Testament 76), Wiesbaden: Harrassowitz, 2009, 206–213.

9 A.-S. von Bomhard, *The Naos of the Decades. From Observation of the Sky to Mythology and Astrology* (Oxford Centre of Maritime Archaeology Monograph 3), Oxford: Institute of Archaeology, 2008.

10 D. Kessler, *Die heiligen Tiere und der König. Teil I: Beiträge zu Organisation, Kult und Theologie der spätzeitlichen Tierfriedhöfe* (Ägypten und Altes Testament 16), Wiesbaden: Harrassowitz, 1989; Ders., Tierische Missverständnisse: Grundsätzliches zu Fragen des Tierkultes, in: M. Fitzenreiter (Hg.), *Tierkulte im pharaonischen Ägypten. Beiträge zum Workshop am 07. und 08. Juni 2002* (Internet-Beiträge zur Ägyptologie und Sudanarchäologie 4), London: Golden House Publications, 2002, 33–67; A. von Lieven, Das Göttliche in der Natur erkennen. Tiere, Pflanzen und Phänomene der unbelebten Natur als Manifestationen des Göttlichen, in: *Zeitschrift für Ägyptische Sprache und Altertumskunde* 131 (2004), 156–172.

11 H. Bonnet, Art. Anubis, in: Ders., *Reallexikon der ägyptischen Religionsgeschichte*, Berlin: de Gruyter, 1952, 40–45, hier 41.

Ein Zusammenhang zwischen ‚Naturgesetzen' und einer frühen ‚Naturwissenschaft' wird in der ägyptologischen Forschungsdiskussion gelegentlich angedeutet[12] und ist schließlich in der Spätantike greifbar.[13] Für andere antike Kulturen des Vorderen Orients ist dies ebenso festgestellt worden.[14]

3. Aspekte zu altägyptischen Rechtsterminologien und zur Natur des Rechts

Wer sich mit Rechtsterminologien bei der Beschreibung von Naturphänomenen beschäftigt, muss vorausschicken, wie diese juristischen Formulierungen gestaltet sind. Das offenkundigste Beispiel dafür sind Protasis-Apodosis-Konstruktionen. Diese Bedingungsgefüge sind wohl die gängigste Art und Weise im alten Orient, um Regularitäten und Irregularitäten offenzulegen. Bezeichnend ist, dass diese „Wenn A, dann B"-Konstruktionen nicht nur in Rechtstexten, sondern auch in religiösen Texten verwendet wurden. Gerade Omentexte machen oft davon Gebrauch:

> „Wenn Re gegen ein Gebiet zürnt, (dann) wird sein Herrscher das Gesetz verlassen.
> Wenn Re gegen ein Gebiet zürnt, (dann) wird er veranlassen, dass das Gesetz in ihm aufhört.
> Wenn Re gegen ein Gebiet zürnt, (dann) wird er veranlassen, dass die Reinheit in ihm aufhört.
> Wenn Re gegen ein Gebiet zürnt, (dann) wird er veranlassen, dass die Ma'at (= Wahrheit etc.) in ihm aufhört.

---

12 Exemplarisch: E. Brunner-Traut, Gab es eine Naturwissenschaft bei den alten Ägyptern?, in: *Aus der Heimat* 60.2 (1952), 38–48; O. Neugebauer, *The Exact Sciences in Antiquity*, Providence: Brown University Press, 1957; H.-W. Fischer-Elfert, Alle Natur ist göttlich. Aus einem spätägyptischen Lexikon in Halle/S., in: *aMun. Magazin für die Freunde der Ägyptischen Museen* 35 (2008), 26–28; Ders., Weitere Details zur Göttlichkeit der Natur – Fragmente eines späthieratischen Lexikons, in: *Zeitschrift für Ägyptische Sprache und Altertumskunde* 135 (2008), 115–130 (Enzyklopädie, in der jedes Lemma einer Gottheit zugeordnet wird); M. Raven, *Egyptian Magic: The Quest for Thoth's Book of Secrets*, Cairo: American University in Cairo Press, 2012, 51f („In Quest of the Laws of Nature").

13 S. Richter, Naturoffenbarung und Erkenntnisritual. Diskurs und Praxis spätantiker Naturwissenschaft am Beispiel der Alchemie, in: H. Knuf / C. Leitz / D. van Recklinghausen (Hg.), *Honni soit qui mal y pense* (FS H.-J. Thissen; Orientalia Lovaniensia Analecta 194), Leuven: Peeters, 2010, 585–605.

14 D. Matthias, Beobachtungen zum Verhältnis von Natur, Schöpfung und Schöpfer in den Psalmen, in: A. Berlejung / R. Heckl, *Ex oriente Lux. Studien zur Theologie des Alten Testaments* (FS R. Lux; Arbeiten zur Bibel und ihrer Geschichte 39), Leipzig: Evangelische Verlagsanstalt, 2012, 273–288; J.-J. Glassner, Droit et divination: deux manières de rendre la justice. À propos de *dinum*, *uṣurtum* et *awatum*, in: *Journal of Cuneiform Studies* 64 (2012), 39–56.

Wenn Re gegen ein Gebiet zürnt, (dann) wird er veranlassen, dass die Güter in ihm gering sind.
Wenn Re gegen ein Gebiet zürnt, (dann) lässt er nicht zu, dass man sich in ihm vertraut.“[15]

heißt es in einer Passage der Lehre des Chascheschonqy, die als erratischer Block zwischen einer belletristischen Rahmenhandlung und weisheitlichen Sentenzen steht.[16] Hier werden die Folgen vorhergesagt, wenn göttlicher Zorn, in diesem Fall der des Sonnengottes Re, die Welt trifft: Die Verhältnisse kehren sich um, und zwar dergestalt, dass Recht, Gesetz und Ordnung zugunsten von Chaos aufhören, die Schwachen über die Starken triumphieren usw. Auch die von den Göttern eingesetzte Herrschaft des Pharaos, des vergöttlichten Königs und seiner Administration, wird aufgehoben. Diesen Zustand nennen die Ägypter Isfet, das Gegenstück zu Ma’at, der positiven Weltordnung.[17] Ma’at ist ebenso die Personifizierung des Rechts, also einer gerechten Gesellschaftsordnung, aber auch die Wahrheit, die (positiv verstandene) Realität – in einem religiösen, politischen und juristischen Sinne. Es gilt, sie ständig neu zu verwirklichen. Diese kosmologische Gesellschaftsordnung wurde als Gottheit mit einer für sie typischen Feder auf dem Kopf dargestellt. Ihre wohl prominenteste Funktion hat sie im Totengericht, bei der das Herz eines Verstobenen gegen die Ma’at (oft in Gestalt der Feder allein) aufgewogen wird. Ist das Herz im Gleichgewicht mit der Ma’at, darf der Verstorbene ins Jenseits eintreten. Ist das Herz schwerer als die Ma’at, wartet auf ihn die „große Fresserin“, die Körper, Geist und

15 Kolumne 5; die hier zitierten Sätze finden sich in den Zeilen 2 bis 7. Transliteration des demotischen Texts: [*in-nꜣ.w Pꜣ-Rꜥ*] *h̭ꜥr r tš iw pꜣy=f ḥry ḫꜣꜥ pꜣ hp* | *in-nꜣ.w Pꜣ-Rꜥ h̭ꜥr r tš iw=f (r) di.t lg s hp ẖn=f* | *in-nꜣ.w Pꜣ-Rꜥ h̭ꜥr r tš iw=f (r) di.t lg s wꜥb ẖn=f* | *in-nꜣ.w Pꜣ-Rꜥ h̭ꜥr r tš iw=f (r) di.t lg s md.t-mꜣꜥ.t ẖn=f* | *in-nꜣ.w Pꜣ-Rꜥ h̭ꜥr r tš iw=f (r) di.t sbq šꜥr ẖn=f* | *in-nꜣ.w Pꜣ-Rꜥ h̭ꜥr r tš bw-ir=f di.t ir=w nḥte.ṱ* [*ẖn=f*].

16 Edition und Übersetzung: S. R. K. Glanville, *The Instructions of Onchsheshonqy*, London: British Museum Press, 1955; H.-J. Thissen, *Die Lehre des Anchscheschonqi (P. BM 10508)*, Bonn: Habelt, 1984; neuere deutsche Übersetzung: F. Hoffmann / J. F. Quack, *Anthologie der demotischen Literatur* (Einführungen und Quellentexte zur Ägyptologie 4), Berlin: LIT Verlag, 2007, 273–299 und 365–368. Der Text stammt aus Achmim (Makedonen/Ptolemäerzeit) und ist in demotischem Ägyptisch abgefasst.

17 J. Assmann, *Ma’at. Gerechtigkeit und Unsterblichkeit im Alten Ägypten*, München: C. H. Beck, 1991; Ders., Königsdogma und Heilserwartung: Politische und kultische Chaosbeschreibungen in ägyptischen Texten, in: D. Hellholm (Hg.), *Apocalypticism in the Mediterranean World and the Near East. Proceedings of the International Colloquium on Apocalypticism, Uppsala, August 12–17, 1979*, Tübingen: Mohr Siebeck, 1983, 345–377. Zu Individuen außerhalb der ‚Norm‘ s. H.-W. Fischer-Elfert, *Abseits von Ma’at. Fallstudien zu Außenseitern im Alten Ägypten* (Wahrnehmungen und Spuren Altägyptens: Kulturgeschichtliche Beträge zur Ägyptologie 1), Würzburg: Ergon, 2005.

Namen des Verstobenen auslöscht und somit verhindert, dass aus dem Toten ein „Verklärter" werden kann.[18]

Um den Kosmos in Gang zu halten, damit die Welt und damit die Ordnung (Ma'at) und die Gesetze (*hp.w*) nicht aus den Fugen geraten, existierten umfangreiche Kultpraktiken, allen voran die täglichen Rituale an den Kultbildern, um die Götter gnädig zu stimmen und somit zu garantieren, dass auch am nächsten Tag die Sonne wieder aufgehen und ein neuer Tag anbrechen konnte. Dies war zuvorderst die königliche Aufgabe, was durch zahlreiche Epitheta des Herrschers wie „der die Ma'at liebt" etc. verdeutlicht wird.[19]

Divinatorische Praktiken spielen dabei ebenso eine große Rolle, denn aus kosmischen Phänomenen wie auch aus Träumen, Zeichen und Losen konnten göttliche Entscheidungen herausgelesen werden, die die Zukunft betreffen oder Gegenwart und Vergangenheit erhellen sollten. Gerade in mantischen und magischen Handschriften kommen Protasis-Apodosis-Konstruktionen vergleichsweise häufig vor, insbesondere in Textpassagen, in denen Zeichen ausgedeutet werden: Wenn Konstellation A auftritt, bedeutet das B. Oder: Wenn A im Traum gesehen wird, bedeutet das B.

In prophetischen Texten wie dem „Lamm des Bokchoris"[20], die *ex eventu* eine düstere Zeit ankündigen, finden sich meist optimistische Aussagen, dass nach der Zeit der Entbehrungen eine Zeit des Heils kommen und damit auch das Gesetz in Ägypten zurückkehren werde.[21]

---

[18] J. Assmann, *Tod und Jenseits im alten Ägypten*, München: C. H. Beck 2001; Bonnet, Art. Jenseitsgericht, in: *Reallexikon* (s. Anm. 11), 334–341; zur Fresserin s. M. Gabolde, Une interprétation alternative de la „pesée du coeur" du Livre des morts, in: *Égypte, Afrique & Orient* 43 (2006), 11–22.

[19] A. I. Blöbaum, *Denn ich bin ein König, der die Maat liebt. Herrscherlegitimation im spätzeitlichen Ägypten. Eine vergleichende Untersuchung der Phraseologie in den offiziellen Königsinschriften vom Beginn der 25. Dynastie bis zum Ende der makedonischen Herrschaft* (Aegyptiaca Monasteriensia 4), Aachen: Shaker, 2006.

[20] Edition: K.-Th. Zauzich, Das Lamm des Bokchoris, in: *Festschrift zum 100-jährigen Bestehen der Papyrussammlung der Österreichischen Nationalbibliothek*, Wien: Hollinek, 1983, 165–174; neuere Übersetzung in Hoffmann / Quack, *Anthologie* (s. Anm. 16), 181–83 und 351–53. Das Lamm wird auch in der kürzlich edierten Leipziger Weltchronik erwähnt: L. Popko / M. Rücker, P. Lips. Inv. 1228 und 590: Eine neue ägyptische Königsliste in griechischer Sprache, in: *Zeitschrift für Ägyptische Sprache und Altertumskunde* 138 (2011), 43–62.

[21] Lamm, 2,22–3,4; weitere Omentexte: die „Prophezeiungen des Neferti" mit messianischem Erlöserkönig (Papyrus Petersburg inv. 1116 B, verso, ab Z. 57); s. E. Blumenthal, Die Prophezeiung des Neferti, in: *Zeitschrift für Ägyptische Sprache und Altertumskunde* 109 (1982), 1–27; der „Dialog des Ipuwer mit dem Allherrn", dessen pessimistische Vorhersagen und fragmentierter Zustand zum Ende des Textes nur schwerlich entscheiden lassen, ob überhaupt hoffnungsvolle Aussagen auf die düsteren Prophezeiungen folgen; s. R. Enmarch, *A World Upturned. Commentary on and Analysis of The Dialogue of Ipuwer and the Lord of All*, Oxford: Oxford University Press, 2008, 41, 59–64 und *passim* im Kommentar. Allgemein s. D. Franke, Schöpfer, Schützer, Guter Hirte: Zum

Das Recht bzw. Gesetze wurden in der Hauptsache mit dem Gott Thot in Verbindung gebracht.[22] Diese allumfassende Gewalt schließt neben dem Fortgang der Welt auch menschliche Schicksale ein, wie uns eine Maxime aus der Lehre des Ptahhotep zeigt, wo es heißt: „(Denn) nicht von selbst ist es, dass Besitz kommt. Das ist ihr (= der Götter) Gesetz (*hp*) für den von ihnen Geliebten."[23] Mir scheint, dass gerade diese göttliche (Vor)bestimmung des individuellen menschlichen Schicksals ein Grund für die religiöse Durchdringung der ägyptischen Kultur und Gesellschaft ist. Es gibt Andeutungen, dass die Götter für alle Menschen Schicksalsbücher angelegt hatten – sozusagen eine Datenbank (oder Kartei) der Irdischen. Wie man sich das genau vorzustellen hatte, bleibt im Dunkeln.[24] Daher versuchten die Menschen auch seit jeher, die Götter für sich einzunehmen – z. B. durch die bereits angesprochenen divinatorischen Praktiken, aber auch durch Magie. Das Streben, es in der Gestaltung der Welt den Göttern gleichzutun oder zumindest ansatzweise anderen Menschen überlegen zu sein, führte zu Götterbedrohungen bzw. Götterzwang, der in magischen Texten gut belegt ist. Hier schwingt sich der mantische Praktiker zu den Göttern auf, handelt als solcher und droht ihnen kapitale Strafen an, wenn sie ihn zur Erlangung seiner Ziele nicht unterstützen.[25]

Königsbild des Mittleren Reiches, in: R. Gundlach / C. Raedler (Hg.), *Selbstverständnis und Realität: Akten des Symposiums zur ägyptischen Königsideologie in Mainz, 15.–17.6.1995* (Ägypten und Altes Testament 36; Beiträge zur ägyptischen Königsideologie 1), Wiesbaden: Harrassowitz, 1997, 175–209; D. Müller, Der gute Hirte: ein Beitrag zur Geschichte ägyptischer Bildrede, in: *Zeitschrift für Ägyptische Sprache und Altertumskunde* 86 (1961), 126–144.

22 Belege dafür finden sich u. a. im ägyptischen Totenbuch. Dazu dezidiert M. A. Stadler, *Weiser und Wesir: Studien zu Vorkommen, Rolle und Wesen des Gottes Thot im ägyptischen Totenbuch* (Orientalische Religionen in der Antike 1), Tübingen: Mohr Siebeck, 2009; S. Schott, Thoth als Verfasser heiliger Schriften, in: *Zeitschrift für ägyptische Sprache und Altertumskunde* 99 (1973), 20–25.

23 Version P, Papyrus Prisse, § 181–2, Text: *n jyi.y js ḫ.t ḏs hp=sn pw n mrr.w=sn*; und Übersetzung von P. Dils, *Thesaurus Linguae Aegyptiae* (TLA), http://aaew.bbaw.de/tla.

24 H. Brunner, Buchführung über Leben und Tod, in: *Zeitschrift für Ägyptische Sprache und Altertumskunde* 115 (1988), 14–19; D. G. Greenbaum, *The Daimon in Hellenistic Astrology: Origins and Influence*, Diss., Warburg Institute: University of London, 2009, Kapitel 2, 83–85; S. Morenz / D. Müller, *Untersuchungen zur Rolle des Schicksals in der ägyptischen Religion* (Abhandlungen der Sächsischen Akademie der Wissenschaften zu Leipzig, philosophisch-historische Klasse 52.1), Berlin: Akademie Verlag, 1960.

25 Dazu einführend H. Altenmüller, Art. Götterbedrohung, in: *Lexikon der Ägyptologie* 2 (1977), Sp. 664–669; T. Schneider, Die Waffe der Analogie. Altägyptische Magie als System, in: K. Gloy / M. Bachmann (Hg.), *Das Analogiedenken: Vorstöße in ein neues Gebiet der Rationalitätstheorie*, München: Alber, 2000, 37–85, hier 64–66.

Ein prominenter Fall aus der ägyptischen schönen Literatur ist Setna im gleichnamigen Roman.[26] Der Sohn Ramses' II. war auf der Suche nach dem „Buch des Thoth". Mit dieser Schriftrolle würde es möglich sein, die Gesetzmäßigkeiten der Natur und „was sie im Innersten zusammenhält" zu verstehen. Es gelang ihm, den geheimen Papyrus seinem Besitzer Na-Nefer-Ka-Ptah abzutrotzen. Diesem wiederum war die Schriftrolle von einem alten Priester mit den folgenden Worten angeboten worden:

> „Wenn du wirklich nützliche Schriften lesen willst, komm zu mir, dass ich dich zu dem Ort bringen lasse, an dem sich dieses Buch befindet, das Thoth eigenhändig geschrieben hat, als er im Gefolge der Götter auf die Erde herunterkam! Zwei schriftliche Formeln stehen darin. Wenn du die erste Formel rezitierst, wirst du den Himmel, die Erde, die Unterwelt, die Berge und die Meere bezaubern. Du wirst alles verstehen, was die Vögel des Himmels und das Gewürm der Erde sprechen werden. Du wirst die Fische der Tiefe sehen, obwohl 21 Gottesellen Wasser über ihnen sind. Wenn du hingegen die zweite Formel rezitierst, wirst du in der Unterwelt sein, obwohl du wieder auf der Erde bist. Und du wirst Re schauen, wie er mit seiner Neunheit im Himmel erscheint, und den Mond bei seinem Aufgehen ebenso."[27]

Der alte Priester hatte wohl gute Gründe, die Schriftrolle loszuwerden: Weder Na-Nefer-Ka-Ptah noch Setna brachte sie Glück, sondern stürzte ihre Familien in Unheil, Zwietracht und Mord. Wir halten fest: Der Mensch hatte nach Vorstellung der Ägypter einen gewissen Spielraum, mit divinatorischen Praktiken in Kosmos und Schicksal einzugreifen. In den zitierten Fällen geschieht dies aber durch zumeist negativ konnotierte Aneignung göttlicher Kräfte oder Requisiten.

Dabei sollten diese vordergründig dem Stellvertreter der Götter auf Erden vorbehalten bleiben: dem König. Dieser war nicht nur religiöser Führer, sondern auch oberster Gesetzesherr, der mit seinen Wesiren und Ministern der Verwaltung des Landes vorstand.[28] Erst mit der ersten Perser-

---

26 Edition: S. Goldbrunner, *Der verblendete Gelehrte. Der erste Setna-Roman (P. Kairo 30646)* (Demotische Studien 13), Sommerhausen: Zauzich Verlag, 2006; Hoffmann/Quack, *Anthologie* (s. Anm. 16), 137–152 und 343–345.

27 Kolumne 3; die hier zitierten Sätze finden sich in den Zeilen 12–14. Text: [*iw=f ḫpr iw=k*] *wḫꜣ ꜥš sẖ im n=y tw=y ṯꜣy=w ṱ=k r pꜣ mꜣꜥ nty-iw pꜣy ḏmꜥ n-im=f iw Ḏḥwty pꜣ i-ir sẖ=f n ḏr.ṱ=f ḥ(ꜥ)=f iw=f nꜥ=k r-ẖry m-sꜣ nꜣ nṯr.w hp 2 n sẖ nꜣ nty ḥr-ꜣ(.t).ṱ=f iw=k* | [*ꜥš pꜣ hp mḥ-1 iw=k r pẖ*]*re tꜣ p.t pꜣ tꜣ tꜣ dwꜣ.t nꜣ tw.w nꜣ im.w iw=k r gm nꜣ ntw-iw nꜣ ipd.w n tꜣ p.t irm nꜣ ḏdfe.w r ḏd.ṱ=w ḏr=w iw=k r nw r nꜣ rim.w n pꜣ mtr iw wn* | [*mḥ-nṯr 21 n mw (n) tꜣy=w ri.t*]*-ḥry.t iw=k ꜥš pꜣ hp mḥ-2 iw=f (r) ḫpr iw=k ẖn imn.ṱ iw=k n pꜣy=k gy ḥr pꜣ tꜣ ꜥn iw=k r nw r Pꜣ-Rꜥ iw=f ḫꜥ.w n tꜣ p.t irm tꜣy=f psḏ.t irm pꜣ iꜥḥ* [*n*] *pꜣy=f gy n wbn.* Text und Übersetzung (leicht verändert) von G. Vittmann, *TLA* (s. Anm. 23).

28 J. Assmann, *Der König als Sonnenpriester. Ein kosmographischer Begleittext zur kultischen Sonnenhymnik in thebanischen Tempeln und Gräbern* (Abhandlungen des Deut-

herrschaft, genauer unter dem achämenidischen Großkönig Dareios I. (ca. 549–486 v. Chr.), wurden in Ägypten kodifizierte Rechtsnormen gültig, namentlich das Rechtsbuch von Hermopolis.[29] Generell lässt sich in dieser Zeit eine gesteigerte Produktion von Kompilationen von Gesetzen, Literatur und Wissenstexten verzeichnen.[30] Mit der Ptolemäerzeit ab 305 v. Chr. sind weitere demotische Rechtsbücher wie die sogenannte Zivilprozessordnung greifbar.[31] Vor der Perserzeit bestand eine kasuistische Rechtspraxis. Rechtsdogmatische oder rechtshistorische Schriften sind nicht überliefert, aber die dokumentarischen Texte weisen eine stark formalisierte Gliederung auf, was die Tendenz zu einer Normierung im Sinne der Vergleichbarkeit ähnlicher Sachverhalte beweist. Ein weiteres Spezifikum des ägyptischen Rechts, vor allem in der Spät-, Ptolemäer- und Römerzeit, ist die Existenz von indigenem vs. ausländischem Recht wie dem der makedonischstämmigen Ptolemäerherrscher oder dem lateinischen Recht wie dem späteren *Corpus Iuris Civilis*.[32] Durch königliche und kaiserliche Dekrete,[33] bestimmte Typen von Anordnungen[34] oder den Entscheid über

---

schen Archäologischen Instituts Kairo, Ägyptologische Reihe 7), Glückstadt: J. J. Augustin, 1970.

29 Zum Recht dieser Zeit und dem Codex Hermopolis (s. *ad locum*): A. Schütze, *Ägypten unter der Herrschaft der Achämeniden. Studien zur Verwaltung und Gesellschaft einer Provinz des Perserreiches*, Diss., Leipzig: Universität Leipzig, 2012; M. Bontty, *Conflict Management in Ancient Egypt: Law as a Social Phenomenon*, Ann Arbor: University Microfilms International, 1997; S. L. Lippert, *Einführung in die altägyptische Rechtsgeschichte* (Einführungen und Quellentexte zur Ägyptologie 5), Münster: LIT Verlag, 2008; S. Allam, Réflexions sur le Code légal d'Hermopolis dans l'Égypte ancienne, in: *Chronique d'Égypte* 61 (1986), 50–75; S. L. Lippert, *Ein demotisches juristisches Lehrbuch: Untersuchungen zu Papyrus Berlin P 23757 rto* (Ägyptologische Abhandlungen 66), Wiesbaden: Harrassowitz, 2004; auch dieses Lehrbuch geht von Einzelfällen aus, wie die Autorin auf S. 168–70 belegt. Editionen späterer demotischer Rechtsbücher liefern: W. J. Tait, P. Carlsberg 236: Another fragment of a Demotic legal manual. Demotic Texts from the Collection, und M. Chauveau, P. Carlsberg 301: Le manuel juridique de Tebtynis, beide erschienen in: J. P. Frandsen (Hg.), *The Carlsberg Papyri 1: Demotic Texts from the Collection* (Carsten Niebuhr Institute Publications 15), Kopenhagen: Museum Tusculanums Forlag, 1991, 93–101 und 103–127.

30 P. Briant, *From Cyrus to Alexander: A History of the Persian Empire*, Winona Lake, IN: Eisenbrauns, 2002, 474; K. A. Kitchen / P. J. N. Lawrence, *Treaty, Law and Covenant in the Ancient Near East. Band 1: The Texts. Band 2: Text, Notes and Chronograms. Band 3: Overall Historical Survey*, Wiesbaden: Harrassowitz, 2012 mit Quellen aus dem gesamten Vorderen Orient.

31 Z. B. Lippert, *Lehrbuch* (s. Anm. 29).

32 J. M. Modrzejewski, *Droit impérial et traditions locales dans l'Égypte romaine* (Collected Studies Series 321), Aldershot: Variorum, 1990.

33 Z. B. J. D. Ray, *The Rosetta Stone and the Rebirth of Ancient Egypt*, London: Profile, 2007; für die Römerzeit s. T. Hauken, Legislation in the Roman Empire: The Role of the Emperor, in: Understanding and History in Arts and Sciences (FS R. Holton Pierce; Acta Humaniora Universitatis Bergensis 1), Oslo: Solum, 1991, 89–95.

34 Z. B. Prostagmata/ägyptisch *sḥn.w*, s. J. Modrzejewski, The ΡΡΟΣΤΑΓΜΑΤΑ in the papyri, in: *Journal of Juristic Papyrology* 5 (1951), 187–206 und königliche Anord-

individuelle Petitionen[35] konnten kodifizierte Rechtnormen und der offizielle Rechtsweg über einzelne Instanzen übersprungen werden.

Parallel zu dieser Gesetzgebung bestand die Vorstellung einer göttlichen Justiz. Mittels divinatorischer Praktiken wurde in bestimmten Situationen der göttliche Wille zu bzw. das göttliche Wissen über einen Fall erkundet. Unterschiedliche Textsorten belegen dies, darunter Prozessions- und Ticket-Orakel.[36] Über die Rechtsgültigkeit und den genauen Anwendungskontext dieser Gottesurteile ist wenig bekannt, und die Frage nach dem Verhältnis zwischen kodifiziertem Recht und göttlicher Justiz ist bisher kaum erforscht, zumal viele Rechtshistoriker mit juristischem Ausbildungshintergrund dazu neigten, die Gottesentscheide als „eine Verirrung des ägyptischen Rechts in einer Verfallszeit“[37] aufzufassen, sie als zusätzliche Geldeinnahmequelle für Priester zu werten[38] oder sie als Befriedigung volksfrömmelnder Tendenzen nach göttlichem Beistand abzutun.[39] J. Quack formuliert differenzierter: „Gottesurteile mögen zu manchen Zeiten häufiger als zu anderen sein, aber sie haben immer noch eine Struktur und einen definierten Platz in der Gesellschaft. (…) Dieser dürfte dort zu sehen sein, wo sonstige Mittel der Wahrheitsfindung nicht mehr greifen.“[40] Vermutlich ist von einer Beschleunigung eines Verfahrens auszugehen, wenn ein Gottesurteil vorlag, da die Götter prinzipiell die höchstmögliche Instanz darstellten, wenngleich manche Fälle belegen, dass auch Gottesurteile von Menschen angefochten wurden und weitere Götter befragt werden konnten. Die Kommunikation war demnach keine Einbahnstraße.

---

nungen („ordonnances du roi“), s. M.-Th. Lenger, *Corpus des Ordonnances des Ptolémées* (Académie Royale de Belgique, Classe des Lettres, Mémoires 64.2), Bruxelles: Académie Royale de Belgique, ²1980.

35 Z. B. O. Guéraud, *ENTEYΞEIΣ: Requêtes et plaintes adressées au Roi d'Égypte au IIIe siècle avant J.-C.* (Publications de la Société Fouad I de Papytologie), Cairo: Imprimerie de l'Institut Français d'Archéologie Orientale, 1931–1932; B. Kelly, *Petitions, Litigation, and Social Control in Roman Egypt* (Oxford Studies in Ancient Documents), Oxford: Oxford University Press, 2011.

36 F. Naether, *Die Sortes Astrampsychi* (Orientalische Religionen in der Antike 3), Tübingen: Mohr Siebeck, 2010; B. Menu, Principes fondamentaux du droit égyptien, in: *Chronique d'Égypte* 70 (1995), 99–109; Y. Koenig, Droit et magie, in: *Égypte pharaonique: pouvoir, société. Revue de l'association Méditerranées* 6/7 (1996), 139–157.

37 E. Seidl, *Einführung in die ägyptische Rechtsgeschichte bis zum Ende des Neuen Reiches. 1. Juristischer Teil* (Ägyptologische Forschungen 10), Glückstadt: J. J. Augustin, ³1939, 38f.

38 I. M. Lurje, *Studien zum altägyptischen Recht des 16. bis 10. Jahrhunderts v. u. Z.* (Forschungen zum Römischen Recht 30), Weimar: Böhlau, 1971, 120–125.

39 S. Allam, Religiöse Bindungen im Recht und Rechtswirksamkeit in Altägypten, in: R. Rollinger / H. Barta / M. Lang (Hg.), *Recht und Religion. Menschliche und göttliche Gerechtigkeitsvorstellungen in den Antiken Welten* (Philippika 24), Wiesbaden: Harrassowitz, 2008, 109–134, hier 120–122.

40 J. F. Quack, Göttliche Gerechtigkeit und Recht am Beispiel des spätzeitlichen Ägypten, in: Rollinger / Barta / Lang (Hg.), *Recht und Religion* (wie Anm. 39), 135–153, hier 139.

Hinzu kommt, dass es vermutlich bei einzelnen Akteuren des Rechtswesens sowohl im königlich-kaiserlichen wie göttlichem Recht personelle Überschneidungen gab.

Als konkretes juristisches Orakel sei eine Stele aus dem Ägyptischen Museum in Kairo genannt, auf der ein Immobiliengeschäft mittels eines Gottesordals entschieden wird. Die entscheidende Passage lautet im Wortlaut:

> „This day of giving a field of (…) when he (= der Petent) reported it before Ptah, the great god, saying (…). Then this great god assented very greatly.“[41]

Der demotische Papyrus P. Hawara 4a und b erwähnt gleich mehrere Orakel eines Krokodilsgottes in bezug auf ein Begräbnis. Die Klägerin pocht auf „ihr Recht“ und verspricht, nicht Ruhe zu geben

> „wobei ich nicht ablassen werde zu rufen im Hinblick aus die oben genannte Mumienwicklung an dem Tag, an welchem Tesenuphis der Gott es wünschen wird, den Ruf auf meine Stimme hin anzunehmen, (…).“[42]

Für die Einforderung individuellen „Rechts“ bei einer als ungerecht empfundenen Behandlung wandten sich die Menschen ebenfalls an die Götter. Zeugnisse dafür sind als „Briefe an die Götter“[43] bzw. „judicial prayers“[44] bezeichnete Dokumente.

Eine weitere Verzahnung zwischen kodifiziertem und göttlichem Recht bestand in der Praxis der Tempeleide, von denen über 600 aus dem zweiten vorchristlichen Jahrhundert bis in die Regierungszeit des Augustus vor

---

41 Text: JdE 45327, besprochen in B. P. Muhs, Oracular Property Decrees in their Historical and Chronological Context, in: G. P. F. Broekman / R. J. Demarée / O. E. Kaper (Hg.), *The Libyan Period in Egypt. Historical and Cultural Studies into the 21th–24th Dynasties: Proceedings of a Conference at Leiden University, 25-27 October 2007* (Egyptologische Uitgaven 23), Leuven: Peeters, 2007, 265–276, hier 271.

42 Übersetzung von J. F. Quack, in B. Janowski / G. Wilhelm (Hg.), *Texte aus der Umwelt des Alten Testaments. N.F. Band 4: Omina, Orakel, Rituale und Beschwörungen*, Gütersloh: Gütersloher Verlagshaus, 2008, 382–384; S. Pasek, *Hawara. Eine ägyptische Siedlung in hellenistischer Zeit*, Berlin: Frank & Timme 2007, 499–501.

43 A. el-G. Migahid, *Demotische Briefe an Götter von der Spät- bis zur Römerzeit.* Diss., Würzburg: Julius-Maximilians-Universität, 1986; K. Endreffy, Reason for Despair: Notes on Some Demotic Letters to Thoth, in: B. S. El-Sharkawy (Hg.), *The Horizon: Studies in Egyptology in Honour of M. A. Nur el-Din*, Cairo: American University in Cairo Press, 2010, 241–251.

44 Auch: „prayers for legal help“ oder „Gebete um Gerechtigkeit“; s. H. S. Versnel, Beyond Cursing: The Appeal to Justice in Judicial Prayers, in: C. A. Faraone / D. Obbink (Hg.), *Magika Hiera: Ancient Greek Magic and Religion*, Oxford: Oxford University Press, 1991, 60–106. Ein bekanntes Beispiel ist die sogenannte „Klage der Artemisia“ (*Papyri Graecae Magicae* 40).

allem aus Theben und Pathyris belegt sind.[45] Die Delikte, in deren Zusammenhang vor den Göttern geschworen wurde, reichen von der Bestätigung ehelicher Treue über Angelegenheiten aus dem Erb-, Familien- und Finanzrecht bis hin zu Tatbeständen wie Einbruch, Steuerhinterziehung und Körperverletzung. Im Aufbau sind die Eide stark formal gegliedert: in einem Protokoll werden Prozessparteien, Ort und Termin des Eides genannt, anschließend der Eideswortlaut inklusive einer liturgischen Schwurformel, die der Eidesaussage den Rahmen gibt, sowie der richterliche Entscheid und der Vermerk möglicher Nachschriften wiedergegeben.

In einem für unsere Fragestellung interessanten literarischen Text findet sich eine Kombination aus rechtlichen Verfahrensweisen und ‚Naturgesetzen', genauer gesagt einer Nahrungskette: In einer Fabel aus dem „Mythos vom Sonnenauge" bekommen eine Katze und ein Geierweibchen gleichzeitig Junge. Beide haben Angst, Nahrung zu holen, da das jeweils andere Muttertier über die Jungen herfallen könnte. Sie lösen das Dilemma durch ein Rechtsgeschäft und schwören einander vor dem Sonnengott Re, die Kinder des andern am Leben zu lassen. In einer stark zerstörten Stelle erfahren wir, dass die Eide gebrochen wurden und der Raubvogel die Katzenjungen fraß. Die Katze fleht darauf Re an mit den Worten: „Entscheide du mein Recht (mit dem Geierweibchen), das über meine Jungen hergefallen ist, nachdem es die Eide (..., die) ich mit ihr (gemacht habe), verletzt hat."[46] Die Katze fordert also, ähnlich wie in den Briefen an die Götter oder den „judicial prayers", in einer juristisch ausweglosen Situation nach göttlicher Gerechtigkeit – hatte sie doch einen Eid geleistet, der ihr außerhalb bzw. entgegen der natürlichen Nahrungskette Schutz bieten sollte. Der Sonnengott erhört sie. Seine Lösung lautet: Vergeltung als eine Form ‚ausgleichender Gerechtigkeit'. Er sendet einen Dämon, der verursacht, dass das Geierweibchen bei der nächsten Fütterung ihrer Jungen Fleischstücke von der Feuerstelle eines Syrers raubt, an der sich glühende Kohlenstücke befinden. Diese sorgen dafür, dass das Nest verbrennt und der Nachwuchs aus dem Nest fällt und stirbt. Mit einem Racheakt ist dem Recht der Katze Genüge getan, gleichwohl sind die ‚Naturgesetze' nicht außer Kraft gesetzt worden.

---

[45] U. Kaplony-Heckel, *Die demotischen Tempeleide* (Ägyptologische Abhandlungen 6), Wiesbaden: Harrassowitz, 1963.

[46] Papyrus Leiden inv. I 384, 3, 2–3; Text: *rḫ=k pꜣy(=y) h[p irm tꜣ nr]y.t i-ir kʿmy r nꜣy(=y) ẖrd.w | m-sꜣ ḫꜣʿ nꜣ ʿnḫ[.w ...? r-ir?]=y irm=s* und Übersetzung G. Vittmann, *TLA* (s. Anm. 23); Edition: F. de Cenival, *Le mythe de l'oeil du soleil* (Demotische Studien 9), Sommerhausen: Zauzich Verlag, 1988; Hoffmann / Quack, *Anthologie* (s. Anm. 15), 195–229 und 356–360.

4. Anzeichen für ein Verständnis von Naturgesetzen in Berichten zur Schöpfung der Welt

Einer der bekanntesten Schöpfungsmythen aus dem alten Ägypten ist das „Denkmal Memphitischer Theologie“ auf dem sogenannten Schabaka-Stein.[47] Die betreffenden Passagen zur Entstehung der Welt lauten:

> „Die Götter wurden von Ptah geschaffen. Ptah auf dem großen Thron. Ptah-Nun, der Vater, der Atum zeugte, Ptah-Nunet, die Mutter, die Atum gebar. Ptah der Große, er ist das Herz und die Zunge der Neunheit. (...) Kraft wurde in allen Gliedern geschaffen durch das Herz und die Zunge, auf der Erde ist er es (d. h. Ptah), der in jedem Körper ist und in jedem Mund aller Götter, aller Menschen, allen Viehs, aller Reptilien: alles, was lebt, denkt und alles befiehlt, was er will. Seine Neunheit ist vor Ihm (= existiert vor ihm) durch die Zähne und Lippen, das sind Atums Samen und Hand, denn die Neunheit entstand durch seine Samen und Finger. (…) Alle Götter, Atum und seine Neunheit wurden geschaffen; ja, jedes göttliche Wort entstand durch den Gedanken des Herzen und den Befehl der Zunge (Ptahs).“[48]

In diesem Textbeispiel, das hier stellvertretend für die altägyptischen Schöpfungsmythen stehen soll, ist die Existenz eines Schöpfergottes nicht von der Entstehung der Welt zu trennen. Weitere Belege lassen sich in der Literatur und in rituellen Texten finden: In einem Hymnus an Amun-Re heißt es von dem Schöpfergott, dass er „den Himmel hochhob und den Erdboden niederstreckte, das Seiende schuf und das, was ist, hervorbrachte“.[49] In den Pyramidentexten wird der König mit Bezug auf Atum so angesprochen: „Stehe du (= König) auf ihr, dieser Erde (= Urhügel), die aus Atum hervorging.“[50]

---

47 Papyrus British Museum London, inv. EA 498. Der Stein kann in die 25. Dynastie datiert werden (ca. 725–664 v. Chr.), in der König Schabaka von ca. 716 bis 707/6 v. Chr. regierte. Der Text deutet pseudepigraphisch einen weitaus älteren Vorläufer an. Dazu jetzt mit weiterer Literatur: A. El-Hawary, *Wortschöpfung. Die Memphitische Theologie und die Siegesstele des Pije – zwei Zeugen kultureller Repräsentation in der 25. Dynastie* (OBO 243), Freiburg Schweiz: Academic Press und Göttingen: Vandenhoeck & Ruprecht, 2010. Für ältere Kosmogonien s. S. Bickel, *La cosmogonie égyptienne avant le Nouvel Empire* (OBO 134), Fribourg: Éditions Universitaires und Göttingen: Vandenhoeck und Ruprecht, 1994.

48 Z. 48–61, Übersetzung: C. Peust / H. Sternberg-el Hotabi, in: O. Kaiser / M. Dietrich (Hg.), *Texte aus der Umwelt des Alten Testaments. Ergänzungslieferung*, Gütersloh: Gütersloher Verlagshaus, 2001, 166–175, hier 173.

49 J. Assmann, *Ägyptische Hymnen und Gebete* (OBO), Freiburg Schweiz: Universitätsverlag und Göttingen: Vandenhoeck & Ruprecht, ^{2}1999, 199–200, Nr. 87E.

50 Pyr. 199a–200a, in S. A. B. Mercer, *The Pyramid Texts*, New York: Longmans, Green and Co., 1952, zitiert nach Voegelin, *Ordnung* (s. Anm. 1), 123.

1939 suchte H. Junker in der „Memphitischen Theologie“ nach Elementen einer „Naturlehre“.[51] 1952 sprach sich H. Bonnet im *Reallexikon der ägyptischen Religionsgeschichte* dagegen aus. Ihm zufolge gehören in Ägypten religiöse Erfahrung und empirische Naturerkenntnis untrennbar zusammen.[52]

Auf der Suche nach den „Naturlehren“ steht ein komplexer Spruch der Sargtexte im Zentrum des Interesses: 80/c.t. 2, 42b/c über den Luftgott Schu mit der Aufzählung von Nahrungsquellen verschiedener Lebewesen.[53] Der entscheidende Passus lautet:

> „Es leben Falken von (kleineren) Vögeln, Schakale von (der Beute im) Umherschweifen, Schweine vom Wüstenland, Nilpferde vom Sumpfland, Menschen vom Korn, Krokodile von den Fischen, Fische vom Wasser, das im Nil ist.“

Es fällt einerseits auf, dass bei diesen Nahrungsketten eine interne Klassifikation vorzuliegen scheint: von den Lebewesen des Himmels über die der Erde zu denen im Wasser. Ohnehin unterscheidet sich der knappe Stil vom Rest des Spruches, was zur Spekulation führte, dass eine Liste als Vorlage gedient habe. Andererseits ist das Fehlen von Gottheiten auffällig – zumindest in diesem Passus des Spruchs 80, der für die Entstehung dieser ‚Fressfolge‘ verantwortlich gemacht werden kann. An anderer Stelle ist das ähnlich formuliert:

> „Die Flut ist zum Wellenkamm(?) geworden. Die Krokodile sind sichtbar (wörtlich: entblößt); die Nilpferde sind auf dem Trockenen; die Fische schnappen nach Luft (?; oder: sind abgekämpft/in Bedrängnis?). Die „Wolfsschakale“ sind satt; die Vögel sind im Fest; die Fischnetze sind entleert (oder: bleiben leer).“

So lautet ein Aufruf zur Bescheidenheit in der Lehre des Amenemope.[54] In der Lehre für Merikare dagegen haben die Nahrungsketten einen göttlichen Initiator:

---

[51] H. Junker, *Die Götterlehre von Memphis* (Abhandlungen der Preußischen Akademie der Wissenschaften, philosophisch-historische Klasse 23), Berlin: Akademie der Wissenschaften, 1939, 69–73.

[52] Bonnet, Art. Weltbeginn, in: *Reallexikon* (s. Anm. 11), 864–867, hier 865 und Art. Götterglaube, a. a. O., 230–247, hier 236.

[53] S. Morenz, Eine ‚Naturlehre‘ in den Sargtexten, in: *Wiener Zeitschrift für die Kunde des Morgenlandes* 54 (FS H. Junker; 1957), 119–129.

[54] Papyrus British Museum EA inv. 10474, 7, 2–6; Text: *pꜣ mt(r) ḫpr m rʿ n hꜣn.t | nꜣ msḥ(.w) kfꜣ nꜣ dby(.w) ḥr šww | nꜣ rrm(.w) m{ʿ} šʿfj(?) | nꜣ wnš(.w) sꜣwj nꜣ ꜣpd(.w) m ḥ(ꜣ)b | nꜣ mʿkmʿrwtj ẖʿꜣ*; Übersetzung P. Dils, in: *TLA* (s. Anm. 23). Edition: V. P.-M. Laisney, *L'Enseignement d'Aménémopé* (Studia Pohl. Series Maior 19), Roma: Editrice Pontificio Istituto Biblico, 2007.

„Für sie (die Menschen, das „Kleinvieh Gottes") hat er (der Gott) Pflanzen, Kleinvieh, Geflügel und Fische gemacht, die sie ernähren."[55]

In Hymnen an die Götter wird genau diese schöpferische Tätigkeit besonders gepriesen.[56] In diesem Sinne sei das Lob auf den Schöpfergott in der römerzeitlichen demotischen Lehre des Papyrus Insinger zitiert:

„Wieso gehen Sonne und Mond am Himmel hin und her? Das Wasser und das Feuer und (die) Luft – woher kommen sie, wohin gehen sie? Für wen sind Amulett(e) und Zaubersprüche Heilmittel? Das verborgene Wirken Gottes – er gibt es täglich auf Erden zu erkennen. Er erschuf (das) Licht und die Finsternis, indem alle Geschöpfe in ihm sind. Er erschuf die Erde, indem er/sie Millionen (Geschöpfe) hervorbringt, (sie) verschlingt und wieder hervorbringt. Er erschuf Tag, Monat (und) Jahr durch die Befehle des Herrn des Befehls. Er erschuf Sommer und Winter durch die Auf- (und) Untergänge der Sothis. Er erschuf Nahrung für die Lebenden – das Wunder des Feldes. Er erschuf (die) Konstellation dessen, was am Himmel ist, indem (gemeint doch wohl: damit) die Erdbewohner sie kennen. Er erschuf (das) süße Wasser darin, das alle Länder begehrt haben. Er erschuf die Luft in den Eiern, obwohl es darin keinen Weg (d. h. kein Luftloch) gibt. Er erschuf (den) Embryo im Mutterleib durch den Samen(?), der ihm zugeführt wird. (…) Er erschuf Sehnen(?) und Knochen durch den nämlichen Samen(?). Er erschuf Kommen und Gehen (auf) der ganzen Erde durch die Erschütterungen des Erdbodens. Er erschuf (den) Schlaf, um die Müdigkeit zu beenden, (und das) Wachen, für den Unterhalt zu sorgen. Er erschuf (die) Medizin, um die Krankheit zu beenden, (und) Wein, (um) den Herzenskummer zu beenden. Er erschuf (den) Traum, (um) seinem Besitzer den Weg zu weisen, wenn er blind ist. Er erschuf das Leben und den Tod vor sich wegen der (schwarzen) Magie(?) des Gottlosen. Er erschuf Reichtum für Wahrhaftigkeit, Armut für Falschheit. Er erschuf Arbeit für den Toren, Nahrung für den gemeinen Mann. Er erschuf die einen von ihnen nach den anderen in der Generationenfolge, um sie zu beleben. Er ließ das Geschick der Erdbewohner verborgen sein vor ihnen, dass sie es nicht kennen. Er hat (es so sein) lassen, (dass) die Nahrung bei dem, der sie bringt, verschieden ist von dem, was ihm gebracht wird. Er (Gott) ließ zu, dass eine Frau vom Haus des königlichen Harims einen anderen Mann in ihrem Herzen hatte (wörtlich: „er ließ eine Frau [...], indem ein anderer Mann vor ihr war"). Er ließ zu, dass der Fremde, der von auswärts gekommen ist, lebt wie der Einheimische. (…)"[57]

---

55 Papyrus Petersburg inv. 1116 A, verso 12, 2–3; Text: *jri.n=f | n=sn sm.w ꜥw.t ꜣpd(.w) rm.w snm st*; Übersetzung P. Dils, in: TLA (s. Anm. 23). Edition: J. F. Quack, *Studien zur Lehre für Merikare* (Göttinger Orientforschungen IV/23), Wiesbaden: Harrassowitz, 1992.

56 Assmann, *Hymnen* (s. Anm. 49), Kap. 2: Hymnen an den Schöpfer- und Weltgott, 263–365.

57 24. Lehre (Kol. 30–32); Übersetzung: Hoffmann / Quack, *Anthologie* (s. Anm. 16), 268–270; Edition: F. Lexa, *Papyrus Insinger*, Paris: Librairie orientaliste P. Geuthner, 1926. Über einen Zusammenhang zwischen Weisheitsliteratur und Rechtsauffassung im Alten Testament vgl. U. Rüterswörden, Das kasuistische Recht und die Weisheit, in: A. Berlejung / R. Heckl (Hg.), *Ex oriente Lux. Studien zur Theologie des Alten Testaments* (FS

J. P. Allen hat sich monographisch mit altägyptischen Schöpfungsmythen und einer aufkommenden Naturphilosophie beschäftigt.[58] Ohne Anspruch auf Vollständigkeit zu erheben, versammelte er 16 Quellen, hauptsächlich Sargtexte, zu Kosmologie und Kosmogonie. Seine Intention für diese Neukommentierung formuliert er so: „It is a persistent, if no longer intentional, bias of Western thought that 'serious' philosophy began with the Greeks. In the sense of philosophy as a science – a system of intellectual principles developed according to fixed rules of investigation – this is true. But in the broader sense of philosophy as a system of human thought it is, of course, erroneous."[59] Damit steht Allen in direkter Konfrontation zu beispielsweise Voegelin, da seiner Auffassung nach die moderne Wissenschaftstradition einer Spaltung von Philosophie und Religion/Theologie für vormoderne Gesellschaften so nicht haltbar ist.

5. Zusammenfassung

Aufgrund der hier exemplarisch vor- und gegenübergestellten Quellen muss davon ausgegangen werden, dass die Entstehung der Welt im alten Ägypten untrennbar mit einem Schöpfer verbunden gedacht wurde, dass aber in Einzelfragen eine von den Göttern losgelöste Beschreibung von Naturphänomenen vermutlich möglich war und existierte. In der Folge kann man darüber spekulieren, wie eine solche ‚Naturwissenschaft' und ‚Naturphilosophie' in der altägyptischen Schule und Ausbildung verankert war. Lehrstätten befanden sich in der Regel an den Tempeln und ihren Bibliotheken/Skriptorien („Lebenshäusern"), ebenso wie ein Spezialistentum unter Priestern konstatiert werden kann, die sich beispielsweise mit der Beobachtung und Kalkulation von astronomischen Konstellationen befassten, was u. a. für die Berechnung von Horoskopen wichtig sein konnte. Die divinatorische Auslegung wäre ein nächster Schritt. Um dieses Beispiel weiter zu verfolgen: Auch wenn in der Antike nicht von Wissenschaft nach heutigem Vorbild gesprochen werden kann und die Grenzen zur Kultpraxis, also rituellen Handlungen im weitesten Sinne (was Magie mit einschließt), fluide sind, sollten doch astronomische, astrologische und mythologische Interpretationen nicht vorschnell zusammenfließen, standen doch u. U.

R. Lux; Arbeiten zur Bibel und ihrer Geschichte 39), Leipzig: Evangelische Verlagsanstalt, 2012, 323–332.

58 J. P. Allen, *Genesis in Egypt. The Philosophy of Ancient Egyptian Creation Accounts* (Yale Egyptological Studies 2), New Haven, CT: Yale Egyptological Seminar, 1988, 89–101; s. auch Ders., *The Natural Philosophy of Akhenaten. Religion and Philosophy in Ancient Egypt* (Yale Egyptological Studies 3), New Haven, CT: Yale Egyptological Seminar, 1989.

59 Allen, *Genesis* (s. Anm. 58), IX.

mehrere ‚Arbeitsgänge', die von unterschiedlichen Personen durchgeführt worden sein könnten, dahinter.[60] M. Stockhusen zieht es daher vor, neutraler von „Astraltexten" sprechen.[61] In seiner Zusammenstellung der astrologischen bzw. astronomischen Quellen aus der Stadt Medînet Madi/Narmouthis aus der Römerzeit ist ein umfangreiches Konvolut aus der dortigen Tempelbibliothek erhalten, in demotischem und hieratischem Ägyptisch, in Griechisch sowie zahlreiche Bilinguen. In der Antike ist eine umfassende papyrologische Bezeugung nur aus Ägypten belegt. Leider ist im Fall von Medînet Madi der archäologische Kontext nicht vollends klar, da bei den Papyrusgrabungen der Vergangenheit oft nur die Texte und nicht der (sakrale) Raum dazu im Fokus des Interesses stand.[62] Die griechischen historiographischen Astraltexte des 2.–5. Jahrhunderts sind nur in Einzelfällen antik bezeugt, sondern vor allem über mittelalterliche Handschriften auf uns gekommen, was den papyrologischen Befund aus Ägypten noch kostbarer macht.

Um es mit Allen zu sagen: „Far from being competing systems of thought (…), the Egyptian creation accounts are facets of a persistently uniform understanding of what the universe is and how it came to be."[63] Ich hoffe, in diesem Beitrag aufgezeigt zu haben, warum Formulierungen in (beispielsweise) Ritualen, Rechtstexten und Wissenstexten eine ähnliche Struktur aufweisen: Weil diese Bereiche sowohl personell als auch institutionell und konzeptionell eng verzahnt waren und weil keine nach heutigen Maßstäben vergleichbare Trennung zwischen Rechtsleben, Wissenschaft und Religion bestand, wohl aber ein hoher Grad der Formalisierung und Normierung und eine Differenzierung im Einzelfall. Das Wissen über die Naturgesetze wie auch über das Rechtsleben vereint, dass für beide ein göttlicher Ursprung angenommen wurde, beide aber auch in einer quasisäkularen Denkweise, d. h. losgelöst von einem Schöpfer, betrachtet werden konnten.[64] Ausgehend von diesen Präliminarien sind weiterführende

---

[60] So die Vermutung bei F. Cumont, *L'Égypte des astrologues*, Bruxelles: Pardès, 1937, 114–116.

[61] M. Stockhusen, Babylonische Astralwissenschaften im römerzeitlichen Ägypten. Das Beispiel Medinet Madi, in: *Welt des Orients* 42 (2012), 85–109; Ders., Die Deutung kosmischer Erscheinungen am Beispiel von Sonnen- und Mondeklipsen. Ein Vergleich zwischen den Kulturräumen Mesopotamien und Ägypten im 1. Jt. v. Chr., in: A. Berlejung (Hg.), *Disaster and Relief Management – Katastrophen und ihre Bewältigung* (FAT 81), Tübingen: Mohr Siebeck, 2012, 445–479.

[62] M. T. Ross, *Horoscopic Ostraca from Medinet Madi*, Diss., Brown University, Providence, RI: University Microfilms International, 2006, 2–39.

[63] Allen, Genesis, (s. Anm. 58), 63. S. auch Ders., The Egyptian Concept of the World, in D. O'Connor / S. Quirke, *Mysterious Lands* (Encounters with Ancient Egypt), Hoboken: Taylor and Francis, 2003, 23–30.

[64] Dazu s. bereits S. Allam, Recht im pharaonischen Ägypten, in U. Manthe (Hg.), *Die Rechtskulturen der Antike: Vom Alten Orient bis zum Römischen Reich*, München: C. H.

Betrachtungen zum Fragenkomplex der Beziehung zwischen ‚Naturgesetzen' und dem Rechtsleben wünschenswert.

Beck, 2003, 15–54, hier 21f bei der Beschreibung der Totenfürsorge als Rechtsverhältnis (finanzielle Regelung mittels einer Stiftung statt des „Verlassens" auf die Nachkommen). Als Beispiel für ‚Naturgesetze' sei eine fragmentarisch erhaltene Liste mit Mineralien und ihrer Herkunft genannt, die keinen göttlichen Urheber nennt: J. F. Quack, Ein Fragment einer Liste mit Naturerscheinungen. Papyrus Berlin 23055, in: I. Régen/F. Servajean (Hg.), *Verba manent* (FS D. Meeks; Cahiers Égypte Nilotique et Méditerranéenne 2), Montpellier: Université Paul Valéry, 2009, 355–361.

Law and Creation in the Priestly-Holiness Writings of the Pentateuch

David P. Wright

In the ancient Near East, nature and law, cosmos and norm, order and ordinance, regularity and regulation—Greek φύσις and νόμος, if you will—were conceptually relatable. This was possible by virtue of a mythological worldview, where the natural world was believed to have been created by the gods, and whatever system of law or ethics prevailed, be this a general sense of justice or specific laws set down in writing, was championed and inspired, if not authored, by the gods. The natural and legal worlds were interlaced, and the latter was the inexorable outcome of the former, ordained by the gods. Thus it is not a coincidence to find expressions where the promulgation of law is tied in some way to the divine establishment of the cosmos.

An example of this connection is found in the prologue and epilogue of the Laws of Hammurabi. The prologue starts with a short history of kingship among the gods and the call of Hammurabi as king:[1]

> When exalted Anu, king of the Anunnaki gods, and Enlil, the lord of heaven and earth, who ordains the destinies of the land, ordained lordship for Marduk, the first son of Ea, magnified him among the Igigi gods, named Babylon with its exalted name, made it excellent in the world, and established for him in its midst eternal kingship, whose foundations are as firm as heaven and earth—at that time, to bring well-being to the people, the gods Anu and Enlil, for the well-being of the people, named me by name, Hammurabi, the pious prince, the one who worships the gods, in order to make justice appear in the land, to eradicate the wicked and evil, so that the strong not wrong the weak, to rise like Shamash over humanity, to enlighten the land (col 1:1–49).

The epilogue augments this description and is more specific about Hammurabi's promulgation of law:

> So that the strong not wrong the weak and to secure justice for the destitute girl and widow, in Babylon, the city whose heights Anu and Enlil elevated, (specifically) in the Esagil, the temple whose foundations are firm like the heaven and earth, for the purpose of setting down the law of the land, to render the verdicts

---

1 On the prologue and epilogue, see V. A. Hurowitz, *Inu Anum ṣīrum: Literary Structures in the Non-Juridical Sections of Codex Hammurabi* (Occasional Publications of the Samuel Noah Kramer Fund 15; Philadelphia: University Museum, 1994); D. P. Wright, *Inventing God's Law: How the Covenant Code of the Bible Used and Revised the Laws of Hammurabi* (Oxford: Oxford University Press, 2009), 286–321.

> of the land and to secure justice for the wronged, I have written my treasured words on my stele and set it up before the image of me, the king of justice (col. 47:59–78).

The story reflected in these passages is that Anu and Enlil gave rule to Marduk and established Babylon in the primordium, akin to the story expressed in detail in the later Babylonian creation story *Enūma eliš*. Then, subsequently in history, the gods named Hammurabi king in that city so that, among other royal activities, he could set down and publish laws that would be just. Hammurabi's rule and laws were a result of the goals, indeed fate, inaugurated at creation.

A Near Eastern text in which the correlation between creation and law is extensively developed is the Priestly-Holiness corpus (PH) of the Pentateuch (what is referred to classically as the Priestly corpus or P). The conceptual center of this broad and complex work is a divine revelation of prescriptions about the building and operation of the wilderness tabernacle. The other parts of the PH narrative orbit this sun. The chapters that follow this revelation deal with events in the wilderness and flesh out the consequences of this revelation, both the positive aspects of cultic inauguration as well as the negative aspects of rebellion, often associated with cultic matters. The preceding chapters provide a prelude to the tabernacle revelation, from the creation of the world, through the epoch of the patriarchs, to the call of Moses as the prophet who founds the cult. The first part of the story has been carefully crafted to prepare for the tabernacle revelation and its cultic regulations. The priestly creation story does not simply end with the seventh day when the deity rested from his creative work. The culmination of this process is in the revelation of the tabernacle, the basic regulations associated with it, and its dedication. Thus the revelation of law, cultic regulation in particular, is the fulfillment of creation.[2] This paper will outline the details and nuances of this picture, several of which have been recognized by others. I bring these together with new insights within the context of my understanding of the composition of the PH work.

1. The Priestly-Holiness Corpus

This is not the place for a treatise on the difficult question about the nature and development of the PH corpus. I must, however, outline my working

---

2 I acknowledge the valuable stimulus of my student S. E. Tanchel in discussions we had as I advised her on a chapter in her dissertation, which argued that Gen 1:1–2:4a is to be attributed to H rather than P (*Honoring Voices: Listening to the Texts and the Teacher, the Scholars and the Students* [PhD diss.; Waltham MA: Brandeis University, 2006], 13–114).

hypothesis because the themes discussed in this essay relate to the goals of what might be considered the *Grundschrift* of this corpus and the realization and extension of those goals in later portions of the text.[3] According to my evolving view, the revelation of details for building the tabernacle and regulations about sacrifice and purity constitute the compositional and conceptual core of PH (mainly and roughly in Exodus 25–29a*; Leviticus 1–5*, 11–16*).[4] This core was never intended to stand alone, but was equipped with an ideologically supporting narrative. The first part or panel of this narrative included much of the material that various analyses have assigned to the P corpus from Genesis 1 to Leviticus 16. This comprised the P stories in Genesis through the first half of Exodus and the material that fleshed out tabernacle prescriptions and the description of its building and consecration (the latter approximately include Exodus 29b–31*, 35–40*; Leviticus 8–9*). The so-called Holiness Code (Leviticus 17–26) was added to this to expand the scope of legislation beyond cultic matters. The writers of this collection also augmented some of the cultic regulations in the first panel. The second narrative panel, in the book of Numbers, about rebellions in the wilderness and the appointment of the Levites along with various legal supplements, was then added. The work probably also ended with description of entry into the land.

The first panel of law and narrative can be provisionally and broadly labeled P in distinction to the Holiness Code and a second panel of narrative

---

3 This summary advances preliminary considerations about PH in D. P. Wright, "Ritual Theory, Ritual Texts, and the Priestly-Holiness Writings of the Pentateuch," in *Social Theory and the Study of Israelite Religion: Essays in Retrospect and Prospect* (ed. S. Olyan; SBLRBS 71; Atlanta: SBL, 2012), 195–216 (especially pp. 214–216).

4 Here I differ from other approaches that argue that the Priestly *Grundschrift* (Pg) consists of a limited narrative from creation to the revelation or building of the tabernacle with little cultic legislation. See the summary of views in C. Nihan, *From Priestly Torah to Pentateuch: A Study in the Composition of the Book of Leviticus* (FAT 25; Tübingen: Mohr Siebeck, 2007), 1–68; and the convenient tabulation of earlier scholarship in P. P. Jenson, *Graded Holiness: A Key to the Priestly Conception of the World* (JSOTSup 106: Sheffield: Sheffield Academic Press, 1992), 220–224. For helpful descriptions of and arguments for a limited Pg, see also A. de Pury, "Pg as the Absolute Beginning," in *Les dernières rédactions du Pentateuque, de l'Hexateuque et de l'Ennéateuque* (ed. T. Römer and K. Schmid; BETL 203; Leuven: University Press/Peeters, 2007), 99–128; idem, "The Jacob Story and the Beginning of the Formation of the Pentateuch," in *A Farewell to the Yahwist? The Composition of the Pentateuch in Recent European Interpretation* (ed. T. Dozeman and K. Schmid; SBLSS 34; Atlanta, GA: SBL, 2006), 51–72; M. Bauks, "La signification de l'espace et du temps dans 'l'Histoire Sacerdotale,'" in *The Future of the Deuteronomistic History* (ed. T. Römer; BETL 147; Leuven: University Press/Peeters, 2000), 29–45; J. C. Gertz, A. Berlejung, K. Schmid, and M. Witte, *T&T Clark Handbook of the Old Testament* (London: T&T Clark, 2012), 263–265; K. Schmid, *The Old Testament: A Literary History* (Minneapolis, MN: Fortress Press, 2012), 147–152. Nihan argues that some cultic legislation and detail must have belonged in the basic P text.

and law, which can be labeled H.[5] Nevertheless, the distinction between P and H is not always clear. The first panel anticipates the ideas and language of H in many respects or has been updated with H material, especially to tie individual pericopae of P together or fill in gaps. In some cases it looks like H completes an unfinished or inchoate P narrative.[6] At the same time, the second panel takes up and emphasizes some of the narrative themes from Genesis and Exodus. Some materials in the second panel, especially basic narratives, may have been drafted early on, to be included in the larger work as it developed. In addition, textual production at each major stage of development reflects what I call inner-compositional development, i. e., refinement of the text in the drafting or basic compositional process.[7]

Internally, my analysis of the development of PH proceeds by determining which passages in the corpus presuppose other passages. For example, the narrative from the beginning of Genesis to mid-Exodus presupposes the essential content of the revelation of the tabernacle and its basic cultic laws, as this essay will point out later. Externally, my study increasingly indicates that the PH work knew and *recast* some of the materials found for the most part in the non-PH portions of Genesis through Numbers.[8] PH reacted

---

5 I. Knohl (*The Sanctuary of Silence: The Priestly Torah and the Holiness School* [Minneapolis, MN: Fortress, 1995]) and J. Milgrom (*Leviticus 17–22* [AB 3A; New York: Doubleday, 2000], 1319–1366) have been influential on my distinguishing of P and H. I agree that H includes more than just the Holiness Code and that H is chronologically later than and supplementary to P. I do not agree, however, with their early dating of P and much of H (see below). For more recent considerations, see the analyses and bibliographies in Nihan, *Priestly Torah*; J. Stackert, *Rewriting the Torah: Literary Revision in Deuteronomy and the Holiness Legislation* (FAT 52; Tübingen: Mohr Siebeck, 2007); D. M. Carr, *The Formation of the Hebrew Bible: A New Reconstruction* (Oxford: Oxford University Press, 2011), 292–303.

6 For the notion of an unfinished P from a different point of view, see E. Blum, "Issues and Problems in the Contemporary Debate Regarding the Priestly Writings," in *The Strata of the Priestly Writings* (ed. S. Shectman and J. S. Baden; AThANT 95; Zürich: Theologischer Verlag Zürich, 2009), 31–44 at 42.

7 While additions to a base text might be recognized or hypothesized, I am not sanguine about being able to definitively determine intermediate stages of a text and ultimately an original text by a process of peeling off perceived additions, though such analyses must be ventured. Multiple factors, including the reworking and combination of source texts (as well as traditions), are responsible for introducing complexity and inconsistency into even an original or unitary composition (see Wright, *Inventing*, 352–355 and passim; idem, "The Origin, Development, and Context of the Covenant Code [Exod 20:23–23:19]," in *The Book of Exodus: Composition, Reception, and Interpretation* [ed. T. Dozeman, C. Evans, J. Lohr; FIOTL; VTSup 164; Leiden: Brill, 2014], 220–244). Thus I share—for different reasons—Carr's realization that determining an original text may elude our methods and abilities (*Formation*, 4, 112–114, 148, 255–256, 336–337).

8 For P's ideological revision of the non-P (i. e., J's) flood story, see D. P. Wright, "Profane Versus Sacrificial Slaughter: The Priestly Recasting of the Yahwist Flood Story," *Current Issues in Priestly and Related Literature: The Legacy of Jacob Milgrom and Beyond* (ed. R. Gane and A. Taggar-Cohen; SBLRBS; Atlanta, GA: SBL, 125–154).

to the description of institutions and content in this earlier material to produce a 'corrected' version of non-PH stories, laws, and larger history to suit its ideology. This essay will make reference to where such dependence and recasting seems possible, but, because of space and the goals, the present paper cannot enter into a full treatment of the issues and secondary literature. That various places across the whole PH work reflect the reworking of non-PH, even though executed over time by different hands, indicates that these scribes followed and fulfilled a compositional plan conceived at the beginning of P's composition largely dictated by non-PH. This textual dependence also indicates to me that the non-PH materials already existed in one or more narratives that recounted the early history and the origins of Israel.[9] It also helps demonstrate that PH, with its various strata as sketched

---

Recent models of the development of the Pentateuch assess the relationship of P to non-P in other ways (see also n. 10). In very rough outlines, the last quarter of the twentieth century witnessed a move by various scholars from a documentary to a supplementary model. This viewed P and H texts as redactional additions to a non-PH base text. See F. M. Cross, *Canaanite Myth and Hebrew Epic* (Cambridge, MA: Harvard University Press, 1973), 294, 324–325; R. Rendtorff, *The Problem of the Process of Transmission in the Pentateuch* (JSOTSup 89; Sheffield: JSOT Press, 1990 [originally 1977]), 156–170 (esp. 169–170); E. Blum, *Studien zum Komposition des Pentateuch* (BZAW 189; Berlin: de Gruyter, 1990), 221–285; idem, "Issues and Problems" (Blum views P as somewhat independent but also a supplement); J. L. Ska, *Introduction to Reading the Pentateuch* (Winona Lake, IN: Eisenbrauns, 2006), 146–161. For this thesis in studies relevant to the general theme of this essay, see R. Albertz, *A History of Israelite Religion in the Old Testament Period* (2 vols.; Louisville, KT: Westminster John Knox Press, 1994), 1:42–43, 55; 2:480–493; M. S. Smith, *The Priestly Vision of Genesis 1* (Minneapolis, MN: Fortress Press, 2010), 2, 4, 117–138. Around the beginning of the twenty-first century, the perceived relationship between PH and non-PH began to be inverted: P was seen as the base text to which non-P (or post-P) materials were added. See, for example and with different points of emphasis, K. Schmid, *Genesis and the Moses Story* (Siphrut 3; Winona Lake, IB: Eisenbrauns, 2010 [originally 1999]); de Pury, "Pg as the Absolute Beginning"; R. Achenbach, *Die Vollendung der Torah: Studien zur Redaktionsgeschichte des Numeribuches im Kontext von Hexateuch und Pentateuch* (BZABR 3; Wiesbaden: Harrassowitz, 2002); and the summaries in Schmid, *Old Testament*, 147–148; Gertz *et al.*, *Handbook*, 265. For arguments that P is the base text in the creation or flood stories, see J. Blenkinsopp, "P and J in Genesis 1:1–11:26: An Alternative Hypothesis," in *Fortunate the Eyes That See: Essays in Honor of David Noel Freedman* (ed. A. B. Beck *et al.*; Grand Rapids, MI: Eerdmans, 1995), 1–15; R. Kratz, *The Composition of the Narrative Books of the Old Testament* [London: T&T Clark, 2005], 257– 258); K. Schmid, *Schöpfung* (Themen der Theologie 4; Stuttgart: UTB, 2012), 77–98; J. L. Ska, *The Exegesis of the Pentateuch* [FAT 66; Tübingen: Mohr Siebeck, 2009], 1–22 (this essay originally appeared in 1994). My analysis of the dependence of PH on non-PH has been enriched by discussions with my student M. DeMarco.

9 This claim differs from recent scholarship that views P as the first text to join together stories and traditions about the pre-Mosaic and Mosaic ages into a long narrative (see Schmid, *Genesis*; similarly Achenbach, *Vollendung*, argues that pre-priestly traditions in Numbers were unified only through post-priestly redactional activity).

above, was an independent composition before non-PH materials were blended with it.[10]

The date of PH is not of great importance for this essay. I should briefly note, however, that in my view the answer is chiefly determined by the relationship of PH to other biblical literature (principally non-PH narrative and law in Genesis to Numbers and the books of Deuteronomy and Ezekiel) rather than the sociological portrait of PH or possible correlations with historical events. Social and historical data have been skewed to fit the pseudoarchaeographic contextualization of the story in the time of Moses.[11] The relationship of PH to other texts suggest that its formulation may have begun just prior to 586 B.C.E., but developed mainly in the exile (586–539 B.C.E.), with the H material stemming from the late exile or early post-exile.

In the following, I will sometimes refer to the material in PH from Genesis through Leviticus 16 simply as P, material after that as H, and the whole work as PH, adding precision or qualification when necessary.

2. The Purpose of Creation

A problem looms in the creation story of Genesis 1:1–2:4a, which serves as a preface to the PH work.[12] Nowhere in it do we find a clear reason for the

---

10 A documentary hypothesis seems the most viable way of explaining the literary complexity of the Pentateuch and, in particular, the evidence of textual dependence that I see. My summary in this part of this essay indicates to me that there existed at least an independent PH text and a pre-PH independent non-PH (and non-D) text. But the non-PH/D textual material has contradistinctive elements and cannot be considered a unity (e. g., n. 65). Moreover, as I argued in *Inventing*, 332–345, the Covenant Code was created in a narrative context, and this was not J. Therefore a hypothesis of a J and non-J narratives (i. e., E) seems plausible, even though the latter is less visible or complete. For a recent restatement of the documentary hypothesis, see J. Baden, *The Composition of the Pentateuch* (AYBRL; New Haven, CT: Yale University Press, 2012). A major difference in my approach from Baden's is the view that PH used non-PH/D narratives as a source (Baden resists this; see his *Composition*, 63–65, 178–179, 188–192). For critique of Baden and discussion of current approaches, see T. Römer, "Zwischen Urkunden, Fragmenten und Ergänzungen: Zum Stand der Pentateuchforschung," *ZAW* 125 (2013), 2–24; Carr, *Formation*, 102–149; K. Schmid, "Has European Scholarship Abandoned the Documentary Hypothesis? Some Reminders on Its History and Remarks on Its Current Status," in *The Pentateuch* (ed. T. B. Dozeman, K. Schmid, and B. J. Schwartz; FAT 78; Tübingen: Mohr Siebeck, 2011), 17–30.

11 See B. D. Sommer, "Dating Pentateuchal Texts and the Perils of Pseudo-Historicism," in *The Pentateuch* (ed. Dozeman *et al.*), 85–108. On the effects of pseudoarchaeographic contextualization, see Wright, *Inventing*, 171–174, 297, 301; idem, "Ritual Theory," 199–209.

12 Already with this first P text we have to contend with a possibly complex redactional history; see recently T. Krüger, "Genesis 1:1–2:3 and the Development of the Penta-

creation of humans, the climax of the seven-day event in terms of life-forms created. To be sure, humans are given dominion over animals and the earth (vv. 26, 28), but this is not the purpose for which they were created as much as an administrative benefit or custodial responsibility marking the primacy of humans over the animals.[13] Human dominance is greatly restricted in that they are not allowed to eat animals (1:29–30). Legal carnivorism begins only after the flood (9:3–5). This dietary relaxation, granted only later in history, indicates that illegal killing and consumption of animals was part of the "violence" (חָמָס) that brought about the flood (6:11, 13). Another problem with identifying human dominion over animals as the reason for human creation is that this is not characterized as something done for the benefit of the deity. The grant of dominion also begs the question of why the animals and the rest of the world were created in the first place.

The absence of a clear purpose for creating humans in P's story contrasts with J's creation and garden story that immediately follows (Gen 2:4–3:24). The man there is created to provide labor for the deity. The story opens by saying there are no plants, in part because there is no man to work the earth. As soon as the man is created, he is placed in the garden of Eden to work and guard it (2:15). This garden is the deity's reserve or estate.[14] An assistant is made for the man, first the animals, and after this fails, the woman. When the humans are expelled from the garden, they continue to

---

teuch," *The Pentateuch* (ed. Dozeman *et al.*), 125–138. He posits an original text that described creation by act, not speech. One of his points, observed by others before, is that the passage on the seventh day in 2:2–3 appears to be a rather late addition. For me, these verses are integral to a Near Eastern ritual or mythic pattern that expects culmination on the seventh day. Further, as we will see, they tie the passage to the larger tabernacle narrative. To remove them eviscerates a basic P narrative. Nevertheless, it is possible that these verses are part of a *planned* inner-compositional expansion that tied the text to the larger narrative. The verses on vegetarianism (1:29–30) have a similar character and function, to tie the creation and flood stories together (Krüger keeps v. 29 in his base text). I have argued ("Profane versus Sacrificial Slaughter") that vegetarianism in Genesis 1 is a foil for the grant of profane slaughter in Genesis 9. It is possible—even probable in view of PH's use of non-P pentateuchal narrative and law—that the PH creation story used an unknown source. But here is the rub: we should expect that the PH writers transformed this unattested source as they did attested non-P pentateuchal narrative and law that served as sources. Just as we cannot recover the J flood story by working backward from the P flood story, so we cannot expect to recover the creation text that may have inspired P. We can only speculate about motifs that it contained and its possible outline.

13 For a recent study, see J. Wöhrle, "*dominium terrae:* Exegetische und religionsgeschichtliche Überlegungen zum Herrschaftsauftrag in Gen 1,26–28," *ZAW* 121 (2009), 171–188. This includes examination of the motif in its Near Eastern context relevant to the broader argument here.

14 See D. P. Wright, "Holiness, Sex, and Death in the Garden of Eden," *Bib* 77 (1996), 306–312, here 305–329.

toil for the god in presenting offerings, as found in the stories of Cain and Abel, Noah, and the later patriarchs.[15]

J's view of creation (Gen 2:4b–3:24) is broadly consistent with the Mesopotamian stories of *Atrahasis* and *Enūma eliš*, where humans are created to work for the gods. This includes manual labor such as digging canals, but also providing them with food (i. e., through offerings). In *Atrahasis*, for example, when humans are made, they take up tools and work on canals "for the hunger of the people (i. e., to feed them) and sustenance of the gods" (*bubūtiš niši tîtiš ilī*; I 339). In *Enūma eliš* Marduk says: "Let me create a first-man. The labor of the gods shall be imposed (on him), so they (the gods) may rest" (*lubnima lullâ* (LÚ.U$_{18}$.LU-*a*) *amēlu lū endu dullu ilī*(DINGIR.DINGIR)-*ma šunu lū pašḫū*; VI 7–8, cf. 34, 36). This mythic depiction of human labor dovetails with Mesopotamian cultic phenomenology that considers offerings as the food of the gods.[16]

3. The Age of Sacrifice

If we limit our vision to Gen 1:1–2:4a, P does not have much in common with J's or the Mesopotamian view of creation. However, the way that P treats the motif of sacrifice and related matters makes it clear that it does share a similar, though ideologically distinctive and more complex, perspective. As already noted briefly, the non-PH narratives of Genesis into Exodus portray sacrifice as a custom operative from the earliest times.[17] In J's early history, Cain, Abel, and Noah offer sacrifice (Gen 4:3–7; 8:20–22). In later non-PH narrative in Genesis, the patriarchs build altars, and Abraham and Jacob are described as offering sacrifice (12:7, 8; 13:4, 18; 22:9; 33:20; 35:1, 3, 7). A number of other cult related activities are recounted (tithe payment to a priest, pillar erection, anointing, and libation;

---

15 For an insightful analysis of the purpose of creation in J, set against data from the ancient Near East, see E. L. Greenstein, "God's Golem: The Creation of the Human in Genesis 2," in *Creation in Jewish and Christian Tradition* (ed. H. G. Reventlow and Y. Hoffman; JSOTSup 319; Sheffield: Sheffield Academic Press, 2002), 219–239.

16 See the discussion and references in D. P. Wright, "The Study of Ritual in the Hebrew Bible," in *The Hebrew Bible: New Insights and Scholarship* (ed. F. Greenspahn; Jewish Studies in the 21st Century; New York: New York University Press, 2008), 120–138.

17 See mainly W. Gilders, "Sacrifice before Sinai and the Priestly Narratives," in *The Strata of the Priestly Writings* (ed. Shectman and Baden), 57–72; W. Zwickel, "Die Altarbaunotizen im Alten Testament," *Bib* 73 (1992), 533–546 here 538–539; see also K. van der Toorn, *Family Religion in Babylonia, Syria and Israel: Continuity and Change in the Forms of Religious Life* (SHCANE 7; Leiden: Brill, 1996), 255–264; Wright, *Inventing*, 358–359. That Gen 35:14 is not P, see Baden, *Composition*, 230–245.

Gen 14:20; 28:18, 22; 31:13, 45, 51, 52; 35:14, 20).[18] At the dawn of the age of Moses, the J plague narrative describes sacrifice as the pretext to get Pharaoh to loosen his grip on the Israelites so they might escape (described with the roots זבח "sacrifice;" חגג "celebrate a festival;" עבד "[cultically] serve;" 3:18; 4:23; 5:1, 3; 7:16, 26; 8:4, 16, 21–25; 9:1, 13; 10:3, 7–8, 10–11, 24–26).[19]

In contrast, PH does not mention sacrifice at all until the revelation of the tabernacle to Moses at Sinai (e. g., Exod 27:1–8; 28:43; 29:1–46). This is part of its ideological rewriting of history, noted earlier. PH reacted to and recast non-PH narrative to create its own, more acceptable, portrayal of the cult over the course of history. The case of the flood narrative illustrates this in a nutshell.[20] P's flood story followed the template of J's account in general but altered cultic details. It removed the distinction between pure and impure animals. It also eliminated Noah's sacrifice and replaced it with profane slaughter, the non-cultic companion to sacrifice and a practice that a mind thinking cultically would consider alongside sacrifice. Holiness and Deuteronomic laws on sacrifice in Leviticus 17 and Deuteronomy 12, for example, include discussion of profane slaughter.

P also purged the record of sacrifice in the patriarchal and early Mosaic ages. Abraham demonstrates his piety through circumcision (Genesis 17). This becomes the basis for promises made to him. This contrasts with non-P stories where promises are attached to sacrificial or quasi-sacrificial performances in Genesis 22 (the near sacrifice of Isaac) and Genesis 15 (the rite involving dividing animals). P may in part be responding to these portrayals and, as in the flood story, replaces sacrifice with a non-cultic ritual.[21] P's story of the plagues of Egypt, which in my analysis is based in part

---

18 Calling on the name of Yahweh in J is often associated with cultic activity (see Gen 4:26; 12:8; 13:4; 21:33; 26:25; cf. 4:1; see Wright, *Inventing*, 358 and 474 n. 21). J's motif has a climax in the revelation of the *kavod* to Moses (Exod 33:19; 34:5; see n. 69 below).

19 For P and J in the plague stories, see n. 57 below.

20 In Gen 6–9, P consists of 6:9–22; 7:6–7, 8bβ–9, 11, 13–16a, 17b–22; 8:1–2a, 3b–7, 13a, 14–19; 9:1–17, and J consists of 6:1–8; 7:1–5, 8abα, 10, 12, 16b, 17a, 23; 8:2b–3a, 6, 8–12, 13b, 20–22. There are neither significant redactional additions (perhaps only the definite article on "the ark" in 7:1 and maybe all of 7:5) nor deletions (perhaps only a verb for taking animals prefacing J's 7:8abα similar to 7:2 and mention of land and air animals at the beginning of P's 7:8bβ). Each reads as a complete story. For the argument summarized here, see Wright, "Profane Versus Sacrificial Slaughter."

21 Preliminary study suggests to me that Genesis 17 is a recasting of J promises to Abraham and Sarah in Genesis 18 (compare especially 17:15–21 with 18:10–14), blended with motifs from Genesis 15 (cf. 17:17–19 and 15:2–4) and Genesis 21 (cf. 17:20 with 21:17–18). See provisionally S. McEvenue, *The Narrative Style of the Priestly Writer* (AnBib 50; Rome: Biblical Institute Press, 1971), 145–178; D. M. Carr, *Reading the Fractures of Genesis: Historical and Literary Approaches* (Louisville, KT: Westminster John Knox Press, 1996), 82–85. Recognition of the use of sources in Genesis 17 will

on J's story (see below), removes all reference to sacrifice. Indeed, negotiations with Pharaoh about sacrifice take up a large part of J's narrative. With this sacrificial component removed, there is nothing to talk about, and P can present its sign-plagues in a rapid series with no speech to Pharaoh and portray them as performed in one day (up to the darkness plague). The only other place where PH has animal killing prior to the tabernacle is in the first Passover in Exod 12:1–20.[22] Although this text has some elements that relate to sacrifice-like elements,[23] and though later instances of the Passover would be sacrificial (cf. the implication in Numbers 9), this first instance was not. It was a home rite, with no altar and manipulation of blood on it, no requirement of purity (contrast the second Passover in Num 9:4–14), and no priesthood.[24]

This portrait of cultic practice demonstrates that for PH the culmination of creation is really in the age of Moses. It is only with the revelation of the tabernacle and its laws that the purpose for the creation of humans and all of creation becomes clear. The world and humans were created so that eventually Israel could serve the deity in the cult. This culmination, however, had to wait until the time of Moses because of a reality that could not be denied in view of the Near Eastern cultural and historiographical reality that Israel was a late-comer to the scene. PH could not realistically describe the birth of Israel and the command to build the tabernacle in the early years of human history. P had to provide a preliminary history of humanity in Genesis. Its emphasis on family lines is partly to describe the process by which Israel's DNA was differentiated from the rest of humanity. Only then could cultic performances begin. P thus actually agrees with J and Near Eastern texts that creation has the goal of providing workers for the deity. In this respect, P also concurs with other texts and Mesopotamian cult practice more generally in viewing sacrifice as a meal for the deity, in analogy to feasting human kings and elites.

---

necessarily temper redactional analyses of this chapter (e. g., P. Weimar, *Studien zur Priesterschrift* [FAT 56; Tübingen: Mohr Siebeck, 2008], 185–225; J. Wöhrle, "The Integrative Function of the Law of Circumcision," in *The Foreigner and the Law: Perspectives from the Hebrew Bible and the Ancient Near East* [ed. R. Achenbach, R. Albertz, J. Wöhrle; BZABR 16; Wiesbaden: Harrassowitz, 2011], 71–87). This type of analysis also affects the understanding of promise passages in non-P Genesis as late additions (for a recent history of scholarship and reassessment, see J. Baden, *The Promise to the Patriarchs* (Oxford: Oxford University Press, 2013).

22 For the H character of this passage, see the section on the calendar below.

23 Sacrificial motifs include requirement of a blemish free animal (v. 5), slaughtering described with שחט (v. 6), concern about how it is cooked (v. 8–9), the accompaniment of unleavened bread (v. 8), concern about the head, legs, and entrails (v. 9), and not leaving over until morning (v. 10).

24 See Gilders, "Sacrifice," 60–61. Not all ritualistic animal killing is *sacrifice* (Wright, "The Study of Ritual").

4. The Revelation of Yahweh's Name

A number of other features complement this broad understanding of creation in PH. One of these is the disclosure of the proper name of the deity. The call of Moses in Exod 6:2–8, which reflects H tendencies[25] but must be part of the basic narrative constructed from Genesis to the tabernacle, refers back to covenants with the patriarchs and notes that in the earlier age the deity did not reveal his name Yahweh, but spoke to them as El Shaddai (Gen 17:1; 28:3; 35:11; 48:3). This appears to build on and interpret the notice of the revelation of the divine name in non-P's Exod 3:14–15.[26] P's revelation of the proper divine name in the age of Moses is an enlargement of theological knowledge and is necessary for the functioning of the cult, as several passages show, some of which augment a basic P text.

For example, Aaron wears a gold ornament (צִיץ זָהָב טָהוֹר) on his turban. The phrase קֹדֶשׁ לַיהוָה "Holiness to Yahweh" is engraved on it (Exod 28:36). The ornament is not mere decoration, but has the cultic function of bearing sin. A similar concrete use of the divine name in the cult may be in the Day of Atonement ritual. A lot (גּוֹרָל), perhaps inscribed with the phrase "for Yahweh," is placed on one of two goats provided by the people for the purgation offering (Lev 16:8–9). The divine name is used in various types of ritual speech. When the tabernacle is consecrated, Aaron and Moses bless the people (Lev 9:22, 23). This presumably involves the use of the divine name. The supplementary priestly blessing in Num 6:22–27 may seek to indicate how the people were blessed at this inaugural event as well

---

25 The declaration of the deity as אֲנִי יְהוָה (vv. 2, 6, 7, 8), especially אֲנִי יְהוָה (אֱלֹהֵיכֶם) וְהוֹצֵאתִי/הַמּוֹצִיא אֶתְכֶם מִמִּצְרָיִם (in vv. 6 and 7), have affinities with H (cf. Exod 29:46; Lev 19:36; 21:12; 22:33; 23:43; 25:38, 55; 26:13, 45; Num 15:41; see Knohl, *Sanctuary*, 17–18 n. 24). The writing of Exod 6:2–8 may have occurred chronologically closer to H than other parts of the P narrative in Genesis and Exodus. For the integrity of 6:2–8, its necessity in the narrative, and a critique of Knohl, see Nihan, *Priestly Torah*, 35–36 n. 72; 65 n. 237.

26 This dependence is to be understood in a larger context of PH's possible dependence on non-PH in the first chapters of Exodus. Moses' objection, the appointment of Aaron, and initial charge to go to Pharaoh in PH (6:12, 30; 7:1–3) may be a reworking of J (4:10, 14–16, 21–23; see n. 58 for context why P, for example, changes Aaron from Moses' "mouth" to his "prophet"). P also appears to revise J's plagues in Exod 7–10, including conversion of J's faith signs (Exod 4) into signs before Pharaoh. For the dependence of PH's 12:1–20 on J, see also n. 36. A notable difference in the case of Exod 6:2–8 is that its possible source (3:14–15) is E, not J. (Source analysis in Exod 3–7a for me is, provisionally: J = 3:2–4a, 5, 6b–8, וְעַתָּה of v. 9, 16–20; 4:1–16, 19–20a, 21–31; 5:1–6:1, E = 3:1, 4b [without מִתּוֹךְ הַסְּנֶה, a redactional gloss], 6a, 9 [without initial וְעַתָּה], 10–15, 21–22; 4:17, 18, 20aγ [shared with J], 20b, and PH = 6:2–7:7; see J. Baden, *J, E, and the Redaction of the Pentateuch* [FAT 68; Tübingen: Mohr Siebeck, 2009], 176–177, 185, 218–221, 226, 227, 234–239, 269–270, 273–275, 279, 281.) For PH's dependence on both J and E elsewhere, see n. 69.

as at other times.[27] This blessing employs the Tetragrammaton thrice and is how the divine name is "placed" on the people. The curses for the suspected adulteress use the divine name in speech and as a ritual object. The priest speaks the curses to the woman, which include the phrase: "may Yahweh make you a curse and imprecation among your people, when Yahweh makes your genitals fall and womb swell." These are written out, dissolved in water, and given to the woman to drink (Num 5:21–24). The rejoicing of the people "before Yahweh" on the festival of Sukkot in Lev 23:40 indirectly suggests invocation of the divine name in praise. In addition to these cultic examples of the legitimate use of the name, the story about blasphemy in Leviticus 24, which in part builds on prescriptions about the divine name in the Covenant Code (cf. Exod 20:24; 22:27; 23:13) in creative combination with the miscarriage and talion law in that collection (21:22–25), explores a counter example where the divine name is abused.[28]

In sum, the use of the name Yahweh is necessary for a variety of cultic purposes and it becomes functional precisely in the age of the tabernacle. Knowing the divine name allows the people to fully engage the deity and his presence. While blessings and promises can be communicated to individuals under a different divine appellation in the pre-cultic age, the revelation of deity's proper name in the age of the tabernacle marks and directs the renewal of those promises to the entire nation.

5. The Calendar

Similar to sacrifice and the use of the divine name, PH makes no mention of humans' observing cultic or quasi-cultic calendric events—festivals or the Sabbath—prior to the revelations to Moses.[29] The deity's rest on the seventh day at creation involves him alone (Gen 2:2–3). If the PH manna story in Exodus 16, which involves Sabbath, originally appeared later in the

27 Neighboring Numbers 7 puts 6:22–27 in the context of the erection of the tabernacle. For a recent study of the Ketef Hinnom amulets with phrases paralleling this blessing, A. Berlejung, "Theologisches Wort und anthropologischer Ort der Silberamulette von Ketef Hinnom," *ZAW* 120 (2008), 204–230.

28 C. Nihan, "Murder, Blasphemy and Sacral Law: Another Look at Lev 24,10–23," *ZABR* 17 (2011), 211–240; M. Leuchter, "The Ambiguous Details in the Blasphemer Narrative: Sources and Redaction in Lev 24:10–23," *JBL* 130 (2011), 431–450.

29 While the Sabbath in P is not observed cultically, it does have cultic associations. As we will see it is first revealed in connection with the building of the tabernacle: its observance supersedes work on the structure. H in particular enhanced the status of the Sabbath and brought it into the list of festivals and other occasions that are cultic (Lev 23:2–3; cf. Knohl, *Sanctuary*, 8–45).

context of PH (around Num 15:32–36),[30] then the Sabbath is first revealed to humans in connection with the building of the tabernacle in Exod 31:12–17.[31] This passage directly prohibits work on the seventh day. It introduces the Sabbath as a "sign" (אוֹת) and observance by the Israelites is binding "for their generations, an eternal covenant" (לְדֹרֹתָם בְּרִית עוֹלָם). This wording is similar to that found in connection with P's rainbow and circumcision (Gen 9:12; Gen 17:7, 9; see also 9:13, 17).[32] The content and rhetoric of Exod 31:12–17, combined with the call of Moses in 6:2–8, indicate that, though PH did not use the term "covenant" בְּרִית for the broad relationship between deity and the nation Israel at the birth of the nation, it is phenomenologically this type of relationship.[33]

The full festival calendar is found (revised by H) in Leviticus 23 of the Holiness Code, but aspects of the calendar are revealed for the first time in prescriptions for the first Passover in Exod 12:1–20. Verse 2 drops a pin on the temporal map for the people: "*This month* for you is the beginning of months" (הַחֹדֶשׁ הַזֶּה לָכֶם רֹאשׁ חֳדָשִׁים). For the first time in history humans are informed about the calendar, which will be important in cultic practice soon to be unfolded.

It is not entirely clear how this passage fits in the composition of PH. As a whole it has a number of H features. Yet omitting the entirety of this passage would deprive a basic P narrative of an account of the first Passover and reference to killing the firstborn of Egypt.[34] An argument can be made

---

30 See J. Baden, "The Original Place of the Priestly Manna Story in Exodus 16," *ZAW* 122 (2010), 491–504.

31 For an analysis of P and H in Exod 31:12–17, see J. Stackert, "Compositional Strata in the Priestly Sabbath: Exodus 31:12–17 and 35:1–3," *JHS* 11 (2011), article 15 http://www.jhsonline.org (accessed 09/21/13); idem, "The Composition of Exodus 31:12–17 and 35:1–3 and the Question of Method in Identifying Priestly Strata in the Torah," *Current Issues in Priestly and Related Literature* (ed. Gane and Taggar-Cohen), 175–196. For him, basic P consists of the introduction, main prohibition, and the following third person plural formulation in 31:12–13aα, 15 (without שַׁבָּתוֹן קֹדֶשׁ and מוֹת), 16, 17 (without וַיִּנָּפַשׁ). The original passage is partly determined by the more minimally worded 35:1–3 (for Stackert vv. 1–2 here, without יִהְיֶה לָכֶם קֹדֶשׁ and בָּתוֹן, are P). It should be noted, however, that 31:12–17 as a whole has features indicative of H (including chiastic formulation and repetition), it appears in a section of the tabernacle prescriptions that seems largely associable with H (Exod 29:38-31:18), and it features, less characteristically, the supposed H addition *before* the basic P material rather than after.

32 See the discussion by S. M. Olyan, "An Eternal Covenant with Circumcision as Its Sign: How Useful a Criterion for Dating and Source Analysis?" in *The Pentateuch* (ed. Dozeman *et al.*), 347–358.

33 On the the topic, see C. Nihan, "The Priestly Covenant, Its Reinterpretations, and the Composition of 'P,'" in *The Strata of the Priestly Writings* (ed. Shectman and Baden), 87–134.

34 For example, Knohl (*Sanctuary*, 19–23) attributes the whole of Exod 12:1–20 to H (and multiple levels of H). For the similar narrative problem of seeing Exod 6:2–8 as a later H addition, see n. 25. For a significant differing assessment, see C. Nihan, "Israel's Fes-

for a shorter P textual nucleus that consisted of text lacking second person plural forms (i. e., 12:1, 3 without לֵאמֹר בֶּעָשֹׂר לַחֹדֶשׁ הַזֶּה, 6b–8, 12) and that this was expanded by H. In this analysis the notice "This month for you is the beginning of months" would be an H supplement.[35]

On the other hand, the larger passage parallels and thus appears to be built on J's Passover and unleavened bread prescriptions in 12:21–27 and 13:3–10.[36] Unless both P and H contributors went back to the same J text to formulate 12:1–20—which is not impossible in view of the broad recourse

---

tival Calendars in Leviticus 23, Numbers 28–29 and the Formation of the 'Priestly' Literature," in *The Books of Leviticus and Numbers* (ed. T. Römer; BETL 215; Leuven: Uitgeverij Peeters, 2008), 177–231.

35 J. Stackert, "Why Does the Plague of Darkness Last for Three Days? Source Ascription and Literary Motif in Exodus 10:21–23, 27," *VT* 61 (2011), 660, 669 (657–676) attributes a slightly larger text (i. e., 12:1, 3–13) to the basic P narrative.

36 Exod 12:1–14 closely parallels 12:21–24, and the following verses about unleavened bread in 12:15–20 parallel 13:6–10. Exod 12:21–27 and 13:6–10, for their part, are two of three passages that share a common thematic structure and have a pronounced Deuteronomistic character: 12:21–27 (Passover), 13:3–10 (unleavened bread), and 13:11–16 (the firstborn). Because of this coherence and distinctive character, they appear to belong to a source different from PH. Other considerations bear this out. The passage Exod 12:21b-27a does not make sense as the continuation of PH, outlining what Moses told the people to do, because they omit instruction of important elements commanded in 12:1–14 (including the meal and requirement not to leave flesh over until morning). The instructions of 12:21b-27a also appear in a J narrative frame (vv. 21a, 27b; cf. 4:29–31). Furthermore (if 13:1–2 is put aside for the moment), the passage on unleavened bread in 13:3–10 follows nicely on the last narrative verse in J about unleavened dough (12:39; J in Exod 12 would consist of vv. 21–27, 29–34, 39). Though 12:21–27 and 13:3–16 in this analysis are part of the J text, they may not be original therein. Moreover, J's basic Passover instructions in 12:21b–23 with their narrative frame (vv. 21a, 27b) may even be an addition, perhaps introduced along with the contextually extraneous cameo about circumcision in 4:24–26. Like the rite in 12:21–27, the circumcision story features an apotropaic blood rite that protects a son. Notably J's little circumcision story immediately follows J's announcement of the future firstborn plague (4:22–23). The circumcision event thus narratively anticipates J's culminating firstborn plague with its blood rite. The injunction of the Passover on future generations in 12:24–27b as well as the unleavened bread and firstborn regulations in 13:3–16 may be further additions to J and part of might be termed the "legification" of J. J may not have originally included lawgiving, but was updated to parallel the Covenant Code narrative (E). The so-called ritual or cultic decalogue in Exod 34:10–27, based largely on the Covenant Code but endowed with a distinctive Deuteronomistic flavor, would be part of this addition of law to J. (The firstborn command in 13:1–2, which interrupts the parallel patterning of 12:21–27, 13:3–10, and 11–16, might be considered a further addition in J.) That PH is secondary to and dependent on J's 12:21–27 and 13:3–10 is indicated, among other things, by portraying the slaughter, not merely as the source of apotropaic blood, but also providing a meal and added detail in regulation. For the argument that 12:21–27 is actually part of PH and 13:1–16 as later expansion that provides and alternative to 12:1–28, with incisive discussion of the various issues involved, see S. Gesundheit, *Three Times a Year: Studies on Festival Legislation in the Pentateuch* (FAT 82; Tübingen: Mohr Siebeck, 2012).

to non-PH by different strata of PH—this source dependence may indicate that 12:1–20 is a rather unified composition. Additionally, the change of number to second plural is not a definitive sign of textual strata.[37] This may mean that Exod 12:1–20 was composed somewhat later in the overall formulation of the P narrative and completes it according to a predetermined plan. Its composition may have been delayed in order to coordinate it with the development of the H version of festival legislation in Leviticus 23.

Even though announced only in these Exodus passages, the world's calendar, according to the broad view of PH, did not begin ticking with these revelations to the Israelites. The clock was wound and started at the beginning of creation. The Israelites were only made privy to this cosmological secret and reality at the time of Moses. On the fourth day of creation the deity creates the sun, moon, and stars. They are to be "for signs, set times, days and years" (לְאֹתֹת וּלְמוֹעֲדִים וּלְיָמִים וְשָׁנִים; 1:14). The term אֹתֹת "signs" here must include Sabbaths and anticipates the revelation in Exod 31:12–17, which uses this term for the Sabbath, as noted earlier. The term מוֹעֲדִים, often translated "set times," includes the festivals (cf. Lev 23:2,4, 37; Num 28:2; 29:39).[38] These terms in Gen 1 thus presage the later revelation of these occasions in the age of Moses. Their observance by humans, as with sacrifice, remains dormant until that age. In contrast to this, the marking of "days and years" by the sun and moon begins at the creation. "Days" actually begin on the first day of creation when light is created (1:5). This allows the counting of days across the week of creation leading up to divine rest on the seventh day. "Years" operate from the beginning of human history and are visible in P's detailed chronology punctuated with "generations" (תּוֹלְדוֹת) notices (Gen 2:4; 5:1; 6:9; 10:1, 32; 11:10, 27; 25:12, 13, 19; 36:1, 9; 37:2; Exod 6:16, 19).

6. Purity and Holiness

Before the establishment of the tabernacle, PH does not depict the operation of purity and holiness customs. The mention of pure and impure animals in the flood story (Gen 7:2, 8; 8:20) belongs to J, not P. J requires bringing a surplus (seven pairs) of pure animals so that some of them may be used as food on the ark (implied in Gen 7:2) and more importantly in sacrifice after the flood (8:20–22). P's Noah brings only one pair of each

---

[37] For example, phrases with second person plural forms in passages such as Gen 17:9–14; Exod 25:1–7; Num 15:37–41; 19:2–3; 35:1–8 cannot be eliminated leaving a sensible text in terms of syntax or context.

[38] It is possible to argue that the detail about the heavenly lights, whose form and content seems belabored, is an addition, attributable to H. See Krüger, "Genesis 1:1–2:3."

kind of animal, including pure animals, because they are neither eaten (6:21) nor sacrificed (9:1–17).[39] Jacob's disposal of foreign gods and accompanying purification in Gen 35:1–7, the sexual pollution of Dinah in Gen 34:5, 13, 27,[40] the holiness of the ground at the burning bush (Exod 3:5), and the three-day advance purification for the theophany at Mt. Sinai (19:6, 20, 13, 22) are all non-PH.[41]

The story of the first Passover in PH anticipates aspects of holiness concerns that only come into operation after the revelation of the tabernacle. The verse Exod 12:16 prescribes the observance of a "sacred declaration" (מִקְרָא־קֹדֶשׁ) on the first and seventh day of the observance of unleavened bread (cf. the term in Lev 23:2–4, 7–8, 21, 24, 27, 35–37). This is presumably not observable at the inaugural event. H is responsible for adding this somewhat out of place datum.

But though PH avoids matters of purity and holiness prior to the time of Moses, its early narrative nonetheless anticipates later pollution concerns, much as the grant of profane slaughter to Noah in Gen 9:3–5 anticipates sacrifice. In fact, sacrifice and purity concerns are integrally related in P. The grant of animal flesh in the human diet after the flood is the foundation of a pyramid of dietary rules matching social gradations, which are fully unveiled at the time of Moses, as summarized in Figure 1.[42] The deity's diet in sacrifice (e. g., Leviticus 1–7) complements dietary rules for the people (mainly Leviticus 11), and these together reflect a cultic-cosmic hierarchy. God has the most limited diet, whereas lowly animals have the broadest. The rules to Noah anticipate this full system, but they deal with the bottom two registers, which are not yet concerned with matters of purity.

This sacrificial-dietary schema drove P's rewriting of J's flood story, noted above. Because of its different view of the cult, P could not simply revise J's story but had to radically retool it to serve the ideology of its broad narrative. The conceptual relationship of the flood story to the basic legislation on sacrifice and purity is one of the pieces of evidence that

---

39 See Wright, "Profane versus Sacrificial Slaughter."

40 For sorting out P and non-P in Genesis 34 and 35, see Baden, *Composition*, 230–245. He attributes to E specifically 35:1–8, 14 (excluding בַּמָּקוֹם אֲשֶׁר־דִּבֶּר אִתּוֹ), 16b, 17–18, 19 (וַתָּמָת רָחֵל, common with P), 20. The analysis of Gen 34 is more complex, but it is not P. The question is whether it is composite. See the considerations about composition and the motif of impurity in the story in E. S. Feinstein, *Sexual Pollution in the Hebrew Bible* (PhD Diss; Cambridge, MA: Harvard University, 2010), 153–209, who views it as an essential unity belonging to E (p. 170). Baden, *Composition*, 233–234 (see also 72, 73–74, 237, 242, 318 n. 6) views Gen 34 as a blend of J and E.

41 For Exod 3, see n. 26. For the Sinai pericope, see Wright, *Inventing*, 338–339.

42 See further Wright, "Profane versus Sacrificial Slaughter"; J. Milgrom, *Leviticus 1–16* (AB 3; New York: Doubleday, 1991), 722.

Being or Creature	Consumable Quadruped Flesh	Sample References
Deity	Sacrifices of unblemished domestic animals including visceral fat (blood is placed on/at altar but technically not *offered* like the flesh)	e. g., Lev 1–7
Priests	Portions of sacrifices and properly killed permissible domestic or game animals, but no blood or visceral fat	e. g., Lev 6–7; 11; 22:8
Israelites	Permissible domestic or game animals and dead or improperly killed animals of the permissible category as long as purification follows, but no blood or visceral fat	Lev 11 (note vv. 39–40); 17:15–16
Non-Israelites	All animal flesh and (implicitly) visceral fat, but no blood	Gen 9:4–6
Animals	All animal flesh, blood, visceral fat allowed	implied

Figure 1: Allocation of Animal Flesh in PH Sacrificial and Dietary Regulations

shows the priority of the cultic regulations in the formation of the PH corpus.[43]

P's flood story also encodes the system of personal sin and external pollution effect found in later PH legislation. In P legislation, sin causes impurity that pollutes the sanctuary from afar and sacrificial blood of the purgation or sin offering (חַטָּאת) removes that impurity (Leviticus 4 and 16). In H legislation, which broadens the scope of P legislation beyond the context of the sanctuary, sin pollutes the land and this becomes the mechanism for exile from the land (Lev 18:25–28; 19:29; Num 35:33).[44] P's flood story

43 It can be wondered whether Gen 9:4–6 is secondary because of its divergent style, its character as an aside (especially with אַךְ in vv. 4 and 5), its legal rather than narrative orientation, and the prominent poetic verse about homicide in v. 6a. Several considerations, however, point to the originality of the verses: The poetic form in v. 6, is consistent with 1:27, which is presumably original. The verses make clear that the reason for the flood was the shedding of blood by and finally explain why in P "all flesh," including animals, is guilty (see n. 45). Further, P, dependent on J and interested in responding to J's portrayal of animal killing in sacrifice, would be expected to make some concrete reference to animal killing. This is only clear in the context of vv. 4–6. In addition, the fronting of "and as for you" (וְאַתֶּם) in v. 7 contrasts the people's obligation with that of the deity, which begins with "and as for me" (וַאֲנִי) in v. 9. If v. 9 is original, v. 7 should also be original; but v. 7 operates also as a resumptive repetition of v. 1, which seems to require the digression in vv. 4–6.

44 See D. P. Wright, "Unclean and Clean (OT)," *ABD* 6 (1992), 729–741; idem, "Holiness in Leviticus and Beyond," *Interpretation* 53/4 (1999), 351–364.

displays these same mechanics, but uses neutral or non-cultic terminology. At the beginning of the story, the deity surveys creation and finds that "the earth had become corrupt (נִשְׁחָתָה), because all flesh (כָּל־בָּשָׂר) had corrupted (הִשְׁחִית) its behavior on the earth" (Gen 6:12). P here solves two conceptual problems in the J account. It attributes sin to "all flesh," including animals, as opposed to just humans in J (cf. 6:5–7; 8:21), to explain why the flood affects humans and land animals.[45] Further P portrays the sin of all flesh as affecting the earth to explain why it is covered by water. The flood implicitly removes the earth's corruption and restores it to a pristine state.

Another foreshadowing of purity and holiness rules and the broader ontology of its cultic system may be in P's use of the verb הִבְדִּיל "to divide" in its creation story.[46] This verb is used of distinguishing between light and darkness (Gen 1:4), the upper and lower waters (v. 6, 7), and day and night (v. 14, 18). Other pairs are prominent in the creation story though the verb הִבְדִּיל is not used to describe them. These include morning versus evening, land versus water, water and air animals versus land animals, male versus female, and activity versus rest. This verb reappears in the description (attributable to H) of the priestly role to "distinguish between the holy and the profane and between the impure and the pure" (וּלֲהַבְדִּיל בֵּין הַקֹּדֶשׁ וּבֵין הַחֹל וּבֵין הַטָּמֵא וּבֵין הַטָּהוֹר; Lev 10:10; cf. Ezek 22:26; 44:23) and in dietary laws that speak of distinguishing pure and impure animals (Lev 11:47). The passage Lev 20:24–26 employs the verb in an analogy rationalizing divine election. The deity separated Israel off from the other nations (vv. 24, 26). Israel should similarly distinguish between pure and impure animals. Thus they become holy, as the deity is holy. Thus the act of separation begun at creation continues up to the constitution of Israel as a nation at the time when the people are freed from Egypt and the tabernacle is established.[47]

While the use of הִבְדִּיל in PH legislation may be attributable specifically to H, it makes explicit notions that operate in P's cultic system. Every object, place, person, or event is ritually definable by the presence of one quality from two sets of pairs: (A) impure versus pure, and (B) holy versus profane (see the Hebrew terminology in Lev 10:10; "profane" here means merely lacking holiness). These qualities are graphed in Figure 2, as a 'doughnut' displaying four possible combinations (the 'barbells' point to the nexuses of categories).[48] For example, the tabernacle, ideally, is both

---

45 P uses "all flesh" a key term to describe the object of destruction (6:12, 13, 17, 19; 7:15, 16a, 21, 8:17; 9:11, 15, 16, 17). The guilt of animals is characterized indirectly in 9:5.

46 For some discussion, see Krüger, "Genesis 1:1–2:3," 135–136.

47 The verb הִבְדִּיל is also used of separating the Levites off as cultic servitors (Num 8:14; 16:9; the verb in 16:21 is a literary play against v. 9).

48 This bends the diagram in Milgrom, *Leviticus 1–16*, 732 into a circle to add the holy-impure combination.

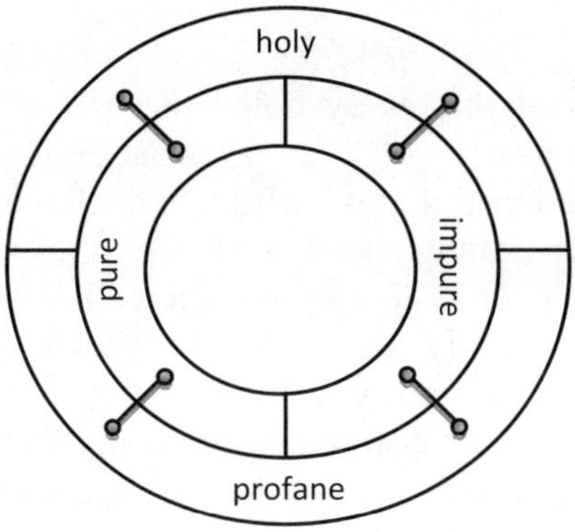

Figure 2: Paired Combinations of Cultic Statuses

pure and holy (e. g., Lev 8:10); an Israelite person eating impure flesh is both impure and profane (e. g., Lev 11:39–40); this same Israelite, after purification, is pure and profane (e. g., Lev 17:15–16); and, uniquely and perhaps surprisingly, the purgation offering while holy is also impure after it is used for purification (e. g., Lev 4:1–12; 6:18–23; 16:27–28).

Paired criteria or binary oppositions are found in other parts of the PH cultic system. Pure land animals have split hooves and chew the cud, and pure water animals that have fins and scales are pure (Leviticus 11). In the leprosy laws, lesions that are immediately identifiable as a scale or surface disease (צָרַעַת) are those that have at the same time white hair and deepness (13:3). The male gonorrheic is one whose flesh runs or whose flesh is stopped up (Lev 15:3). In the sacrificial laws, options between cattle and flock animals are counterpoised (e. g., Lev 1:2). In matters of ritual space, P and PH broadly are concerned about inside versus outside the camp, and inside versus outside the tabernacle.[49] P's more complex graded systems, which appear in connection with space or in the diet (discussed above), can be analyzed as a system of interlocking binary oppositions.

In various ways, then, P's portrayal of division at creation structurally anticipates the intellectual shape of its legal system. This portrayal of binary conceptualization at creation, however, is likely not representative of its actual generative history. It would seem that binary patterning had its home in the cultic and legal system and that this was applied secondarily to the mythological description of creation. The reversal of the relationship in the PH narrative made the world the sounding board on which the strings of the cultic and legal system resonated.

[49] See the discussion of ritual space in Jenson, *Holiness*; J. Z. Smith, *To Take Place: Toward Theory in Ritual* (Chicago: University of Chicago Press, 1987), 47–73; D. P. Wright, *The Disposal of Impurity* (SBLDS 101; Atlanta, GA: Scholars Press, 1987).

7. THE BIRTH OF THE NATION

The foregoing section of this essay noted the use of the verb הִבְדִּיל ("divide") to describe the election of Israel as a nation (Lev 20:24–26), which can be viewed as an extension and culmination of acts of division starting at creation. By this separation, the deity makes the people his possession ("to be mine" לִהְיוֹת לִי; v. 26). This echoes the call of Moses in Exod 6:2–8 where the people are formally appropriated: "I take you (the Israelites) to me as a people and I will be your god" (וְלָקַחְתִּי אֶתְכֶם לִי לְעָם וְהָיִיתִי לָכֶם לֵאלֹהִים; v. 7; cf. also Lev 26:12). This is an adoption formula which, as a speech act and comparable to the speech acts in the creation story, officially creates the divine-human relationship. It fulfills a promise given to Abraham where the deity becomes the god of Abraham's descendants through the covenant and promise (לִהְיוֹת לְךָ לֵאלֹהִים וּלְזַרְעֲךָ אַחֲרֶיךָ and וְהָיִיתִי לָהֶם לֵאלֹהִים; Gen 17:7–8).

P's motif of being fruitful, increasing, and filling the land (varied formulation but often with the verbs פרה, רבה, מלא) is related to the birth of the nation. As a command and blessing this is directed to the fish and birds and then to humans at creation (1:22, 28). It is renewed after the flood and is directed to all life (8:17), particularly humans (9:1, 7). Along the way, the deity uses this language saying that he will make Ishmael fruitful (17:20). Isaac blesses Jacob to multiply (28:3). God tells Jacob to multiply (35:11, recounted in 48:4). Finally when Israel is in Egypt, the idiom is used again. But it is no longer a matter of blessing or command, but a matter of fact. At the beginning of the sojourn in Egypt P observes: "Israel dwelt in the land of Egypt…,[50] and they took possession of it. They were fruitful and multiplied greatly" (47:27). Then at the dawn of the age of Moses, P's Exodus tells us, with a climactic piling up of terminology: "The Israelites had become fruitful, had swarmed, had multiplied and had become numerous very greatly and the land was full of them" (וּבְנֵי יִשְׂרָאֵל פָּרוּ וַיִּשְׁרְצוּ וַיִּרְבּוּ וַיַּעַצְמוּ בִּמְאֹד מְאֹד וַתִּמָּלֵא הָאָרֶץ אֹתָם; Exod 1:7). Israel had now fulfilled the directive and expectations set down at creation.[51] It is important to note that this climaxing verse is only *five* verses before the call of Moses where the people are officially adopted (PH here consists of Exod 1:1-5, 7, 13-14; 2:23aβb-25; 6:2–8). The "generations" (תּוֹלְדוֹת) formulae that run through Genesis (see the discussion on the calendar, above) contribute to this thematic arc constituted by the fertility motif. The intent to get to an account of the establishment of Israel also partly helps explain why P does not write a detailed

---

50 In a paper delivered at the annual meeting for the Society of Biblical Literature, B. Schwartz has suggested reading in this ellipsis "in the land of Ramses" for "in the land of Goshen."

51 On this as fulfillment see Schmid, *Genesis*, 62–64, 240; Bauks, "Signification," 43.

account of the patriarchs but focuses, sometimes schematically, on family lineages.[52]

The establishment of the nation or laying the foundations for later human political activity as part of creation is consistent with other ancient Near Eastern creation stories. For example, *Enūma eliš* is not just about the creation of humans and their service to the gods, but also about the foundation of Babylon, its cult, and the promotion of Marduk to chief executive.[53] A national or political orientation is missing in P's seven day creation story when read by itself. One might even make the mistake of thinking that P had a universalistic orientation, according to which its deity looked equally on all nations of the earth. It is only with the rest of PH that its particularistic message becomes clear where Israel is favored over other nations.[54]

8. The Revelation of the Kavod

Comparable to other phenomena discussed to this point, the deity's physical presence, described with the technical term כָּבוֹד (which I will render in simplified transliteration as *kavod*), is fully disclosed only in the age of Moses.[55] The deity's presence is described in other ways prior to the revelation at Mt. Sinai. The creation story refers to a "divine wind" (רוּחַ אֱלֹהִים; 1:2). This is echoed in the flood story where it says "God sent a wind across the land" (וַיַּעֲבֵר אֱלֹהִים רוּחַ עַל־הָאָרֶץ; 8:1). Revelations to pious men prior to Moses often involve only auditions (Noah in Gen 6:13; 8:15; 9:1, 8, 12, 17; Moses' inaugural revelation in Exod 6:2–8; Moses and sometimes Aaron in the plagues in Exod 7:8, 19; 8:1, 12; 9:8, 22; 10:12, 21; 11:9). The deity does appear to Abraham and Jacob, but these events do not feature the god's *kavod* (Gen 17:1; 35:9; cf. 48:3).

The picture changes in P's story about the parting of the sea in Exod 14 (= vv. 1–4, 8–9, 10bγ, 15–18, 21aα, 21b–23, 26–27a, 28–29). This uses the

---

52 See Schmid, *Genesis*, 246–247.

53 My colleague T. Abusch has suggested to me that the description of the foundation of Babylon in the text may be secondary though the basic story of the elevation of a deity would have a political significance.

54 A reflex of this is in H's debt-slave legislation (Lev 25:39–47), which makes a distinction between Israelite debt-slave and foreign chattel-slave, and allows harsh treatment of the latter (see Wright *Inventing*, 123–153; idem, "'She Shall Not Go Free as Male Slaves Do': Developing Views About Slavery and Gender in the Laws of the Hebrew Bible," in *Beyond Slavery: Overcoming Its Religious and Sexual Legacy* [ed. B. J. Brooten; New York: Palgrave Macmillan, 2010], 125–142).

55 For a discussion, see B. D. Sommer, *The Bodies of God and the World of Ancient Israel* (New York: Cambridge University Press, 2009), 58–62. For a broad study of *kavod* in the Hebrew Bible and in its Near Eastern context, see S. Z. Aster, *The Unbeatable Light:* Melammu *and Its Biblical Parallels* (AOAT 384; Münster: Ugarit-Verlag, 2012).

root of *kavod* in a verbal form to describe divine glorification obtained or displayed in the parting of the sea that saves the Israelites: "I will obtain/display glory through Pharaoh and all his army" (וְאִכָּבְדָה בְּפַרְעֹה וּבְכָל־חֵילוֹ; v. 4, 17; with different syntax v. 18).[56] The people do not yet witness the full revelation of the *kavod* at this point. Nonetheless, this is the type of miraculous event that is accompanied by description of the presence of the *kavod* in later stories. The use of this verb in the sea event had an effect on P's description of the hardening of Pharaoh's heart in the preceding plague stories. In my view, P's plague stories recast J's plague stories.[57] J regularly uses the root כבד for the hardening of Pharaoh's heart. P had to reserve this root and verb for deity. It therefore chose another verb (חזק) to describe the obstinacy of Pharaoh.[58] This allowed P to contrast the

---

56 The nifʿal stem of כבד is paralleled by the nifʿal of קדש with reference to the deity ("obtain/display holiness, be holy"; Exod 29:43; Lev 10:3; 22:32; Num 20:13) and, more broadly, with references to the deity's holiness (Lev 11:44–45; 19:2; 20:26; 21:8) that appears in H or material with H tendencies.

57 I sort out the sources in plague stories in Exod 7b–11 as follows: P consists of 7:8–13 (rod-reptile); 7:19–20aα, 21b–22 (water-blood); 8:1–3a, 11aβb (frogs); 8:12–15 (lice); 9:8–12 (boils); 9:22–23aα1, 24aα, 25, 31–32, 35 (hail); 10:12–13aα1, 14aα, 15aα2βb, 20 (locusts); 10:21–23, 27 (darkness); 11:9–10 (transition). J consists of 7:14–18, 20aβb–21a, 23–25 (water-blood); 7:26–29, 8:3b–11aα (frogs); 8:16–28 (flies); 9:1–7 (animal death); 9:13–21, 23aα2βγb, 24aβb, 26–30, 33–34 (hail); 10:1–11, 13aα2βb, 14aβb–15aα1, 16–19, 24–26, 28–29 (locusts); 11:4–8 (start of firstborn). The only E material may be in 11:1–3. For Exod 3–7a see n. 26 and for Exod 12 see n. 36. For discussion of some aspects of source division, see Stackert, "Plague of Darkness."

58 P's חזק appears in 7:13, 22; 8:15; 9:12, 35; 10:20, 27 (it should have also appeared in 8:11, but was omitted when the Pentateuch was compiled). J's כבד appears in 7:14; 8:11, 28; 9:7, 34; 10:1. P and J each once use another root in their first references to heart hardening: P קשה in 7:3, and J חזק 4:21 (see the circumlocution of the idiom in J's 14:5 with הפך; Baden, *Redaction*, 273–275, sees J's exceptional verb in 4:21 as redactional). In addition to regularizing J's heart-hardening motif, P's dependence on J in the plague stories appears in its replication of the binary pattern of prediction and fulfillment in J and filling in the problematic narrative gap between these elements. Dependence is also visible in P's incorporation of J's belief-signs for the people (Exod 4) into the series of sign-plagues for Pharaoh. P has the rod-reptile sign performed before Pharaoh rather than before the people as in J. P's more widespread conversion of water into blood, affecting even water in vessels, may be due in part to refiguring J's faith sign of water turning to blood when poured from a vessel. P's boil plague relates to J's sign of Moses' hand turning leprous in view of P's symptomatology of צָרַעַת, in which a שְׁחִין "boil" has the potential of developing into the disease (Lev 13:18–23). P may be seeking to dissociate this impure condition from its foundational prophet and cult originator, Moses, and, at the same time, cast opprobrium on Pharaoh's magicians and effect a transition to a direct confrontation between Moses and Pharaoh. In any case, the dependence of the P's plague series on J shows that P's series is essentially a unified composition. P's change of agent in plague performance (first Aaron then Moses) and from intransitive to transitive forms of חזק for heart hardening are part of an intentionally crafted climaxing pattern where subordinate representative "prophets" (Aaron and Pharaoh's magicians) are replaced by direct competition between the human "gods" of the story (Moses and

"strengthening" that Pharaoh and Yahweh display. That this was P's intent is indicated by the juxtaposition of Pharaoh's heart hardening and Yahweh's glorification in the sea story: "I will harden (וְחִזַּקְתִּי) Pharaoh's heart so that he pursues them, and I will then obtain/display glory (וְאִכָּבְדָה)…" (v. 4, 17; cf v. 8).[59]

The *kavod* appears in PH after this and for the first time in the theophany at Mt. Sinai (Exod 24:15–18). A cloud (הֶעָנָן) covers the mountain and the *kavod*, enveloped by the cloud, settles (שכן) on the mountain. The people witness the appearance of the *kavod* as a burning fire. The deity speaks to Moses from the cloud and Moses enters it for the revelation of the tabernacle. A similar phenomenology occurs when the tabernacle is set up and before it is publicly consecrated. The cloud covers or settles on the tent and the *kavod* fills the tabernacle (40:34–35). The deity then delivers revelations to Moses from the tent (Lev 1:1). After the tabernacle and its priests are consecrated (Leviticus 8–9), the *kavod* appears to the people as a fire issuing from the tent that consumes offerings on the altar (9:6, 23–24). The people fall on their faces in fearful awe. The appearance of the *kavod* at the tent is part of the basic phenomenological plan for the tabernacle (Exod 29:43: וְנֹעַדְתִּי שָׁמָּה לִבְנֵי יִשְׂרָאֵל וְנִקְדַּשׁ בִּכְבֹדִי).

The narrative trajectory of the *kavod* continues in later PH stories of rebellion.[60] Immediately after its inaugural display to the people at the consecration of the tabernacle, the same divine fire issues from the tabernacle to destroy two of Aaron's sons who committed cultic error (Lev 10:1–3; their illicit "fire" plays against the destructive divine "fire").[61] In the PH spy

---

Pharaoh). This helps explain why P described Aaron as Moses' prophet in 7:1–2, presumably a rewriting of J's 4:14–16 (see n. 26).

59 Baden, "Original Place," 498 n. 33, critiques Ska's and Ruprecht's connection of the verb in Exod 14 with the *kavod* (J. L. Ska, *Introduction*, 157; E. Ruprecht, "Stellung und Bedeutung der Erzählung vom Mannawunder [Ex 16] im Aufbau der Priesterschrift," *ZAW* 86 [1974], 269–307, 291–298). It is true that the *kavod* is not being revealed here, but it is a significant down payment, so to speak, on the fulfillment at Mt. Sinai. Baden is right, however, in arguing that the PH quail and manna story, which mentions the *kavod*, actually appeared later in the PH narrative. See the discussion about the calendar, above.

60 See Achenbach, *Vollendung*, for a different assessment of Numbers, including the wilderness stories. His works views Numbers as a post-priestly development reflecting a three-staged redactional process out of which the Pentateuch arises (see also his "Die Erzählung von der gescheiterten Landnahme von Kadesch Barnea [Numeri 13–14] als Schlüsseltext der Redaktionsgeschichte des Pentateuchs," *ZABR* 9 [2003], 56–123).

61 In my view, the sin of Aaron's sons and the consequent controversy about not eating the חַטָּאת sacrifice in Leviticus 10 is a reflex of non-P stories of the golden calf and the Levites in Exodus 32. Main correlations include: dedication of the Levites/priests with מִלֵּא יָד (Lev 8:33; Exod 32:29); the triangulation of Jeroboam's bulls and the golden calf and his and Aaron sons' names (Lev 10:1; Exod 32:4, 8, 19, 20, 24, 35; 1 Kings 12:25, 28, 32; 19:1); a cultic sin in the context of a public celebration (Leviticus 9; Exod 32:5–6); a sin that comes immediately after the revelation of foundational law; preoccupation with

story (= Num 13:1–17a, 21, 25–26bα*, 32; 14:1a, 2–10, 26–39) the *kavod* appears at the tent of meeting to all the Israelites when they threaten to stone Moses and Aaron (14:10).[62] When the people complain about the lack of food in the PH manna and quail story (= Exod 16:1, 2–3, 6–25, 31–36), Moses and Aaron tell the people that they will see the divine *kavod* (v. 7).[63] The fulfillment says "they turned to the wilderness and Yahweh's *kavod* appeared in a cloud" (v. 10). This PH story likely originally appeared around Numbers 15 (hence between the spy and Korah stories). In its original context, v. 10 may have read "they turned to the tent of meeting and

---

Aaron's responsibility; Moses' anger and questioning of Aaron (or his sons) after the sin and Aaron's defense (Lev 10:16–20; Exod 32:19–24); bearing sin נָשָׂא חַטָּאת/עָוֹן in connection with כִּפֶּר (Lev 10:17; Exod 32:30, 32); consuming divine anger with the root אכל (Lev 10:2; Exod 32:10); resolution of tensions by Moses (Lev 10:20; 32:14); and the appearance of the root פרע referring to illicit behavior (Lev 10:6; Exod 32:25). The PH Korah story in Numbers 16–17 is a complement to Leviticus 10 (see n. 65) and reflects golden calf motifs (Num 16:22 // Exod 32:33; Num 17:10 // Exod 32:20) including a preoccupation with the status of Levites. PH's transformation of the material in Exodus 32 is consistent with its imbuing post-exodus rebellions with PH cultic-ideological concerns.

62 The divine *kavod* in Num 14:21–22 is J. The correlations between PH's and J's spy stories are not dense as in other wilderness stories surveyed here. Some of these, apart from general similarity in plot and some common characters, include (PH // J): seeing giants 13:32 // 13:28, 33; weeping 14:1a // 1b; divine response with עַד־מָתַי 14:27 // עַד־אָנָה 11; oath with חַי־אָנִי 14:28 // 21; the punishment that the exodus generation would not enter the land, except for Caleb (the PH text adds Joshua) 14:28–35 // 21–24; reference to the land as promised in oath 14:30 // 23; and the *kavod* 14:10 // 21–22.

63 For source analysis of Exodus 16, see Baden, "Original Place." PH's manna and quail story appear to combine and transform J's separate stories about manna (Exod 16:4-5, 26-30) and quail (Num 11:1–10, 13, [16aα], 18–24a, 31–34; for source division of Numbers 11, see Baden, "Original Place," 501–502 n. 43; *Composition*, 82–102). An indication of the derivative character of the PH story is the disappearance of the quail theme in the latter part of its story. PH's story starts as a complaint following the context of J's quail story and then becomes focused on manna in the context of the Sabbath, the theme in J's manna story. PH, however, turns the manna story into miracle tale about preservation of the double portion on the Sabbath as opposed to J's story about transgressing the Sabbath prohibition. Correlations in motifs and language include (PH // J): the good food enjoyed in Egypt (Exod 16:3 // Num 11:5), consuming flesh (אכל בָּשָׂר; Exod 16:3, 12 // Num 11:4, 18), giving flesh to the people (נתן בָּשָׂר; Exod 16:8 // Num 11:13, 21), description of appearance and taste of manna, including being like coriander seed (Exod 16:14, 31 // Num 11:7–8), the manna's connection with dew (Exod 16:13, 14 // Num 11:9); its covering the camp (Exod 16:13 // Num 11:9, 31), hearing the complaint (Exod 16:7, 8, 9, 12 // Num 11:10), the complaint being "before" the deity (Exod 16:9 // Num 11:20); seeing the deity's power (Exod 16:10 // Num 11:23); the connection of manna with Sabbath regulation (Exod 16:23, 25 // 16:26, 29, 30), gathering with לקט (Exod 16:16, 17, 18, 21, 22; // 16:4, 5, 26, 27; Num 11:8), a person gathering a little (הַמַּמְעִיט; Exod 16:17 // Num 11:32). PH adds a cultic dimension to the manna event, including the motif of preservation and rotting that parallels sacrificial flesh (Exod 16:19–20, 23–24; cf. Exod 12:10; Lev 7:16–18; 19:5–8) and storage of the omer at the sanctuary (Exod 16:33–34).

Yahweh's *kavod* appeared in the cloud," similar to the wording in Num 17:7.[64] In the Korah story (PH = Num 16:1a, 2aβ [starting אֲנָשִׁים]–11, 16–24, 26–27a, 35) the *kavod* appears at the tent of meeting for the ordeal attending Korah's rebellion (v. 19). As in Leviticus 10, fire issues from Yahweh and consumes the rebels (v. 35). In the aftermath when the whole congregation complains, the *kavod* appears at the tent of meeting (17:7). This launches a plague that Aaron stops with his fire pan.[65] Finally, in the water from the rock episode (20:1–13*), when Moses and Aaron offend the deity, the *kavod* appears again at the tent of meeting (v. 6).[66] Moses and Aaron fall on their faces as the people did at the inauguration of the sanctuary (Lev 9:24).[67]

The movement of the cloud from the sanctuary to signal when the Israelites are to travel is part of the *kavod* phenomenology in PH (Exod 40:36–38; Num 9:15–23; 10:11–12). These passages describe the wonder more elaborately as a cloud during the day and a fire at night. This fiery display correlates with the fiery phenomenon of the *kavod* seen in passages discussed earlier. The darkness of night makes it visible. The analogy is a fire with hot coals. During the day the *kavod* smolders, and what is mainly visible is smoke. At night the coals become visible. Nevertheless, during times of rebellion or heightened devotion the *kavod* heats up and becomes visible even in the daytime. In the examples of rebellion surveyed above, the cloud is implicitly in place at the tabernacle. They describe the amplification of the *kavod* where it becomes visible in daylight.[68]

The stories of the *kavod* in the wilderness dovetail with the *kavod* theme developed through the consecration of the tabernacle. This shows that,

---

64 Note the similarity in wording: וַיִּפְנוּ אֶל־הַמִּדְבָּר וְהִנֵּה כְּבוֹד יְהוָה נִרְאָה בֶּעָנָן (Exod 16:10) and וַיִּפְנוּ אֶל־אֹהֶל מוֹעֵד וְהִנֵּה כִסָּהוּ הֶעָנָן (Num 17:7). That Exod 16:10 originally referred to the tent is supported by the context. Exodus 16:9 says the people are to approach "before Yahweh," i. e., gather at the tabernacle. Verses 11–12 has Yahweh speaking to Moses, presumably from the tabernacle (see n. 69). The editor of the Pentateuch presumably changed the geographical referent in Exod 16:10 when he moved the PH quail and manna story to a position before the revelation of the *kavod* and the tabernacle.

65 This shows the relationship of the Korah story in Numbers 16*–17 to that about Aaron's sons in Leviticus 10. These stories revolve around divine fire (from the *kavod*) and legitimate fire offered by legitimate priestly representatives (Lev 9:24; Lev 10:1–2; Num 16:7, 18, 35).

66 On Num 20:1–13 as a réécriture of Exod 17:2–7, see Nihan, *Priestly Torah*, 25–30. In my view, however, this rewriting is not post-priestly, but part of the PH transformation of non-P rebellion stories, as described throughout this essay.

67 This motif appears in the other PH wilderness stories surveyed here: Num 14:5; 16:4, 22; 17:10.

68 The PH story of Moses' glowing face after revelation on Mt. Sinai (Ex 34:29–35) reflects the contagious nature the *kavod.* The cloud of incense smoke created to shield the high priest from the deity in the Day of Atonement rite is also associated with the *kavod* theme (Lev 16:2, 13).

whatever may be argued about the complex literary development of PH, its plan was not merely to tell how the *kavod* came to occupy the tabernacle, but how the *kavod* and the tabernacle operated in the continuing early history of the Israelite nation.[69] Just as the story of creation does not end on the seventh day but continues to the establishment of the tabernacle, the story of the tabernacle does not end with its erection becomes the basis for the next stage of the narrative, about the people Israel and the divine presence among them.

---

69 The cloud-*kavod* motif in PH appears to recombine motifs from non-P narratives, and these non-P motifs themselves appear to have a genetic relationship. E has two separate motifs: (1) a cloud (not involving fire) on the inaugural mountain of revelation and later at the tent of meeting outside the camp (Exod 33:7–11; Num 11:16, 24–27, 30; 12:4, 9–15) and (2) the vanguard motif of a messenger, terror, and "hornet" that guide the Israelites to their land (Exod 23:20–33). The latter passage may be a reworking of themes form Assyrian royal inscriptions along with the curses at the end of the epilogue of the Laws of Hammurabi (itself a royal inscription; see Hurowitz, *Inu Anum ṣīrum*) and arose as part of the process that produced the Covenant Code that immediately precedes (see Wright, "Origin, Development, and Context of the Covenant Code"; this would indicate further that the Covenant Code was composed in the context of a rather extensive narrative; see n. 10). J combined the vanguard motif with the motif of the theophany cloud and expanded the phenomenology to a cloud by day and fire by night (Exod 13:21–22; 14:19–20, 24). (For J's dependence otherwise on the narrative in which the Covenant Code appears, i. e., E, see Wright, *Inventing*, 358.) It is not clear how J's Exod 33:1–6bα, 12–23; 34:2–3, 4*, 5aβ–9, which relate negotiations between Moses and Yahweh about divine accompaniment in the wilderness, relate to this picture (for attribution of these verses to J, see Baden, *Composition*, 78; *Redaction,* 169; "On Exodus 33,1–11," *ZAW* 124 [2012]: 329–340 and specifically 338–339 n. 30). Exodus 33:2 uses language from E's 23:20, 23 but portrays the "messenger" as a lesser substitute for Yahweh's personal guidance (the latter is represented by the smoke and fire pillar according to Exod 13:21–22; 14:24). It thus contradicts and seems to react to 23:20–33. Baden has recently argued that 33:2 is an addition ("On Exodus 33,1–11"). But its apparent extraneousness may be due to sources used in an original composition (see n. 7). In any case, the mention of the messenger in Exod 14:19a may be secondary (v. 19a duplicates v. 19b and is in tension with 13:21–22). Thus J's story of the sea event may have featured only a pillar of cloud and fire representing Yahweh's guidance (14:19b–20, 24). The negotiation over divine accompaniment in J's Exodus 33–34 describe the divine presence with פָּנִים (33:14, 15, 20) and כָּבוֹד (vv. 18, 22). It can be argued that PH regularized the connection of the *kavod* with the day-cloud and night-fire of J, but followed E in having a tent of meeting, tying the cloud-*kavod* phenomenon to this structure, and describing the tent as a means of revelation that continues the mode of revelation inaugurated at the mountain (cf. Lev 1:1; Num 1:1; 7:89; implied revelation from the tent in Exod 34:34–35; Lev 9:23; Num 3:14; 9:1). PH did not follow E and J in describing the phenomenon as an עַמּוּד "pillar."

9. Creation Language in the Tabernacle Construction and Beyond

Many have recognized phraseological ties between P's seven-day creation story and the building of the tabernacle, particularly those sections that refer to Sabbath prohibitions or provide summary notes about the building of the tabernacle.[70] For example Exod 31:15–17, the commands about the Sabbath mentioned above, make explicit reference to creation: "For in six days Yahweh made the heaven and earth, and on the seventh day he rested" כִּי־שֵׁשֶׁת יָמִים עָשָׂה יְהוָה אֶת־הַשָּׁמַיִם וְאֶת־הָאָרֶץ וּבַיּוֹם הַשְּׁבִיעִי שָׁבַת (see also 31:15; 35:2). This summarizes Gen 1:1–2:4a and echoes the language of 2:2–3 specifically (see these verses cited below).

Some of the incidental language of creation is also found in the description of the building of the tabernacle. These include the motif of seeing the product with a judgment about its quality with a הִנֵּה ("behold") clause, blessing, and doing and finishing work, with the noun מְלָאכָה ("work") and the verbs כלה ("finish/be finished") and עשׂה ("do, make"), as in the following texts:

Exod 39:32

וַתֵּכֶל כָּל־עֲבֹדַת מִשְׁכַּן אֹהֶל מוֹעֵד וַיַּעֲשׂוּ בְּנֵי יִשְׂרָאֵל כְּכֹל אֲשֶׁר צִוָּה יְהוָה אֶת־מֹשֶׁה כֵּן עָשׂוּ׃

All the construction of the tabernacle of the tent of meeting was finished. The Israelites made it according to all that Yahweh commanded Moses, thus they did.

Exod 39:43

וַיַּרְא מֹשֶׁה אֶת־כָּל־הַמְּלָאכָה וְהִנֵּה עָשׂוּ אֹתָהּ כַּאֲשֶׁר צִוָּה יְהוָה כֵּן עָשׂוּ וַיְבָרֶךְ אֹתָם מֹשֶׁה׃

Moses saw the work, and they had made it just as Yahweh commanded, thus they did. Then Moses blessed them.

Exod 40:33

(…) וַיְכַל מֹשֶׁה אֶת־הַמְּלָאכָה

(…) Moses finished the construction.

---

[70] See, for example, J. Blenkinsopp, "The Structure of P," *CBQ* 38 (1976), 275–292; E. Blum, *Studien*, 306–312; B. Janowski, "Tempel und Schöpfung: Schöpfungstheologische Aspekte der priesterschriftlichen Heiligtumskonzeption," *JBTh* 5 (1990), 37–69; J. Levenson, *Creation and the Persistence of Evil* (San Francisco, CA: Harper & Row, 1988), 84–89; Schmid, *The Old Testament*, 148–149; M. Weinfeld, "Sabbath, Temple and the Enthronement of the Lord: The Problem of the *Sitz im Leben* of Genesis 1:1-2:3," in *Mélanges bibliques et orientaux en l'honneur de M. Henri Cazelles* (ed. A. Caquot and M. Delcor; AOAT 212; Neukirchen-Vluyn: Neukirchener and Kevelaer: Butzon & Bercker, 1981), 501–12; see also the broader considerations in Weimar, *Studien*, 269–317 (with the section "Die Errichtung der Wohnung Jahwes als Vollendung der Schöpfung," pp. 291–305, esp. 297–302).

Gen 1:31–2:3

וַיַּרְא אֱלֹהִים אֶת־כָּל־אֲשֶׁר עָשָׂה וְהִנֵּה־טוֹב מְאֹד וַיְהִי־עֶרֶב וַיְהִי־בֹקֶר יוֹם הַשִּׁשִּׁי׃ וַיְכֻלּוּ הַשָּׁמַיִם
וְהָאָרֶץ וְכָל־צְבָאָם׃ וַיְכַל אֱלֹהִים בַּיּוֹם הַשְּׁבִיעִי מְלַאכְתּוֹ אֲשֶׁר עָשָׂה וַיִּשְׁבֹּת בַּיּוֹם הַשְּׁבִיעִי
מִכָּל־מְלַאכְתּוֹ אֲשֶׁר עָשָׂה׃ וַיְבָרֶךְ אֱלֹהִים אֶת־יוֹם הַשְּׁבִיעִי וַיְקַדֵּשׁ אֹתוֹ כִּי בוֹ שָׁבַת מִכָּל־מְלַאכְתּוֹ
אֲשֶׁר־בָּרָא אֱלֹהִים לַעֲשׂוֹת׃

God saw all that he had made, and it was very good. (…) The heaven and earth and all their hosts were finished. On the seventh day God finished his work that he made. He rested on the seventh day from all his work that he made. God blessed the seventh day and sanctified it, because on it he rested from all the work that God creatively made.

Sanctification of the seventh day in Gen 2:3 (just cited) is also paralleled by the sanctification of the tabernacle Exod 40:9, 10, 11 and Lev 8:10, 11, 15.

Incidental motifs include the presence of the "spirit/wind of God" at the beginning of creation as a force inspiring the sanctuary craftsman Bezalel in constructing the tabernacle (Gen 1:2; Exod 31:3; 35:31). Besides the corresponding Sabbath motif already mentioned, the deity waits six days at the beginning of the revelation of the tabernacle before speaking to Moses on the seventh (Exod 24:16). This structurally echoes the week of creation.

A recurring syntactic feature in the tabernacle texts is extended to a description of construction with pronominal resumption as in Gen 1:27 (the translations here are somewhat literal in order to reflect the Hebrew syntax):

Gen 1:27

וַיִּבְרָא אֱלֹהִים אֶת־הָאָדָם בְּצַלְמוֹ
בְּצֶלֶם אֱלֹהִים בָּרָא אֹתוֹ
זָכָר וּנְקֵבָה בָּרָא אֹתָם

God created man in his image;
in the image of God (or: divine beings; cf. v. 26) he created him;
male and female he created them.

Compare texts such as:

Exod 15:18

וְעָשִׂיתָ שְׁנַיִם כְּרֻבִים זָהָב
מִקְשָׁה תַּעֲשֶׂה אֹתָם מִשְּׁנֵי קְצוֹת הַכַּפֹּרֶת

You shall make two cherubim of gold; of wrought metal you shall make them at the ends of the ark cover.

Exod 25:29

וְעָשִׂיתָ קְּעָרֹתָיו וְכַפֹּתָיו וּקְשׂוֹתָיו וּמְנַקִּיֹּתָיו אֲשֶׁר יֻסַּךְ בָּהֵן
זָהָב טָהוֹר תַּעֲשֶׂה אֹתָם

You shall make its bowls, cups, jugs, and vessels for making libations; of pure gold you shall make them.

Exod 26:7

וְעָשִׂיתָ יְרִיעֹת עִזִּים לְאֹהֶל עַל־הַמִּשְׁכָּן
עַשְׁתֵּי־עֶשְׂרֵה יְרִיעֹת תַּעֲשֶׂה אֹתָם

You shall make hangings of goat hair for the tent over the tabernacle;
eleven hangings you shall make them.

See also Exod 25:29; 26:1; 28:11, 14; 29:2; 30:1, 7; 37:7, 23–24; 38:7. Of these different sets of attestations, it appears that the syntax in the descriptions of tabernacle construction is primary and that Genesis 1 has been crafted in their image.[71] Signs that Gen 1:27 is an elaboration of the usage in the construction texts are its use of the theologically colored verb בָּרָא instead of the quotidian עָשָׂה and its more poetic formulation.

Creation language in the description of the tabernacle forms a literary inclusio with the language of Gen 1:1–2:4a. Some see this as an indication that the original P work ended with the erection of the tabernacle. Certainly, the repetition of the language marks a climax in the first panel of the narrative and shows that the tabernacle is a piece of PH's broad picture of creation. Yet creation language reappears briefly but significantly in PH's pivotal spy story, in Num 14:7:

Num 14:7

וַיֹּאמְרוּ אֶל־כָּל־עֲדַת בְּנֵי־יִשְׂרָאֵל לֵאמֹר
הָאָרֶץ אֲשֶׁר עָבַרְנוּ בָהּ לָתוּר אֹתָהּ טוֹבָה הָאָרֶץ מְאֹד מְאֹד

They said to the whole Israelite community:
"The land that we scouted is *very very* good."

The double adverb in this passage echoes and at the same time intensifies the summary description of creation on the seventh day in Gen 1:31: "God saw all that he had made, and it was *very good*" (וַיַּרְא אֱלֹהִים אֶת־כָּל־אֲשֶׁר עָשָׂה וְהִנֵּה־טוֹב מְאֹד).

That the double adverb of Num 14:7 relates to creation is indirectly supported by the double adverb Exod 1:7 that describes Israel's fulfillment of expectations for fertility set down at creation: "The Israelites were fertile, swarmed, became many, and became *very very* numerous and the land was full with them" (וּבְנֵי יִשְׂרָאֵל פָּרוּ וַיִּשְׁרְצוּ וַיִּרְבּוּ וַיַּעַצְמוּ בִּמְאֹד מְאֹד וַתִּמָּלֵא הָאָרֶץ אֹתָם). As noted earlier in this essay, this verse is the climax of the fertility motif about humans that begins in Gen 1:28. The verses Num 14:7 and Exod 1:7 have parallel narrative functions, describing different stages in the nation's fulfillment of the divine creative plan. Exodus 1:7 refers to the *biological*

71 This has implications for positing an Ur-text of Gen 1:1–2:4a. Krüger ("Genesis 1:1–2:3," 132) sees Gen 1:27a as original, but this already reflects the tabernacle construction syntax.

dimension: Israel at the beginning of the Mosaic era is *quantitatively* ready for divine adoption as Yahweh's people in Exod 6:2–8. Numbers 14:7 refers to the *geographical* dimension: Israel after deliverance from Egypt is at the threshold of acquiring the land, a land that is *qualitatively* the best of all the deity has created.

The spy story relates more complexly to the initial call of the nation Israel. The punishment imposed includes the decree: "You will not come to the land in which I swore to settle you" (אִם־אַתֶּם תָּבֹאוּ אֶל־הָאָרֶץ אֲשֶׁר נָשָׂאתִי אֶת־יָדִי לְשַׁכֵּן אֶתְכֶם בָּהּ; Num 14:30). This echoes the promise to the nation in Moses' call: "I will bring you to the land which I swore to give to Abraham, Isaac, and Jacob" (וְהֵבֵאתִי אֶתְכֶם אֶל־הָאָרֶץ אֲשֶׁר נָשָׂאתִי אֶת־יָדִי לָתֵת אֹתָהּ לְאַבְרָהָם לְיִצְחָק וּלְיַעֲקֹב; Exod 6:8). This, in turn, has reference back to the promises to the patriarchs in Genesis (Gen 17:8; 28:3–4; 35:11–12; 48:3). This web of associations shows that the promise texts, even though they do not use creation story language, are part of the unfolding of creation in PH.[72] The deity creates the world at the beginning of Genesis and then promises part of it to the patriarchs' posterity. It is fulfilled at the end of the wilderness period.

10. Conclusion

Just as PH's schema of creation over seven days grows logically, with the action of each day forming the foundation for the events on the next and subsequent days in a folk-evolutionary way, so PH's larger history, from this creation through the various epochs described in Genesis, gradually but inevitably sets up what is conceptually the culmination of creation: the establishment of the nation Israel and its system of serving the deity in the cult. Further, as the last sections of this essay have indicated, this culmination is not the end of the story, but is itself the stage for telling how the people came to the land promised them. In the larger picture, creation is not really complete—the people are not fully the deity's and their cultic practice is not fully realized until they get to their national-geographical home. Thus, neither the PH narrative nor its depiction of creation ends at Sinai.[73]

The goal of PH's long and intricate narrative is partly to rationalize and justify Yahweh's election of Israel and the obligation of cultic practice and

---

72 PH's spy story builds on other motifs it set down in the first part of its story in Exodus: in contrast to knowing (ידע) Yahweh (Exod 6:7), the exodus generation will know the deity's opposition (Num 14:34) and only their children will know the land (14:31). Too, the deity's hearing of the complaint (Num 14:27) plays against the deity's hearing of the cry of the oppressed Israelites (Exod 2:23aβb–25; 6:5).

73 An intentional echo of L. Schmidt's title "Die Priesterschrift—kein Ende am Sinai!" *ZAW* 120 (2008), 481–500.

the broader behaviors associated therewith. These matters, as the intended and even natural outgrowth and result of creation, are normative. The story of PH thus marries two somewhat distinct themes found in ancient Near Eastern literature: the birth of the nation politic as part of creation, as exampled in the current formulation of *Enūma eliš*, and the establishment of cosmic order through the revelation of law at the behest of the gods, as found, for example, in the Laws of Hammurabi. But PH also appears to be imposing reason and order on native materials, be those traditions or sources. If PH is the first to join pre-Mosaic and Mosaic traditions together, PH is the first to bring creation and lawgiving together. The creativity involved in this would rise in proportion to the degree of ideological innovation PH employed relative to traditions that were influential. If PH used pre-existing documentary sources, J and E, and if original J had no or little lawgiving and E had no creation story, then PH has still brought together previously uncombined materials and made them speak to each other. In either case, PH has blended and integrated divergent materials and scenes. In short, PH may be said to have created the world in the image of its law.

Creation and Divination in Isaiah 2:1-4*

Jeffrey L. Cooley

1. INTRODUCTION

The study of the book of Isaiah has dramatically changed in the last thirty years. Scholars who have become frustrated with the unsolved problems and diminishing returns of the classic tripartite division of the canonical book have, to a certain degree, rejected the previous generations' historical-critical conclusions regarding authorship. This frustration has resulted in two different approaches. The first, characterized by the works of B. Childs and M. Sweeney, has focused on the book's final canonical form.[1] Alternatively, others such as O. Kaiser, W. A. M. Beuken, J. Blenkinsopp and M. J. de Jong have elaborated on traditional source criticism and have offered alternative models regarding the formation of the Isaianic corpus.[2]

A revolution in the understanding of Israelite and Judahite prophecy in their ancient Near Eastern context has run parallel to these developments in Isaianic scholarship. Foundational to this revolution has been the publication of two textual corpora, the first from Old Babylonian Mari and the second, roughly contemporaneous with the earliest written sources of Judahite prophetic activity, from the Neo-Assyrian period. Notable works on the Neo-Assyrian texts include those of M. Weippert, S. Parpola, M. Nissinen and, most recently, de Jong.[3] Their conclusions are highly significant.

---

* I would like to thank the organizers of the symposium, K. Schmid and C. Uehlinger of the University of Zurich, for inviting me to participate. It was an honor and a privilege to present my work alongside so many outstanding scholars. I am also grateful to A. Lenzi (University of the Pacific), J. Joosten (University of Strasbourg), and my colleague D. Vanderhooft (Boston College) for their critical feedback on this study. I am also indebted to B. Miyamoto for his editorial assistance.

1 B. S. Childs, *Isaiah* (Louisville, KT: Westminster John Knox Press, 2001); M. A. Sweeney, *Isaiah 1–39 with an Introduction to Prophetic Literature* (FOTL 16; Grand Rapids, MI: Eerdmans, 1996).

2 O. Kaiser, *Isaiah 1–12: A Commentary* (2nd ed; trans. J. Bowden; Philadelphia: Westminster, 1983); W. A. M. Beuken, *Jesaja 1–12* (HTKAT; Freiburg: Herder, 2003); idem, *Jesaja 28–39* (HTKAT; Freiburg: Herder, 2003); J. Blenkinsopp, *Isaiah 1–39: A New Translation with Introduction and Commentary* (AB 19; New York: Doubleday, 2000).

3 M. Weippert, "Assyrische Propheten der Zeit Asarhaddons und Assurbanipals," in *Assyrian Royal Inscriptions: New Horizons in Literary, Ideological and Historical Analysis* (OAC 17; ed. F. M. Fales; Rome: Istituto per l'Oriente, 1981), 71–115; S. Parpola, *Assyrian Prophecies* (SAA 9; Helsinki: Helsinki University Press, 1997), hereafter referred to as SAA 9; M. Nissinen, *References to Prophecy in Neo-Assyrian Sources* (SAAS 7; Helsinki: Helsinki University Press, 1998); M. J. de Jong, *Isaiah among the*

Prophecy in the ancient Near East was simply one of many forms of divination, by which humanity thought itself able to receive divine guidance. In Weippert's terms (as translated by Nissinen) prophecy is when:

> A person (a) through a cognitive experience (a vision, auditory experience, an audio-visual appearance, a dream or the like) becomes the subject of the revelation of a deity, or several deities and, in addition, (b) is conscious of being commissioned by the deity or deities in question to convey the revelation in a verbal form (as a "prophecy" or a "prophetic speech"), or through nonverbal communicative acts ("symbolic acts"), to a third party who constitutes the actual addressee of the message.[4]

Diviners of all sorts, including prophets, were sought out by the leaders of states for counsel regarding official policy. The oracles provided by mantic professionals, including those we conventionally label "prophets," were considered divine judgments or legal decisions and thus often employed legal terminology. Judahite prophecy shares these characteristics with other forms of divination in the ancient Near East.[5]

In this study, I examine Isa 2:1–4 in light of mantic traditions of the ancient Near East.[6] Unlike some previous examinations, however, I will neither have a primarily inner-biblical point of reference nor will I restrict my comparison solely to what others have labeled the "prophetic" material from Mesopotamia. Instead, I wish to broaden the backdrop against which we read this passage to include other mantic traditions as well. By mantic traditions, I mean not only texts that are functionally equivalent to the material in Isaiah, such as oracles and the omen collections. Rather, my corpus will also include literary texts that consciously and deliberately ground and reflect on mantic praxis within a cultural framework. In essence, I am suggesting we read this oracle internationally.

Isa 2:1–4, I maintain, provides an alternative narrative to Babylonian traditions that describe the ideal origins of the cosmos, the city of Babylon, and its exclusivist divinatory method, namely, celestial divination. The

---

Ancient Near Eastern Prophets: A Comparative Study of the Earliest Stages of the Isaiah Tradition and the Neo-Assyrian Prophecies (VTSup 117; Leiden: Brill, 2007).

4 Nissinen, *References to Prophecy* (see n. 4), 5, quoting M. Weippert, "Prophetie im Alten Orient," in *Neues Bibel-Lexikon* III (ed. M. Görg and B. Lang; Zürich: Benziger, 2001), 197.

5 See, e. g., de Jong, *Isaiah*, 354–356.

6 That the pericope begins either in 2:1 or 2:2 is in little doubt, and which of these two verses is the oracle's incipit is of little importance for my purposes here. As for the end of the passage, see M. A. Sweeney, *Isaiah 1–4 and the Post-Exilic Understanding of the Isaianic Tradition* (BZAW 171; Berlin: de Gruyter, 1987), 135–136; see also S. Zelig Aster, "The Image of Assyria in Isaiah 2:5–22: The Campaign Motif Reversed," *JAOS* 127 (2007), 259 n. 43. The fact that the parallel in Mic 4:1–3 ends with Isa 2:4, as well, would seem to support this division.

Mesopotamian powers, both Assyria and Babylon, could claim not only that this mantic method was more ancient,[7] but also (used in conjunction with others) that it sustained both their political and military triumphs. In contrast, the author of Isa 2:1–4 presents his own ideal cosmos in which Jerusalem and the temple of its god, Yahweh, are preeminent. Like the Babylonian story, the prophet's idealized cosmos includes a system of divination. But that system, unlike its Babylonian counterpart, will not be used to propagate wars of conquest that will result in peace but will, rather, propagate peace directly without conflict. This is a radical assertion on the part of the prophet, given that the mantic traditions of contemporary (mid-first millennium) Mesopotamia ostensibly aided in its monarchs' conquest of much of south-western Asia, including the kingdoms of Israel and Judah. As such, the oracle is to be understood as reflecting the sort of rhetoric commonly found among subjugated groups, as important post-colonial studies have shown.[8] Previous studies that identified and explicated such counter-narratives within the biblical text have been rather productive, and I hope to contribute further to this work.[9]

Before I proceed, I would also like to point out that there are a couple of important topics that I am deliberately bracketing off within the body of my paper. First, I will avoid discussing the dating of this passage. Currently, there is a spectrum of thought on this topic. One end maintains the traditional assignment of the oracle to the eighth century prophet.[10] The spectrum of opinion moves through the exilic[11] and into the post-exilic period.[12]

---

7 On the importance of antiquity for claims of authority in Mesopotamia and its inversion in the Hebrew Bible, see R. Hendel, "Genesis 1–11 and Its Mesopotamian Problem," in *Cultural Borrowings and Ethnic Appropriations in Antiquity* (ed. E. Gruen; Stuttgart: Franz Steiner, 2005), 23–36.

8 See, e. g., H. Bhaba, *The Location of Culture* (London: Routledge, 1994); and J. C. Scott, *Domination and the Arts of Resistance: Hidden Transcripts* (New Haven, CT: Yale University Press, 1990).

9 E. g., P. Machinist, "Assyria and Its Image in the First Isaiah," *JAOS* 103 (1983), 719–737; M. Albani, *Der eine Gott und die himmlischen Heerscharen: Zur Begründung des Monotheismus bei Deuterojesaja im Horizont der Astralisierung des Gottesverständnisses im Alten Orient* (ABG 1; Evangelische Verlagsanstalt: Leipzig, 1999); Hendel, "Genesis 1–11" (see n. 7), 23–36; Aster, "The Image of Assyria" (see n. 6), 249–278.

10 E. g., J. J. M. Roberts, "Isaiah 2 and the Prophet's Message to the North," *JQR* 75 (1985), 291–292; B. J. Schwartz, "Torah from Zion: Isaiah's Temple Vision (Isaiah 2:1–4)," in *Sanctity of Time and Space in Tradition and Modernity* (Jewish and Christian Perspectives Series 1; ed. A. Houtman *et al.*; Leiden: Brill, 1998), 18–19.

11 E. g., Sweeney *Isaiah 1–39* (see n. 1), 93; and idem, "The Book of Isaiah as Prophetic Torah," in *New Visions of Isaiah* (ed. R. F. Melugin and M. A. Sweeney; Sheffield: Sheffield Academic Press, 1996), 59–60; Blenkinsopp, *Isaiah 1–39* (see n. 2), 191; note also Williamson's statement that the passage is "considerably later than Isaiah" (*A Critical and Exegetical Commentary on Isaiah 1–27: Commentary on Isaiah 1–5* [London: T&T Clark, 2006], 176).

The latter of these opinions are more representative of the *status quo* of the most recent critical scholarship on the Isaianic corpus. A second topic I will purposely circumvent is the relationship of the pericope to the nearly identical text in Micah 4:1–3 as well as the inversion in Joel 3:10.[13] Both of these issues are significant, and though I believe that my discussion here might inform them, particularly that of the pericope's dating,[14] as already stated, I wish to concentrate primarily on the issue of Isa 2:1–4 in the context of ancient Near Eastern mantic traditions rather than the larger biblical corpus.

2. Divination in Ancient Iraq: Practitioners, Terminology and Cultural Function

The evidence for various forms of divination in ancient Iraq is particularly robust, especially in the Neo-Assyrian and Neo-Babylonian periods. Of the five types of scholars (Akk. *ummânū*, "masters") operating in that period, two of them, the *ṭupšarru* and the *bārû* (the celestial diviner and the haruspex, respectively) concerned themselves with specific means of divination.[15] The overwhelming bulk of divination literature generated by these scholars was practical in nature. Dominating the textual horizon are the great omen series such as *Enūma Anu Enlil*,[16] *Šumma ālu*,[17] and *Šumma*

---

12 U. Berges, *Das Buch Jesaja: Komposition und Endgestalt* (HBS 16; Freiburg: Herder, 1998), 74; and possibly de Jong, *Isaiah* (see n. 3), 53–54 n. 2.

13 I will say that the specific engagement with Babylonian mantic traditions is more indicative of the Isaianic corpus than the material found in Micah or Joel. Regardless of origin, the reuse of this text in one context or another brings the prophetic tradition of ancient Judah even more into line with the text-oriented mantic methods of contemporary Mesopotamia in that the oracle in either Isaiah or Micah (or both) is being cited like an omen in an omen collection, and is being applied anew in one or the other context (or even both contexts, if the oracle was independently applied by both the Isaianic author and Micah).

14 Without firmly committing to a particular time and place of the oracle's composition, I would say that the author's outlook is similar to that of Second Isaiah, in that, if my reading is correct, he comprehends Babylonian traditions regarding divination, engages them and in the process asserts the superiority of his own customs.

15 For the best discussion of the *ummânū*, see SAA 8 XIII–XXVII.

16 F. Rochberg-Halton, *Aspects of Babylonian Celestial Divination: The Lunar Eclipse Tablets of Enūma Anu Enlil* (Horn: Berger, 1988); W. H. van Soldt, *The Solar Omens of Enūma Anu Enlil* (Leiden: Nederlands Instituut der Nabije Osten, 1995); E. Reiner and D. Pingree, *Babylonian Planetary Omens 1: The Venus Tablet of Ammiṣaduqa* (Bibliotheca Mesopotamia 2,1; Malibu, CA: Undena Publications, 1975); idem, *Enūma Anu Enlil Tablets 50–51, Babylonian Planetary Omens 2* (Bibliotheca Mesopotamia 2,2; Malibu, CA: Undena Publications, 1981); idem, *Babylonian Planetary Omens 3* (CM 11; Styx: Gronigen, 1998); idem, *Babylonian Planetary Omens 4* (CM 30; Brill: Leiden, 2005); L. Verderame, *Le tavole I–VI della serie astrologica Enūma Anu Enlil* (Nisaba 2;

izbu.[18] These series categorize and list traditional omens, often collected from more ancient sources. In addition to the omen compendia, modern scholars have at their disposal several hundred reports and letters which were sent to the Neo-Assyrian monarchs.[19] Reports mostly record the bare-bones observation and interpretation of celestial omens by a particular celestial diviner, though a few contain observations and interpretations of terrestrial and birth omens. The letters, on the other hand, were simply part of the larger corpus of royal correspondence and originated with many of the same diviners who composed the reports. The letters often include the same kind of information presented in the reports though they are set within an epistolary context. Along with a few unique sources such as the *Diviner's Manual* and occasional references to the practice in other texts such as the royal inscriptions, the reports, letters and series altogether paint a vivid picture of the mantic practice in the Neo-Assyrian and Neo-Babylonian periods.

In addition to scholastic divination which focused on the application of traditional texts to observable celestial, terrestrial, and biological phenomena, prophets, called either *raggimu* or *maḫḫu* (derived from the roots *ragāmu*, "to shout," and *maḫû*, "to go into/be in a frenzy," respectively) and based primarily in temples, served the mantic needs of the Neo-Assyrian monarchs.[20] Unlike their fellow practitioners, the haruspex/*bārû* or the celestial diviner/*ṭupšarru,* the Mesopotamian prophets who served the Neo-Assyrian monarchs, as far as we can tell, did not receive any training in the scribal arts. In fact, we do not know if they received any sort of

---

Messina: Università di Messina, 2002); F. N. H. Al-Rawi and A. George, "Enūma Anu Enlil XIV and Other Early Astronomical Tables," *AfO* 38/39 (1991–92), 52–73; E. Gehlken, *Weather Omens of Enūma Anu Enlil: Thunderstorms, Wind and Rain (Tablets 44–49)* (CM 43; Leiden: Brill, 2012).

17 S. M. Freedman, *If a City is Set on a Height: The Akkadian Omen Series šumma ālu ina mēlê šakin, Vols 1–2* (Philadelphia: University of Pennsylvania Museum of Archaeology and Anthropology, 1998, 2006).

18 E. Leichty, *The Omen Series Šumma Izbu* (TCS 4; Locust Valley, NY: J. J. Augustin, 1969).

19 For critical editions see H. Hunger, *Astrological Reports to Assyrian Kings* (SAA 8; Helsinki: Helsinki University Press, 1992); and S. Parpola, *Letters from Assyrian and Babylonian Scholars* (SAA 10; Helsinki: University of Helsinki Press, 1993), hereafter referred to as SAA 8 and SAA 10, respectively. See also S. Parpola, *Letters from Assyrian Scholars to the Kings Esarhaddon and Assurbanipal, Part 1: Texts* (AOAT 5/1; Neukirchen-Vluyn: Neukirchener Verlag, 1970); and idem, *Letters from Assyrian Scholars to the Kings Esarhaddon and Assurbanipal, Part 2: Commentary and Appendices* (AOAT 5/2; Neukirchen-Vluyn: Neukirchener Verlag, 1983).

20 Other terms, notably *šā'ilu* and *šabrû*, occur less frequently and seem to refer other mantic practitioners who acted in ways similar though not identical to the *raggimu* or *maḫḫu*. For discussion of the designations, see SAA 9, XLV–XLVII and Nissinen, *References to Prophecy* (see n. 4), 10.

training at all. Their oracles were apparently delivered orally and written down by a trained scribe, if and when they were recorded at all.

The mantic information mediated through this diverse assortment of practitioners was considered privileged, secret knowledge from the gods.[21] Within royal circles these diviners and the information they delivered were understood as an organ that supported the state and its monarch; they informed policy decisions and provided warning of imminent peril. In short, the cosmos and its inhabitants were semantically saturated. The universe was an assemblage of platforms on which the gods featured their signs for skilled interpreters to decode. The actual content of the decoded message, i. e., the oracle, could be referred to in a variety of ways depending on the method used, the diviner describing it, etc.

In general, the terms for "oracle" fall into several categories.[22] What follows here is meant not to be comprehensive, but rather to provide an overview for the purpose of comparison that is based on the work of other scholars, such as Parpola, Nissinen and Lambert. The first category includes those terms related to utterance. The oracles preserved by the Neo-Assyrian prophetic diviners are often referred to as a "word," *abutu/amātu* or *dibbu*.[23] For example, in a superscription supplied by the scribal compilers of oracles of the prophets of Ištar, the message is typically described as:

a-bat ᵈ15 *šá* ᵘʳᵘ*arba-ìl*	The word of Ištar of Arbela
a-na ᵐ*aš-šur*-PAB-AŠ MAN ᵏᵘʳ*aš-šur*	to Esarhaddon, King of Assyria.[24]

While it might seem that terms that refer to oracles as an utterance would be restricted to information mediated through prophecy, this is not the case. Frequently used in extispicy, the word *tamītu* (which seems to be derived from *amû* or *tamû*, both of which refer to utterance, the former to speaking in general, the latter to oath-taking in particular) most often denotes the

---

21 For a discussion of the secretive nature of mantic practice, see A. Lenzi, *Secrecy and the Gods: Secret Knowledge in Ancient Mesopotamia and Biblical Israel* (SAAS 19; Helsinki: Neo-Assyrian Text Corpus Project, 2008), 55–62.

22 Note the word *amūtu* (BÀ), "liver," and by extension, "(liver) omen" (*CAD* A2, 96–97), could be replaced with *awātu* (var. *amātu/abutu*), "word" (see *CAD* A2, 97). In addition to this, *amūtu*, with the extended meaning of "omen" is occasionally used to refer to a monstrous birth or even celestial omen when that omen, it seems, is associated with a particular historical monarch (e. g., SAA 8 241:1–3; 268: 3–4; *ACh Ištar* 21:13). This is clearly a pattern based on the precedent set by the Old Babylonian extispicy series.

23 Nissinen, *References to Prophecy* (see n. 4), 10. *Dibbu* is less common. It is used three times in the Neo-Assyrian prophetic corpus (SAA 9 1 i 15; 2 ii 22; 8:1), but not in the oracles' superscriptions.

24 SAA 9 3 ii 33–34; see other superscriptions: 2 ii 30, 38; 3 ii 33; 3 iii 16; 5:1. The similar phrase in SAA 9 7:2 seems to be a direct quotation of the prophet.

inquiry presented by the mantic supplicant, but it can also indicate the answer received by means of the ritual:[25]

DINGIR.MEŠ GAL.MEŠ *i-šal-lu-ka-ma ta-nam-[din] mil-ka*	The great gods ask you and you give counsel,
uš-bu pu-ḫur-šú-nu uš-ta-mu-ú ina KI.TA-*k*[*a*]	they all sat$^{!}$, they discussed$^{!}$ beneath you.
^{d}30 *šu-pu-ú šá é-kur i-šal-lu-ka-ma ta-mit* DINGIR.MEŠ SUM-*in*	Resplendent Sîn of Ekur, they ask you and you give them the *tamītu* of the gods.[26]

Apparently, though rarely, a *tamītu* could also be an oracle derived from an astral observation, i. e., a celestial omen. Thus, a brief statement at the end of the lunar omen section of the celestial divination series *Enūma Anu Enlil* summarizes its contents:

ta-mi-a-tum an-na-a-tum e-nu-ma ^{d}30 *mit-lu-uk-ta* GAR-*nu* DINGIR.MEŠ *šá* AN-*e u* KI-*tim*	These are the *tamītu*s when Sîn establishes his decision, the gods of heaven and earth
ep-šet a-me-lu-ti tu-bu-ul-šú-nu iš-im-ma	decree the condition of humankind, their …?[27]
AN.TA.LÙ *ri-iḫ-ṣu mur-ṣu mu-tum* GAL$_5$.LÁ.GAL.MEŠ ^{d}IMIN.BI *ma-ḫar* ^{d}30 *it-ta-nap-ri-ku*	Eclipse, flooding, illness, death, great demons, the Seven constantly stand in front of Sîn.[28]

Similarly, the word *têrtu*, which more generally denotes a “message” or “decree” (derived from the verbal root [*w*]*arû*) is used to refer both to an extispicy as well as its results.[29] In the poem of the righteous sufferer, *Ludlul Bēl Nēmeqi*, the bewildered victim complains (II 108-109[30]):

SA.GIG-*ki-ia iš-ḫu-ṭu* ^{lú}MAŠ.MAŠ	The exorcist was frightened by my symptoms
ù te-re-ti-ia ^{lú}ḪAL *ú-téš-ši*	and the diviner confused my *têrtu*s!

---

25 *CAD* A2, 86–89. But see also *CAD* T, 123–124 (which lists the mantic term under *tāmītu*) and W. G. Lambert, *Babylonian Oracle Questions* (MC 13; Winona Lake, IN: Eisenbrauns, 2007), 6–7.

26 Mayer, *UFBG*, 492–493, lines 14–16; translation and citation from W. G. Lambert, *Babylonian Oracle Questions* (see n. 25), 6.

27 Lambert suggests translating “responsibilities,” reading *tūpulu* “as a free variant of *šūpulu*, from *apālu*” (*Babylonian Oracle Questions* [see n. 25], 6).

28 Rochberg-Halton, *Aspects of Babylonian Celestial Divination* (see n. 16), 269–270 (= *EAE* 22 II § XII; see also page 216 = *EAE* 20 57–57). See also Lambert, *Babylonian Oracle Questions* (see n. 25), 6.

29 *CAD* T, 357–367. More rarely it can refer to a non-hepatoscopic sign; see *CAD* T, 366.

30 For text, see A. Annus and A. Lenzi, *Ludlul bēl nēmeqi: The Standard Babylonian Poem of the Righteous Sufferer* (SAACT 7; Helsinki: Neo-Assyrian Text Corpus Project, 2010); see also *CAD* T, 366 and Lambert *BWL*, 44:109.

As this snippet indicates, extispicy was a mantic method not just accessible by the king, but also by private citizens. Also interesting here is the parallelism between *sakikku*, "illness, symptoms" and *têrtu*, "extispicy, portent." Both are supposed to be interpretable signs.

A second category of terms that denotes the mantic information mediated through a diviner is visual in nature. Mantic visions, called *diglu* (from *dagālu*, "to see") and dreams, *šuttu*,[31] could be received by a number of practitioners including prophets (*raggimu*, *maḫḫû*) as well as a specific kind of practitioner called *šabrû*, "visionary."[32] In a letter written to Assurbanipal, an aging and unemployed scholar named Urad-Gula complains to the king that he sought mantic counsel regarding his predicament, to no avail:

[*ina* IGI x *la*]-a *maḫ-rak el-li a-na* É.GAL *la-a tar-ṣa-ak* : ^{lú}*ra-ag-gi-mu* [*as-sa-'a-al*$^{?}$ SI]G$_5^{?}$ *la-a a-mur ma-aḫ-ḫur ù di-ig-lu un-ta-aṭ-ṭi*	[The *king*] is not pleased with me. I go to the palace, I am no good. To a prophet [I turned,] but I did not find [ho]pe; he was adverse and he lacked a vision.[33]

As above, the mantic counsel is available to a private individual (though he is one well informed of the mantic arts). Also notable is the fact that Urad-Gula expects the prophet to be able to provoke a vision for this purpose.

The third and last category of terms that refers to information mediated through a diviner revolves around the legal nature of the mantic process. The similar layout of the omen series on the one hand, and the law codes on the other is witness to this concept.[34] The questions posed by supplicants to the gods via divination were considered legal inquiries to be decided upon by the gods themselves. Thus, the words *dīnu* and *purussû* (EŠ.BAR), both meaning "judgment, legal decision" occur quite frequently in mantic texts. For example, the ever pious Esarhaddon states:

a-na de-ni ^{d}UTU *u* ^{d}IŠKUR *pal-ḫiš ak-tam-mis-ma a-na* EŠ.BAR-*šú-nu ke-e-ni* ^{lú}DUMU.MEŠ ḪAL.MEŠ *ú-šat-ri-iṣ*	I kneeled reverently (seeking) the judgment of the gods Šamaš and Adad. I stationed diviners to (ascertain) their true decisions.[35]

---

31 Nissinen notes that there is no clear evidence that prophets were considered recipients of mantic dreams (*References to Prophecy* [see n. 4], 56 n. 269).

32 See discussion in Nissinen, *References to Prophecy* (see n. 4), 56.

33 SAA 10 294: 31–32. See discussion in Nissinen, *References to Prophecy* (see n. 4), 84–88.

34 For discussion, see J. Fincke, "Omina: Der göttlichen 'Gesetze' der Divination," *Ex Oriente Lux* 40 (2006–2007), 131–147.

35 Leichty, RIMAP 4, #48:72–73. See also the common trope in the hepatoscopic oracle questions *dīnī līšir purussû* (EŠ.BAR) *lirši*, "May my case go well, may it receive a decision" (*CAD* P, 533).

It might seem that only provoked oracles would be conceived of as divine legal decisions, since in such situations, the gods are being posed with a specific question, much like a court case. But even unprovoked omina were considered divine legal decisions, thus this omen cited in one of the reports sent to the Neo-Assyrian monarch.

[DIŠ] MUL *ina* KI ^{mul}PA.BIL.SAG *a-dir* EŠ.BAR *mut-ta-bal u* KÁ.DINGIR.RA^{ki}	[If] a star is darkened in the area of Pabilsag: a decision for Muttabal and Babylon.[36]

To summarize, the terminology used to describe the information that originated with the gods and was mediated by mantic practitioners is derived from three spheres: utterance, vision, and law. While it is true that there are some terms that are specific to particular types of divination (e. g., *diglu* with prophets and visionaries), many of the terms appear across the mantic spectrum. This attests to the idea that all mantic practitioners ultimately had access to the same source of divine information.

3. Divination in Ancient Iraq: Literary Presentation

While the issue of the actual application of this mantic counsel is complicated, generally speaking it was understood that smart kings take heed of the gods' messages, respond appropriately and succeed; dumb ones ignore those messages and fail. Nabonidus states proudly:

ter-ti šu-a-ti ap-pa-lis-ma a-na a-mat ^{d}UTU	I saw that oracle, and in the word of Šamaš
ù ^{d}IŠKUR EN.MEŠ *bi-ri at-kal-ma*	and Adad, the lords of divination I trusted.[37]

Here the *tertû*, undoubtedly an extispicy, is practically in parallel to the *amāt Šamaš u Adad*, "the word of Šamaš and Adad." Though I am grossly oversimplifying this particular situation in which Nabonidus rejected previously offered mantic counsel, the point is that the king expected, as a result of his reverence for the oracular word of the gods, to be rewarded in a long, successful reign. No king in his right mind would present himself as having ignored the mantic counsel of the gods, and naturally we do not find royal inscriptions that mention that the patron king refused the divine word. Such

---

36 SAA 8 4:8.

37 H. Schaudig, *Die Inschriften Nabonids von Babylon und Kyros' des Großen* (AOAT 256; Münster: Ugarit-Verlag, 2001), 380–381 (Nbn Zyl 2.8 ii 32–33 = VAB 4 270 ii 34).

autocriticism and honest self-evaluation would have been as unexpected coming from an Assyrian or Babylonian monarch as it would be coming from a current government official.

In the minds of Mesopotamian monarchs of the first millennium, the epitome of impious kings, who ignore or defy the gods' will, were the kings of the dynasty of Agade.[38] The Neo-Assyrian version of the *Kutha Legend*, for example, tells the story of Naram-Sîn's hubris, confession, and the city of Agade's ultimate salvation. Attacked by a barbarian army that had previously conquered the areas neighboring Agade, Naram-Sîn consults the gods via extispicy as to whether or not he should counter-attack (72–78). The results of the extispicies reveal that the gods' decision is negative yet Naram-Sîn conducts a series of assaults. Each time his army is not only repulsed but utterly destroyed (79–87). At the god Ea's recommendation, Naram-Sîn makes appropriate sacrifices and again consults the gods via extispicy (79–98). This time the response of the gods is positive. Naram-Sîn attacks, but only manages to capture a handful of enemy soldiers before Ištar, in the form of Dilbat/Venus, intercedes. This is unmediated communication of the gods to Naram-Sîn regarding his necessary course of action. Enlil, not Naram-Sîn, is to take care of the rest of the barbarian hordes. This counsel to the king is clear enough; the gods have plainly accepted the king's repentance for his previous misdeeds. The story ends with Naram-Sîn's warnings to future rulers (149–180).

Naram-Sîn's disrespect for mantic counsel resulted in national setbacks and his hubris was an abuse of the institution of kingship. As is related in the paradigmatic *Sumerian King List*, kingship was a divine institution handed down by the gods themselves. The institution was in a sense one of the godly hallmarks on humanity, an ordering, even teleological, facet of the character of the human race. Kings as the first servants of the gods needed to know the gods' orders, and just as the institution of kingship was assigned mythic origins, so too was mantic practice. A couple narrative passages that frame the celestial divination series *Enūma Anu Enlil* attest to such etiology; one of them states:

e-nu ^{d}*a-nu* ^{d}EN.LÍL *u* ^{d}É.A	When An, Enlil and Ea,
DINGIR.MEŠ GAL.MEŠ	the great gods
AN-*e u* KI-*ta ib-nu-ú ú-ad-du-ú*	created heaven and earth,
gis-kim-ma	they revealed the signs,
ú-kin-nu na-an-za-za-[*ti ú-š*]*ar-ši-du*	they established the position[ns,
gi-is-gal-la	they f]ounded the stations
DINGIR.MEŠ *mu-ši-tim ú-*[. . . . .]	of the gods of the night, they [. . .]
ú-za-i-zu ḫar-ra-ni	they divided the paths

[38] J. Goodnick Westenholz, *Legends of the Kings of Akkade: The Texts* (MC 7; Winona Lake, IN: Eisenbrauns, 1997).

MUL.MEŠ *tam-ši-li-*[*šu-nu e-ṣ*]*i-ru lu-ma-*[*ši*]	of the stars; (as) their counterparts they drew the constellations.[39]

That is to say that the high gods, in their construction of the cosmos, deliberately arranged the starry skies to provide *giskimmû*, "mantic signs."

A much more developed version of this idea, and one that is crucial to my discussion here, is depicted in the Babylonian creation story *Enūma Eliš*, in which the god Marduk slays the chaotic sea goddess Tiamat and fashions the cosmos out of her cadaver. We must remember that, unlike traditional Christian theological interpretations of Genesis 1, with which it is frequently compared, the Babylonian narrative is *not* a story of creation *ex nihilo*, but rather a re-creation, a reordering of an existing cosmos.

As part of this project Marduk arranges the heavens, including the stars, constellations, moon, sun, etc. As D. Brown has demonstrated, the celestial system described in the epic, though modeled on the starry skies as they appear, does not present what the Babylonian observers actually saw.[40] On the contrary, the celestial system presented in *Enūma Eliš* promulgates an ideal sky. This ideal sky is one that is employed by celestial diviners and was delineated for its mathematical symmetry rather than its precise relationship to observed reality. It was, in short, an ideal cosmos that the Babylonian writer knew full well did not exist.

The logic behind this becomes clear when we understand the motivation for the arrangement of the starry skies within the epic. Marduk's purpose is to provide mantic/judicial guidance:

ú-[*ad-di-m*]*a* GISKIM *ba-'i-i ú-ru-uḫ-šá*	(Thus), I revealed the mantic sign; go on its course!
za-m[*i-* x x] *šu-taq-ri-ba-ma di-na di-na*	(? …) approach each other, render judgment! [41]

[39] Rochberg-Halton, *Aspects of Babylonian Celestial Divination* (see n. 16), 270 (*EAE* 22 source E = VAT 9805 + 9808 14'–20'). The other account appears at the beginning of the canonical series in both Sumerian and Akkadian versions. The latter states (Verderame, *Le Tavole I–VI* [see n. 16], 9):

ša-niš e-nu-ma ^{d}*a-num* ^{d}*en-líl* ^{d}*é-a* DINGIR.MEŠ GAL.MEŠ *ina mil-ki-šú-nu ki-i-nu* GIŠ.ḪUR.MEŠ AN-*e u* KI-*tim iš-ku-nu ana* ŠU.II DINGIR.MEŠ GAL.MEŠ *ú-kin-nu* u_4*-mu ba-na-a* ITI *ud-du-šu ša ta-mar-ti a-me-lu-tum* ^{d}UTU *i-na* ŠÀ KÁ É-*šú i-mu-ru qé-reb* AN-*e u* KI-*tim ki-niš uš-ta-pu*$^{!}$*-ú*	Alternatively: When An, Enlil (and) Ea, the great gods, in their certain counsel established the plans of heaven and earth, they imposed into the hands of the great gods the duty to create the day, for humanity's observation. They observed Šamaš inside the gate of his house. In the middle of the sky and the earth they made (him) reliably appear.

[40] D. Brown, *Mesopotamian Astrology-Astronomy* (CM 18; Groningen: Styx, 2000), 105–160 (esp. 113–122, 153–160).

[41] *EE* V 23–24; for the text, see P. Talon, *The Standard Babylonian Creation Myth Enūma Eliš* (SAACT 4; Helsinki: University of Helsinki, 2005), 57.

Though this passage is fragmentary, the mantic and legal terminology is evident: Marduk has made manifest the prognostic nature (i. e., GISKIM/*giskimmû*, "mantic sign") of what he just created together with its purpose (*dīnā dīna*, "render judgment!"). *Enūma Eliš*, however, is not relating the origin of all forms of divination employed by Mesopotamian celestial diviners. It is, in particular, conveying the origin of celestial divination. The unreal ideal schemes presented in the epic had a real function in the practice of celestial divination. In short, a celestial phenomenon could be considered ominous if it did not occur within the parameters of one of the ideal schemes. Though the ideal schemes were not the exclusive omen-generating feature in celestial divination, they were foundational to the entire undertaking. For example, if a celestial feature appeared at the time it was expected to according to its ideal scheme, it portended good things; if it was late, it was often considered ominous.[42] Thus:

DIŠ *ina* ^{iti}GUD MUL.MUL ^{d}IMIN.BI (DINGIR.MEŠ GAL.MEŠ) BE-*ma ina* UD.DUG$_4$.GA-*šu-nu* KUR.MEŠ-*ni* DINGIR.MEŠ GAL.MEŠ NIGÍN.MEŠ-*ma* GALGA KUR *ana* SAL.SIG$_5$ GALGA.MEŠ IM.MEŠ DÙG.GA.MEŠ DU.MEŠ BE-*ma ina la* UD.DUG$_4$.GA-*šú-nu* KUR.MEŠ-*ni* (DINGIR.MEŠ GAL.MEŠ NIGÍN.MEŠ-*ma*) GALGA KUR *ana* SAL.ḪUL GALGA.MEŠ IM.MEŠ ḪUL.MEŠ DU.MEŠ ŠÀ.ḪUL UN.MEŠ GAR-*an*	In the month Iyar, the Stars, the Seven (great gods): if it rises heliacally at its specified time: the great gods will assemble and give good counsel to the land, good winds will blow; if it rises heliacally not at its specified time: (the great gods will assemble and) will give bad counsel to the land, evil winds will blow, there will be grief for the people.[43]

Knowledge of such ideal schemes, such as when particular stars were expected to rise or how long a certain month should be, together with their appropriate application was the exclusive domain of the celestial diviners, the *ṭupšarrū* noted above. Like most forms of divination in Mesopotamia, there was a certain amount of secrecy regarding the particular techniques used in obtaining mantic data in celestial divination, and this included traditional texts, their commentaries, and methods of observation. Unlike other forms of divination in ancient Iraq, however, celestial divination provided, at least until the Persian period, mantic counsel solely to the king. During the Neo-Assyrian period, there is even evidence that the practice might

---

42 The situation is admittedly more complicated than this. As Brown points out, an early or on time heliacal rising was portentous, while a late rising was ominous (Brown, *Mesopotamian Astronomy-Astrology* [see n. 40], 150–151).

43 Reiner and Pingree, *Babylonian Planetary Omens* 2 (see n. 16), IX 13.

have been considered not merely a scribal secret, but a state secret as well.[44]

But let us return to the narrative of *Enūma Eliš*. After the triumphant Marduk creates the cosmos and saturates it with mantic significance, the gods joyfully celebrate his victory and confirm his kingship, while he dons appropriately royal regalia (V 77–116). With the celestial abode of the gods previously established in Tablet IV (123–146), Marduk creates the city of Babylon as an earthly divine residence for the whole pantheon (V 117–156). He creates humanity to serve the gods (VI 27–38) and assigns them their respective duties and dominions in either the netherworld or in the sky (VI 39–44). As another token of their gratitude for rescuing them from Tiamat's menace, the gods construct Marduk's temple in Babylon, Esagila (VI 45–68). With the enemies of the gods defeated and the cosmos created, Marduk can finally put down his arms. He takes his beloved weapon, his bow, and sets it before the gods to admire (VI 45–68). Out of joy of witnessing the exaltation of the famous weapon, the sky god Anu places the weapon in the sky, naming it, among other things, ^{mul}BAN, the Bow Star, thus transforming it into a constellation. After this act, symbolizing the cessation of cosmic hostilities, Marduk finally takes his throne and the gods begin reciting a litany of fifty mystical names of their new divine king (VI 92–165, VII 1–144).

In short, creation in *Enūma Eliš* includes: 1) a novel cosmic order in which the old powers have passed and the new power, Marduk, reigns; 2) the establishment of the new cosmos, with the sky in particular, ideally arranged as a medium for the mantic counsel of Babylonian kings; 3) the establishment of the city of Babylon; 4) the establishment of Marduk's temple in Babylon; 5) transformation of Marduk's Bow into a constellation as a signal that the previous cosmic conflict has now ceased.[45]

Also notable are the two things that *Enūma Eliš* does *not* include. First, there is no mention of the establishment of a human throne in Babylon—or any human kingship whatsoever. This could reflect a number of religio-political realities, such as Babylon's temporal vassalage to a foreign potentate, or simply the assertion on the part of the authors, i. e., the Babylonian priesthood, that they rather than the king were the true human manifestations of the divine presence and the sole mediators of divine knowledge. Perhaps related to the first ellipsis is the second: while the other major cities of southern Mesopotamia are, in a sense, represented by the appear-

---

44 See, for example SAA 8 338, 342, and SAA 16 65, as well as associated discussions in Lenzi, *Secrecy and the Gods* (see n. 21), 102–103, 154–156.

45 For a discussion of these themes during the reign of Nebuchadnezzar, see D. Vanderhooft, *The Neo-Babylonian Empire and Babylon in the Latter Prophets* (HSMM 59; Atlanta, GA: Scholars Press, 1999), 41–50.

ance of their patron deities in the story, there is no mention of foreign nations at all. Furthermore, there is no representation for Assyria, which to one degree or another was a major power in close proximity to Babylonia from the late second millennium B.C.E. through the middle of the first. This *Fremdenmangel* seems rather deliberate. Indeed, for such a politically assertive tale it is extraordinarily striking. Although the story focuses on Babylon, there are ample narrative opportunities to reach out beyond the walls of that city. Marduk's weapon, for example, the Bow (^{mul}BAN), is a well-attested constellation in celestial divination literature where it carries often the epithet, *Ištar Elamātu*, "Elamite Ištar."[46] In addition to the ideal celestial schemes established by Marduk, then, the author presents an ideal geopolitical scheme. Here too that scheme is one the author knew did not accurately represent observed reality.

In sum, at the end of *Enūma Eliš*, we are left with a new, ideal and irenic cosmos in which Babylon, its god, his temple, and his system of divination are at the center.

4. ISAIAH 2:1–4'S REFLECTION ON DIVINATION IN ANCIENT IRAQ

With this understanding of Mesopotamian divination in its larger conceptual framework, let us look at the biblical text in question (Isa 2:1–4):

הַדָּבָר֙ אֲשֶׁ֣ר חָזָ֔ה יְשַֽׁעְיָ֖הוּ בֶּן־אָמ֑וֹץ עַל־יְהוּדָ֖ה וִירוּשָׁלָֽם׃	The word which Isaiah ben Amoz saw concerning Judah and Jerusalem.[47]

Regardless of whether or not the pericope actually originates with the eponymous prophet, the passage which follows is called a דבר, "word" that the prophet חזה, "saw." These words (the latter sometimes in a nominal form חזון, along with others, such as נאום, אמרה and others with more specific meanings, such as מַשׂא) are typical terms used to describe mantic information received by a prophet, i. e., an oracle. They fall into the categories of oracle labels we discussed above from the Mesopotamian tradition as well: דבר relates to an utterance, while the verb חזה indicates a vision. It is noteworthy that the author does not consider it absurd that one might *see* a *sound*—this fact indicates that for the author these are technical mantic

46 E. g., H. Hunger, *MUL.APIN: An Astronomical Compendium in Cuneiform* (AfOB 24; Horn: Ferdinand Berger & Söhne, 1989), I ii 7. Perhaps some of the fifty names of deities whose identities are assumed by Marduk had foreign origins; if they did, however, they have been smothered under a thick layer of Sumerian hermeneutics.

47 The rubric may or may not refer singularly to the following oracle but might serve as the heading for chapters 2 through 12, since the next similar caption appears in 13:1. Regardless, my reading here is not severely affected.

terms referring to the reception of an oracle, and do not strictly carry the meaning that they do in non-divinatory contexts.

2 וְהָיָה׀ בְּאַחֲרִית הַיָּמִים נָכוֹן יִהְיֶה הַר בֵּית־יְהוָה בְּרֹאשׁ הֶהָרִים וְנִשָּׂא מִגְּבָעוֹת וְנָהֲרוּ אֵלָיו כָּל־הַגּוֹיִם׃	In the future, the mountain of the House of Yahweh will be set firm on the highest mountain and will be raised above the heights. And all the nations will look[48] at it.
3 וְהָלְכוּ עַמִּים רַבִּים וְאָמְרוּ לְכוּ׀ וְנַעֲלֶה אֶל־הַר־יְהוָה אֶל־בֵּית אֱלֹהֵי יַעֲקֹב וְיֹרֵנוּ מִדְּרָכָיו וְנֵלְכָה בְּאֹרְחֹתָיו כִּי מִצִּיּוֹן תֵּצֵא תוֹרָה וּדְבַר־יְהוָה מִירוּשָׁלָם׃	And many peoples will come and say, "Come, so we can ascend the mount of Yahweh, to the house of the god of Jacob, so he can guide us about his paths, and we can go on his ways. For from Zion an oracle goes out, and word of Yahweh from Jerusalem."

The contents of the oracle itself tell of a time in the future, but *not* necessarily an eschatological future, a hoped-for end of days. Rather, like the similar Akkadian phrase *ina aḫrât ūmī*, באחרית הימים simply indicates an indeterminate future time.[49] Like *Enūma Eliš*, the author presents an ideal which he knows does not jibe with reality. In the Babylonian epic, that ideal is set in hoary antiquity. For the author of Isa 2:1–4, the ideal reality is an unspecified instance in the future.

At that future time the natural landscape of the earth will be reordered so that הר בית יהוה, "the mountain of the House of Yahweh" will be נכון, "established" at the highest height of the mountains, ראש הרים (literally, "head of mountains"), its summit lifted above all other heights. The temple of the god of Jacob will actually be thrust aloft. Yahweh's newly exceptionally lofty house will be visible from afar, so much so that the nations of the world will be able to see it. While there is no doubt that this text reflects its Canaanite heritage in regard to the mountain of the god, as best related

---

48 For the root נהר meaning "to look at," see Isa 60:5 (used in parallel to ראה); Psal 34:6 (used in parallel to הביט), Jer 31:11; 51:44 (Schwartz, "Torah from Zion" [see n. 10], 14–15). Overall, verse 2 is strikingly reminiscent of a royal inscription of Nebuchadnezzar, which recounts some of his construction efforts in Babylon (VAB 4, 118 [Nbk 14 = Zyl III, 5 = C 35] ii 49–53):

i-ta-a-ti BÀD *a-gur-ri* BÀD *ra-ba-a i-na* NA$_4$ *da-nu$_4$-tim ši-ti-iq ša-di-i ra-bi-ù-tim e-pú-uš-ma ki-ma ša-di-i ul-la-a ri-e-ša-a-ša* É *ša-a-tim a-na ta-ab-ra-a-ti ú-še-bi-iš-ma a-na da-ga-lum ki-iš-ša-at ni-ši lu-le-e uš-ma-al-li-ša*	Alongside the wall of baked bricks, I made a large wall out of strong stones of great mountain-quarried stone, and like a mountain I elevated its peak. That house for humankind I had created, and I filled it with abundance to be viewed by all people.

49 *CAD* A1, 194. See also Schwartz, "Torah from Zion" (see n. 10), 13, as well as other biblical examples: Gen 49:1; Num 24:14; Deut 4:30; 31:29; Hos 3:5; Jer 23:30; 30:34; 48:47; 49:39; Ezek 38:16.

in the Ugaritic Baal Cycle, it nonetheless engages Mesopotamian tradition as well. Just as the Esagila (literally, "House whose Head is Elevated"), Marduk's temple in Babylon, was established by the gods in Babylon at creation, in the newly ordered world of Isa 2:1–4, Yahweh's house will be established as the focal point of Jerusalem. In another prophetic passage, Jer 51:44, Yahweh recognizes that the nations would gaze at Marduk in Babylon, and he predicts the city's downfall:

וּפָקַדְתִּ֨י עַל־בֵּ֜ל בְּבָבֶ֗ל	And I will punish Bel in Babylon, and take
וְהֹצֵאתִ֤י אֶת־בִּלְעוֹ֙ מִפִּ֔יו	that which he swallowed out of his mouth.
וְלֹֽא־יִנְהֲר֥וּ אֵלָ֛יו ע֖וֹד גּוֹיִ֑ם	The nations shall no longer look at him.
גַּם־חוֹמַ֥ת בָּבֶ֖ל נָפָֽלָה׃	Even the wall of Babylon will have fallen.[50]

In another biblical tradition mocking the foundation of Babylon, that city's founders said הָ֣בָה׀ נִבְנֶה־לָּ֣נוּ עִ֗יר וּמִגְדָּל֙ וְרֹאשׁ֣וֹ בַשָּׁמַ֔יִם, "Come, let's build ourselves a city and a tower whose head is in heaven" (Gen 11:4).[51] In Isa 2:3, however, the nations will say to each other (quite intelligibly), "Come, so we can ascend the mountain of Yahweh to the house of the god of Jacob."

Why, however, after seeing the temple of Yahweh set upon the heights do they decide to visit? It is because of what is available in that temple, but it is *not*, as B. Schwartz has noted, for the purpose of devotional pilgrimage *per se*—the *goyyim* are not attending *Pesach* celebrations![52] Rather, the visiting nations seek counsel: "So he can *guide* us about his paths, and we can go on his ways. For from Zion a תורה goes out, and דבר of Yahweh from Jerusalem." The root ירה and the associated noun תורה are, of course, well known to even first year students of Hebrew. But scholars debate the meaning of the root and its derivatives in the prophetic corpus in general and in what has historically been referred to as First Isaiah. A previous generation of scholars, who characterized the message of the prophets as

---

50 For a discussion of Jer 50–51, the prophet's account of the fall of Babylon, including how it reflects a real knowledge of Babylonian warfare, geography, institutions, etc., as well as how it relates to Greek and native Babylonian versions of the same event, see D. Vanderhooft, "Cyrus II, Liberator or Conqueror? Ancient Historiography Concerning Cyrus in Babylon," in *Judah and Judeans in the Persian Period* (ed. O. Lipschits and M. Oeming; Winona Lake, IN: Eisenbrauns, 2006), 351–372, esp. 363–368.

51 For the tower of Babel story as counter-narrative, see Hendel, "Genesis' Mesopotamian Problem" (see n. 7), 31–33; and C. Uehlinger, *Weltreich und "eine Rede": Eine neue Deutung der sogenannten Turmbauerzählung (Gen 11, 1–9)* (OBO 101; Freiburg: Universitätsverlag and Göttingen: Vandenhoeck & Ruprecht, 1990), 514–571.

52 Schwartz, "Torah from Zion" (see n. 10), 16. But see J. T. Willis, "Isaiah 2:2–5 and the Psalms of Zion," in *Writing and Reading the Scroll of Isaiah: Studies of an Interpretive Tradition* (VTSup 70; ed. C. C. Broyles and C. A. Evans; Leiden: Brill, 1997), 295–316. Nonetheless, the idea that the nations would be expected in an eschatological future to come and participate in native Judahite festivals is not completely absurd; cf. Zech 14:16–19.

ethical in nature, understood the term as "instruction," specifically ethical instruction. Those who divided the intellectual leadership of Israel and Judah into three salient categories—priests, prophets and sages—maintained that there was, correspondingly, three תורות, one for each of these groups, which could overlap.[53] Thus, Isaiah's תורה is prophetic, because he is a prophet, but because it regards the temple (here and in other places, esp. 1:1) it also qualifies as priestly תורה. Some, especially those who date this pericope to the post-exilic period, read תורה here and in other places as nothing other than the Mosaic Law.[54] While this overview is admittedly a bit of caricature, it serves to highlight definitions of the term derived primarily from biblical material.

Without entirely denying the validity of approaching the issue of definition from solely a biblical perspective, perhaps a wider ancient Near Eastern frame of reference can inform the debate. As has been occasionally recognized over the last century, the root ירה and the noun derived from it, תורה, are cognate to the Akkadian words *(w)u'uru* "to send a message," or "to issue a command," and the nominal form *têrtu*, "message, instruction, decree."[55] As I have noted above, the term *têrtu* in Mesopotamian mantic circles denoted an oracle, usually (though not exclusively) a hepatoscopic one. Since the context of Isa 2:3 is a mantic text, I maintain that we should simply understand תורה mantically. It is, after all, used in parallel to another mantic term, דבר.[56] Thus, תורה is one of the terms for an oracle that, like its

53 For a brief discussion and bibliography for this three-fold categorization of the term, see J. Ben-Dov, "Writing as Oracle and as Law: New Contexts for the Book-Find of King Josiah," *JBL* 127 (2008), 226–227. See also J. Jensen, *The Use of tôrâ by Isaiah: His Debate with the Wisdom Tradition* (CBAMS 1; Washington, DC: Catholic Biblical Association, 1973), 3–27.

54 For an overview of discussion of the term by G. Liedke and C. Petersen, "תּוֹרָה *tôrâ* instruction," *TDOT* 3:1415–1422; and M. Fishbane, "Torah," *Encyclopaedia Miqra'it* (Jerusalem: Bialik, 1971–88), 8:469–483 (Hebrew).

55 Most recently, see Ben-Dov, "Writing as Oracle and as Law" (see n. 53), 223–239 (especially 226); and H. Tawil, *Akkadian Lexicon Companion for Biblical Hebrew Etymological, Semantic and Idiomatic Equivalence* (Jersey City, NJ: KTAV, 2009), 430. See also *CAD* A2, 320–323; *CAD* T, 352; *AHw*, 1473 (*warûm* II, *arû* VI).

56 There is even the possibility that דרכיו in this verse refers specifically to oracles as well. T. Abusch has convincingly argued that the Akkadian term *alaktu* ("way, path") as well as the phrase *alakta lamādu* ("to learn the way/path") can mean "oracle" and "to learn/be granted an oracular decision" respectively in many contexts (see T. Abusch, "*Alaktu* and *Halakhah: Oracular Decision and Divine Revelation*," *HTR* 80 [1987], 15–42, especially 15–35). Particularly striking for my purposes here are uses of *alaktu* in parallel to *têrtu* cited by Abusch (29). For example, *Ludlul bēl nēmeqi*, I 51–52 states:

dal-ḫa te-re-tu-ú-a nu-up-pu-ḫu ud-da-kám	My *têrtu*s were obscure, they were ambiguous daily.
it-ti ^{lú}ḪAL *u šá-'i-i-li a-lak-ti ul par-sat*	My *alaktu* wasn't rendered by the haruspex or the oneiromantic.

counterpart in this verse, falls into the utterance category of oracular terms, as we discussed above.[57] The nations, then, will travel to Jerusalem in order to receive Yahweh's mantic word. And they will piously heed it, as Nabonidus stated:

ter-ti šu-a-ti ap-pa-lis-ma a-na *a-mat* ᵈUTU *ù* ᵈIŠKUR EN.MEŠ *bi-ri* *at-kal-ma*	I saw that oracle/*tertû* and in the word/ *amātu* of Šamaš and Adad, the lords of divination, I trusted.[58]

Here in Isa 2:3, however, the nations will receive Yahweh's *têrtu* and trust in his *amātu*, if you will. As in *Enūma Eliš*, a central feature of the new cosmic order is divinatory in nature. Unlike the Babylonian creation story, however, the locus of the mantic data is not written across the heavens, but is focused specifically in Yahweh's temple. Perhaps we could even say that Yahweh's temple is like Marduk's sky, in that it is literally above humanity's heads and therefore in everyone's purview. It is, in any case, a Canaanite versus Mesopotamian view of divine presence and guidance: does the god reside and give mantic counsel from a mountain, or from the sky? The biblical author, a good Canaanite, asserts the former view. In any case, his assumptions about mantic insight do not rest on celestial observation, but on access to the *têrtu* and *amātu*, the תורה and דבר, of Yahweh that are available in that god's temple. Similar to Isaiah 47, which is an overt refutation of the effectiveness of Babylonian divination, in Isa 2:1–4 Judahite divination is superior to the Mesopotamian practice. Indeed, in the future,

---

(Text from Annus and Lenzi, *Ludlul* (see n. 30), 16. For Akk *nuppuḫu*, see *CAD* N/2, 244–245 s. v. *nipḫu*, see also *CAD* T, 366) Similarly, K. 2765, lines 8–9 (*BWL*, 288), states:

ú-šab-ri ˡᵘ́ḪAL *ter-ti d*[*al-ḫat*]	I had the haruspex conduct an extispicy, (but) my *têrtu*s were obscured.
áš-al ˡᵘ́EN.ME.LI *a-lak-ti ul* [*par-sat*]	I inquired of an oneiromantic, but my *alaktu* wasn't rendered.

Furthermore, note also the use of the Hebrew cognate to *lamādu* in ולא ילמדו עוד מלחמה in verse 4. The Akkadian verb *lamādu*, even without *alaktu*, can indicate the reception of oracular fate (Abusch, "*Alaktu* and *Halakhah*," 24–25). Taken this way, the clause in verse 4 could be taken as: "they will no longer receive/learn (oracular justification for) war anymore." Nonetheless, this is an admittedly tentative speculation, particularly in light of the fact that the idiom למד מלחמה occurs a number of times to indicate training in martial skills (Judg 3:2; 2 Sam 22:35; 1 Chr 5:18; Ps 18:35; Cant 3:8; Mic 4:3).

57 Similarly, J. J. M. Roberts notes the oracular nature of the communication in Isa 2:2; see his "The End of War in the Zion Tradition: The Imperialistic Background of an Old Testament Vision of World Wide Peace," *HBT* 26 (2004), 10–11.

58 Schaudig, *Die Inschriften Nabonids* (see n. 37), 380–381 (Nbn Zyl 2.8 ii 32–33 = VAB 4 270 ii 34).

the prophet maintains, all nations will recognize its superiority, seek and receive it.

As in the Mesopotamian tradition, the act of receiving an oracle from the god is couched in legal terms:

4 וְשָׁפַט בֵּין הַגּוֹיִם וְהוֹכִיחַ לְעַמִּים רַבִּים וְכִתְּתוּ חַרְבוֹתָם לְאִתִּים וַחֲנִיתוֹתֵיהֶם לְמַזְמֵרוֹת לֹא־יִשָּׂא גוֹי אֶל־גּוֹי חֶרֶב וְלֹא־יִלְמְדוּ עוֹד מִלְחָמָה׃	He will judge between the nations and will give judgment to many peoples. And they will forge their swords into plowshares, and their spears into vine-knives. A nation will not lift a sword against a nation and they will no longer learn war.

As Schwartz pointed out, the vocabulary and concepts here are closely related to those describing the court of appeals as related in Deut 17:8–11.[59] But there is more than that here. Mantic counsel to kings in the ancient Near East in an ideal sense informed policy decisions. Practically speaking, however, it also often provided divine legitimation to the king's human agenda. In regards to war specifically, divination could advise the king on current and looming threats, but it frequently served to justify his desire to strike out on an aggressive campaign. Thus, the prophet Bel-Tarbaṣi offers Esarhaddon the following word of god:

[^{kur}]*gi-mir-a-a ina* ŠU$^{!}$-*šú a-šá*$^{!}$-*kan*$^{!}$ *i-šá-tu ina* ^{kur}*el-li-pi um-ma-ad*	I will deliver the Cimmerians into his hands and set the land of Ellipi on fire.[60]

Similarly, in 1 Kgs 22:11–12, Zedekiah and a large group of prophets support the King of Israel's plan to launch a campaign against Aram:

וַיַּעַשׂ לוֹ צִדְקִיָּה בֶן־כְּנַעֲנָה קַרְנֵי בַרְזֶל וַיֹּאמֶר כֹּה־אָמַר יְהוָה בְּאֵלֶּה תְּנַגַּח אֶת־אֲרָם עַד־כַּלֹּתָם׃	Zedekiah ben Canaanah made himself iron horns and said, "Thus Yahweh has said, 'With these you shall gore Aram until they are finished off.'"
וְכָל־הַנְּבִאִים נִבְּאִים כֵּן לֵאמֹר עֲלֵה רָמֹת גִּלְעָד וְהַצְלַח וְנָתַן יְהוָה בְּיַד הַמֶּלֶךְ׃	Meanwhile all the prophets were prophesying thus, "Go up to Ramat Gilead and succeed! Yahweh will put it into the king's hand!"

In *Enūma Eliš* Marduk assumed full control of the cosmos, established a system of divination and ordered its use (*dīnā dīna*, "render judgment!" *EE* V 24), as well as assumed the identities and authorities of numerous other gods. While human monarchy is not mentioned explicitly in the Babylonian

59 The parallels between the two passages in question had long been mentioned primarily in Hebrew language scholarship (Schwartz, "Torah from Zion" [see n. 10], 18–23; especially 21 n. 16 for the history of the idea).

60 SAA 9 3.2 ii 1–2.

epic, the mantic counsel that Marduk provides is nonetheless directed solely to Babylonian kings. In terms of political reality, that divine word justifies their policy decisions.

The god of Jacob in Isa 2:4 is not providing some sort of United Nations-style international arbitration.[61] Such a reading of this verse is typical of those scholars who understand the entire oracle in an eschatological light. But conflict resolution in this sense is an idea foreign in an ancient Near Eastern framework, as my colleague D. Vanderhooft notes.[62] In the prevailing thought of the ancient Near East, international conflict was often conceived of as the mundane manifestation of hostilities between patron deities or as punishment by patron deities on their own populations. Divine legitimation of the mundane expression of divine conflict and punishment was always, of course, delivered via mantic means.

In Isa 2:4, Yahweh's temple and the mantic counsel it provides the nations will cease to offer such legitimation to anyone. And circularly, where there is no mundane conflict, there is no cosmic conflict. Thus, weapons are now a waste of valuable metal. As in *Enūma Eliš* this cessation of hostilities results in the symbolic demilitarization of the tools of war: for the Babylonian, Marduk's Bow becomes a constellation; for the Judahite prophet, swords become plowshares, spears vine-knives.

---

61 Contra, e. g., Sweeney, "The Book of Isaiah as Prophetic Torah" (see n. 11), 59–60.

62 Personal communication. In contrast, Roberts cites an example of Hittite imperial intervention in a dispute among vassals and posits that it was an expectation of imperial powers to mediate between its subjects to prevent armed conflict, and casts Yahweh's expected action in Isa 2:2–4 in this light ("The End of War in the Zion Tradition " [see n. 57], 5–6). But the nature of sovereign responsibilities and reactions to intra-imperial quarrels was by no means that simple, as Egypt's responses (or lack thereof) to its Levantine holdings, documented in the Amarna letters, amply attest. For discussion of Egyptian obligations to its Levantine subjects, see M. Liverani, "Contrasti e confluenze de concezioni politiche nell'età di El-Amarna," *RA* 61 (1967), 1–18; W. L. Moran, "Some Reflections on Amarna Politics," in *Solving Riddles and Untying Knots: Biblical, Epigraphic, and Semitic Studies in Honor of Jonas C. Greenfield* (ed. Z. Zevit *et al.*; Winona Lake, IN: Eisenbrauns, 1995), 559–572; and N. Na'aman, "The Egyptian-Canaanite Correspondence," in *Amarna Diplomacy: The Beginnings of International Relations* (ed. R. Cohen and R. Westbrook; Baltimore, MD: Johns Hopkins University Press, 2000), 125–138.
Setting aside this sole second millennium example, suzerain-vassal treaties from the first-millennium make no mention of such imperial arbitration and are, rather, focused on unquestioning loyalty to the monarch (see examples in SAA 1; see also J. Lauinger, "Esarhaddon's Succession Treaty at Tell Tayinat: Text and Commentary," *JCS* 64 [2012], 87–123). What these texts highlight is that the stated obligations of the suzerain-vassal ran primarily from subject to monarch, not vice-versa. Thus, lack of conflict among members of an empire was assumed based on fidelity to a common overlord. Indeed, occasions of intervention between bickering vassals attested in the Neo-Assyrian royal correspondence are commensurately rare (SAA 5 46). For royal intervention in general, cf., SAA 15 24 (provincial dispute) SAA 19 29 (a real estate dispute between two high officials).

In the resulting re-creation in Isa 2:1–4, similar to *Enūma Eliš*, we are left with a new, ideal and peaceful cosmos in which Jerusalem, its god, his temple, and his system of divination are at the center. Also comparable to the Babylonian epic is the lack of mention of human kingship. In drastic contrast to the Mesopotamian story, however, foreigners play a prominent role in the ideal vision of the cosmos. Rather than bracketing them off altogether, in Yahweh's ideal cosmos they find mantic guidance—and security—in the god of Jacob, not in their own. And that guidance is not, unlike celestial divination in Mesopotamia, a secret. Celestial divination, in the minds of the kings of Assyria and Babylon, provided the Mesopotamian powers the divine judgment that allowed their military conquest of southwest Asia. In Isaiah, reliable divine judgment is available to all nations who seek it. An international peaceful coexistence is the result—a coexistence which allows, of course, for Judahite self-preservation.[63]

5. Conclusion

In line with previous studies by scholars such as P. Machinist, M. Albani, R. Hendel, and most recently, S. Zelig Aster, I assert in this paper that the author of the oracle in Isa 2:1–4 is in direct conversation with the mantic traditions of Mesopotamia.[64] That oracle provides a counter-narrative to Mesopotamian traditions regarding the effectiveness and antiquity of its divination traditions. In this passage at least, the author does not attempt to argue that the foreign mantic methods are ineffectual or are human concoctions; that is the argument in Isaiah 47, not here. Rather, he asserts that a time will come when the oracular value of Jerusalem's divination and the temple through which that mantic information is proffered will be regarded internationally as preeminent and effective.

---

[63] For a similar conclusion derived from other biblical texts, see Lenzi, *Secrecy and the Gods* (see n. 21), 260–271.

[64] See n. 9 for references.

„Beobachtet alle Werke am Himmel, wie sie nicht ihre Wege ändern ...“[1] Astronomie versus Anomie in der frühjüdischen Henoch-Tradition

Matthias Albani

1. NATURWEISHEIT IN DER HENOCHLITERATUR – „THÖRICHTER KAUDERWELSCH“?

Die in der Überschrift aus dem äthiopischen Henochbuch[2] zitierte Aufforderung an die Frommen spricht beide Aspekte des Tagungsthemas an, „Himmelsgesetz“ und „Naturgesetz“: In der Unveränderlichkeit der himmlischen Gestirnbahnen zeigt sich für den pseudepigraphischen Autor die gesetzmäßige Ordnung der Schöpfungswerke. Der Sternenhimmel war seit ältester Zeit Gegenstand intensiver Beobachtung und Projektionsfläche menschlicher Hoffnungen, Ängste und religiöser Sinnkonstruktionen. Wahrscheinlich hat man erstmals in Mesopotamien die Gesetzmäßigkeit von Naturvorgängen am Firmament wahrgenommen und astronomische Berechnungen angestellt.[3] Diese Revolution im menschlichen Denken ging einher mit einer signifikanten Veränderung der antiken Religionen.[4] Vor allem monotheistische Tendenzen wurden durch die Erkenntnis arithmetisch erfassbarer Regelmäßigkeiten am Firmament befördert, da der gesetzmäßige Lauf der als Götter verehrten Gestirne den Gedanken einer einzigen schöpferischen kosmischen Zentralmacht nahelegte, welche die ‚Naturgesetze‘ hervorgebracht hat und permanent kontrolliert.[5]

---

1 1 Hen 2,1. Zitate aus dem äthiopischen Henochbuch auch im Folgenden aus S. Uhlig, *Das äthiopische Henochbuch* (JSHRZ V/6), Gütersloh: G. Mohn, 1984; Hervorhebungen in den Zitaten jeweils von M. A.

2 Bei dem äthiopischen Henochbuch (äth. oder 1 Hen) handelt es sich um eine Sammlung jüdischer Apokalypsen aus der Zeit vom 3. Jh. v. Chr. bis 1. Jh. n. Chr., welche nur noch in der äthiopischen Übersetzung (ca. 500 n. Chr. aus dem Griechischen) vollständig erhalten ist. In Qumran wurden einige aramäische Fragmente des Henochbuches gefunden, siehe Uhlig, a. a. O., 479–482.

3 Siehe dazu B. L. van der Waerden, *Die Anfänge der Astronomie. Band. 2: Erwachende Wissenschaft* (Wissenschaft und Kultur 23), Basel: Birkhäuser, ^{2}1980, 28ff; J. Evans, *The History and Practice of Ancient Astronomy*, Oxford: Oxford University Press, 1998, 14ff.

4 So van der Waerden, *Anfänge*, 204–252.

5 So K. Koch, *Die Profeten. Band 2: Babylonisch-persische Zeit*, Stuttgart: Kohlhammer, ^{2}1988, 56; ausführliche Untermauerung der These Kochs am Beispiel der astronomi-

Daher verwundert es nicht, dass gerade seit der babylonischen Exilszeit auch im israelitischen Schrifttum der Gedanke der gesetzmäßigen Naturordnung als Ausdruck göttlichen Schöpferwirkens explizit formuliert wird. So werden im Jeremiabuch die unveränderlichen Schöpfungsordnungen mit dem „Bund“ in Beziehung gebracht, indem sie als sichtbares Zeichen des unveränderlichen Heilswillens JHWHs für Israel gedeutet werden:

Jer 33,25f
So spricht der Herr: So gewiß ich meinen Bund mit dem Tag und mit der Nacht und die *Gesetze von Himmel und Erde* (חקות שמים וארץ) festgesetzt habe, so sicher werde ich auch die Nachkommen Jakobs und meines Knechtes David nicht verwerfen; aus seinen Nachkommen werde ich die Herrscher über die Nachkommen Abrahams, Isaaks und Jakobs nehmen. Denn ich werde ihr Geschick wenden und mich ihrer erbarmen.

Der feminine Begriff חקה geht auf die Wurzel חקק zurück, welche „eingravieren, einritzen“, aber auch „festsetzen, bestimmen“ oder schließlich „schreiben“ bedeuten kann.[6] Das hebräische Lexem bezeichnet daher meist eine „gesetzliche Ordnung“,[7] assoziiert mit dem Vorstellungshintergrund, dass das Gesetz auf festem Material wie Stein eingeritzt und somit unveränderlich ist. Es begegnet häufiger in Verbindung mit עולם als „ewige Ordnung“ für Israel im Hinblick auf Kultvorschriften.[8] In Jer 31 wird ein astronomischer Horizont dieser „ewigen“ Ordnungsvorstellung erkennbar:

Jer 31,35
So spricht der HERR, der die Sonne gesetzt hat zum Licht für den Tag, *die Gesetze/Ordnungen des Mondes und der Sterne* (חקת ירח וכוכבים) zum Licht für die Nacht …

Mit den scheinbar unveränderlichen Zyklen der Gestirne verbindet sich im Alten Orient der Nimbus der Ewigkeit, so dass auch diese kosmische Konnotation den ewigen Charakter der חקות evoziert. Aufschlussreich im Hinblick auf das Tagungsthema ist der Befund, dass das maskuline Pendant חק/חקים in der Regel Rechtsverordnungen bezeichnet und oft in Parallele zu

---

schen Aspekte der babylonischen Marduk-Theologie bei M. Albani, *Der eine Gott und die himmlischen Heerscharen. Zur Begründung des Monotheismus bei Deuterojesaja im Horizont der Astralisierung des Gottesverständnisses im Alten Orient* (ABG 1), Leipzig: Evangelische Verlagsanstalt, 2000, 37–74; zur Diskussion der Entstehung des spezifisch israelitischen Monotheismus siehe die Beiträge in dem Tagungsband M. Oehming / K. Schmid (Hg.), *Der eine Gott und die Götter. Polytheismus und Monotheismus im antiken Israel* (AThANT 82), Zürich: Theologischer Verlag Zürich, 2003.

6 H. Ringgren, Art. חקק, ThWAT 3 (1977), 150.

7 A. a. O., 152.

8 Vgl. z. B. Ex 12,14; Lev 3,17.

משפטים steht.[9] Hier deutet sich ein Zusammenhang zwischen Naturgesetzen und Rechtsordnungen an, der in den Henochschriften besonders deutlich wird.

Ein astronomischer Vorstellungshintergrund der חקות ist schließlich auch im Hiobbuch explizit angesprochen, wo in der „Gottesrede aus dem Wettersturm“ von „Gesetzen des Himmels“ die Rede ist:

Hiob 38,33
Kannst du die *Mazzarot*-Sternbilder[10] hervortreten lassen zu ihrer Zeit und den Großen Bären leiten samt seinen Jungen? Kennst du die *Gesetze des Himmels* (חקות שמים), oder bestimmst du seine Herrschaft auf der Erde?

Während die rhetorischen Fragen an Hiob implizieren, dass die Kenntnis der astralen Himmelsgesetze für einen Sterblichen wie Hiob unmöglich ist, wird im frühjüdischen Henochbuch dieses göttliche astronomische Wissen vom Erzengel Uriel dem Urpatriarchen Henoch (Gen 5,21ff) offenbart, der es an seinen Sohn weitergibt. Allerdings wird im Henochbuch trotz des geheimen Offenbarungscharakters der Himmelsgesetze vorausgesetzt, dass der strengen Ordnungshaftigkeit der astronomischen Phänomene eine gewisse Evidenz eignet, so dass im Prinzip jeder Einsichtige die kosmische Harmonie am Firmament wahrnehmen kann.

Der Aufforderung, die Himmelswerke zu beobachten (1 Hen 2,1), ist ein ganzes Buch innerhalb des ‚Henoch-Pentateuch‘ gewidmet,[11] das sog. Astronomische Buch (1 Hen 72–82). Die Beobachtung der unveränderlichen Gestirnbahnen ist in der Henochliteratur und auch sonst im antiken Judentum jedoch nicht – wie etwa bei den Griechen oder Babyloniern – eine vornehmlich wissenschaftliche Angelegenheit, sondern zielt auf die Wahrnehmung einer umfassenden gerechten göttlichen Weltordnung, woraus wiederum der Appell zu einem gerechten gottesfürchtigen Lebenswandel abgeleitet wird. Geradezu klassisch ist dieses paränetische Anliegen in der bereits zitierten Einleitung des äthiopischen Henochbuches formuliert:

---

9 A. a. O, 152.

10 Zur kalendarisch-astronomischen Bedeutung der *Mazzarot*-Sternbilder im Alten Orient siehe M. Albani, „Kannst du Sternbilder hervortreten lassen zur rechten Zeit...?“ Gott und Gestirne im Alten Testament und im Alten Orient, in: B. Ego / B. Janowski (Hg.), *Das biblische Weltbild und seine altorientalischen Kontexte* (FAT 32), Tübingen: Mohr Siebeck, 2001, 181–226.

11 Die fünf Bücher des äthiopischen Henochkorpus sind: 1. das Buch der Wächter (1 Hen 1–36), 2. die Bilderreden (1 Hen 37–71), 3. das Astronomische Buch 1 Hen 72–82), 4. das Buch der Traumvisionen (1 Hen 83–91), 5. das paränetische Buch (1 Hen 92–105).

1 Hen 2,1–2; 5,4

Beobachtet alle Werke am Himmel, wie sie nicht ihre Wege ändern, die Lichter am Himmel, wie sie alle ordnungsgemäß (= entsprechend ihrer Ordnung) aufgehen und untergehen, alle zu ihrer Zeit, und nicht von ihrer Ordnung abweichen. Sehet die Erde und achtet auf die Dinge, die auf ihr geschehen vom Anfang bis zum Ende, wie sich kein Werk Gottes verändert in seinem Erscheinen. (…) Ihr aber habt nicht durchgehalten und das Gesetz des Herrn nicht erfüllt, sondern übertreten und habt mit großen und harten Worten aus eurem unreinen Mund gegen seine Majestät geschmäht.

Die Argumentationsstruktur der einleitenden Paränese ist deutlich: Die Werke Gottes in der Natur, im Himmel wie auf Erden, verändern sich nicht, was als Treue zum göttlichen Schöpfungsgesetz interpretiert wird. Der wankelmütige untreue Mensch hingegen verändert ständig seine Haltung gegenüber Gott und übertritt somit das göttliche Gesetz. Die Naturerscheinungen mit ihren gesetzmäßigen Ordnungen sind daher eine ständige Mahnung an die Gottesfürchtigen, das göttliche Gesetz einzuhalten. Besonders die Sonne mit ihrem regelmäßigen Lauf gilt als ‚strahlendes Vorbild' im wahrsten Sinne des Wortes (vgl. Ps 19,5–7), sie verkörpert wie keine andere Naturerscheinung ‚Law and Order' im Kosmos (1 Hen 72). Dementsprechend galt der Sonnengott im Alten Orient als göttlicher Garant der Gerechtigkeit, was sich auch in biblischen Texten widerspiegelt (vgl. Mal 3,20).[12]

Interessant ist, dass die Thora in der Einleitung zum äthiopischen Henochbuch genannt wird. Sie spielt darin sonst kaum eine Rolle,[13] dafür aber umso mehr der Gerechtigkeitsbegriff. Das Thema „Gerechtigkeit" scheint ein Leitmotiv und Hauptanliegen der Henochtradition zu sein.[14] Der dort

---

12 Zum Zusammenhang zwischen der beständigen regelmäßigen Bewegungscharakteristik der Sonne und der Funktion des Sonnengottes als Hüter der Rechtsordnung, siehe S. M. Maul, *Zukunftsbewältigung: Eine Untersuchung altorientalischen Denkens anhand der babylonisch-assyrischen Löserituale (Namburbi)* (BaF 18), Mainz: Philipp von Zabern, 1994, 9; Albani, *Gott* (Anm. 5), 167ff; zu solaren Elementen im israelitischen Jahweglauben, siehe J. G. Taylor, *Yahweh and the Sun. Biblical and Archaeological Evidence for Sun Worship in Ancient Israel* (JSOT.S 111), Sheffield: JSOT Press, 1993; O. Keel / Ch. Uehlinger, Jahwe und die Sonnengottheit von Jerusalem, in: W. Dietrich / M. A. Klopfenstein (Hg.), *Ein Gott allein? JHWH-Verehrung und biblischer Monotheismus im Kontext der israelitischen und altorientalischen Religionsgeschichte* (OBO 139), Freiburg: Universitätsverlag und Göttingen: Vandenhoeck & Ruprecht, 1993, 269–306; B. Janowski, JHWH und der Sonnengott. Aspekte der Solarisierung in vorexilischer Zeit, in: J. Mehlhausen (Hg.), *Pluralismus und Identität* (VWGTh 8), Gütersloh: Kaiser, 1995, 214–241.

13 Siehe dazu Uhlig, *Das äthiopische Henochbuch*, 513.

14 So schon C. G. Jung, *Antwort auf Hiob*, München: Deutscher Taschenbuch-Verlag, 1990, 71; G. W.E. Nickelsburg / J. C. VanderKam, *1 Enoch. A Commentary on the Book*

anzutreffende Zusammenhang zwischen Naturgesetz und Gerechtigkeit, also der typisch ‚henochitische‘ Vorstellungstransfer von der Sphäre der Natur auf die Gesellschaft, soll hier noch genauer spezifiziert werden. Das Henochbuch mit seinen ausführlichen, kosmologischen, astronomischen, meteorologischen, geographischen und anderen naturkundlichen Ausführungen stellt ja ohnehin eine ungewöhnliche Erscheinung unter den antiken jüdischen Schriften dar, welche hauptsächlich auf die Rechtsbeziehung zwischen Gott und seinem auserwählten Volk ausgerichtet waren. In der älteren Forschung hat man die Naturweisheit des Henochbuches daher eher als Absonderlichkeit dargestellt:

> „Wir wissen, dass hier meist ein Stück babylonischen Weltwissens, Aberglaubens und auch Unsinns, oft durch das Medium persischer und griechischer Kultur hindurchgegangen, zum geistigen Eigentum der Juden geworden ist, das unter der Schminke des biblischen Monotheismus seine heidnische Herkunft noch vielfach verrät. Auch die oft von naturphilosophierendem Quacksalbertum und mystisierendem Charlatanismus durchsäuerten physikalischen, geographischen und astronomischen Spekulationen unseres Buches gehören in dieses Kapitel. (...) Über dem thörichten Kauderwelsch unseres Apokalyptikers dürfen wir aber nicht das religiöse und sittliche Pathos überhören, daß zuweilen in geradezu ergreifenden Tönen an unser Ohr dringt.“[15]

Immerhin „sittlich“ ist das Henochbuch nach G. Beer! In seiner beinahe karikierenden Darstellung der Henoch-Apokalyptik stehen Naturweisheit und Ethik beziehungslos nebeneinander: auf der einen Seite „naturphilosophierendes Quacksalbertum“, auf der anderen Seite das Sittliche in eschatologischer Gestalt, welches Beer uneingeschränkt positiv würdigt:

> „Der kühne Glaube unseres Henochbuchs an den endlichen Triumph des Guten über das Böse, des Lichts über die Finsternis, das feste und innige Vertrauen zu Gott trotz eines Lebens in Mühsal und Verfolgung, die Verachtung irdischen Glücks – das alles läßt uns den spätjüdischen Geist in schönstem Lichte erscheinen: hier lebt der genuine Jahwismus der besten Propheten mit elementarer Kraft wieder auf.“[16]

Es stellt sich die Frage, in welcher Beziehung die beiden Brennpunkte der apokalyptischen Ellipse im Henochbuch – Naturbetrachtung einerseits und

---

of Enoch. Volume 2: Chapters 37–82 (Hermeneia), Minneapolis: Fortress Press, 2012, 54, passim.

15 G. Beer, in E. Kautzsch (Hg.), *Die Apokryphen und Pseudepigraphen des Alten Testaments. Band 2: Die Pseudepigraphen des Alten Testaments*, Darmstadt: Wissenschaftliche Buchgesellschaft, 1975, 233.

16 A. a. O., 234.

eschatologische Ethik andererseits – stehen. Das Ergebnis der folgenden Überlegungen soll in einer These vorweg genommen werden: Die elementare Kraft, die nach Beer den „genuinen Jahwismus der besten Propheten" wiederbelebt hat, kommt vor allem aus einem seit der Exilszeit immer deutlicher ins allgemeine Bewusstsein dringenden Gedanken, nämlich aus der Erkenntnis der Gesetzmäßigkeit der Naturphänomene. Das war damals offensichtlich im wahrsten Sinne des Wortes eine ‚Offenbarung' für die Frommen, welche hinter der Henochtradition stehen. Die Gerechtigkeit Gottes, ein zweifelhaft gewordenes Axiom des biblischen Monotheismus (vgl. Hiob, Kohelet), wird im Henochbuch durch die Erkenntnis der Gesetzmäßigkeit der Schöpfungsordnungen neu plausibilisiert. Entsprechend ist hier auch das Ethos primär am Nomos der Natur orientiert.[17] Man verkennt jedenfalls die Bedeutung der Naturweisheit des Henochbuches, wenn man etwa die kosmologischen oder astronomischen Abhandlungen in diesen Schriften mit dem Wissensstand der Babylonier oder gar Griechen vergleicht und sie dann – wie viele ältere Ausleger – als „thörichten Kauderwelsch" abqualifiziert.

2. Naturgesetz und Gerechtigkeit im äthiopischen Henochbuch

Heute besteht in der Forschung weitgehend Einigkeit darin, dass die Henoch-Apokalyptik keine absonderliche Randerscheinung des antiken Judentums war, vielmehr eine breitere religiöse Strömung repräsentierte. Nach der umstrittenen These von G. Boccaccini handelt es sich bei dem „Enochic Judaism" sogar neben dem „Zadokite Judaism" um eine der beiden Hauptströmungen des nachexilischen Judentums.[18] Im Folgenden soll der Frage nachgegangen werden, wie man die Bedeutung der ‚henochitischen' Natur- bzw. Schöpfungsweisheit sachgemäßer als in der älteren Forschungsliteratur beschreiben kann. Dabei wird sich zeigen, dass die „rechtsförmige Interpretation kosmischer Phänomene" in den Henoch-Schriften einer ein-

---

[17] Eigentlich müsste man im Kontext der jüdischen Religion anstatt von „Natur" besser von „Schöpfung" sprechen. Die Natur ist nach biblischer Auffassung keine im Unterschied zur menschlichen Kultur autonome Größe, sondern eben Schöpfung Gottes, die der permanenten Erhaltung durch den Schöpfer bedarf (vgl. Ps 104). In diesem Beitrag soll jedoch der der Tagung vorgegebene Naturbegriff Verwendung finden, allerdings im beschriebenen Sinne des jüdischen Schöpferglaubens.

[18] G. Boccaccini, *Beyond the Essene Hypothesis. The Parting of the Ways between Qumran and Enochic Judaism*, Grand Rapids, MI: Eerdmans, 1998, 11–17, passim; siehe dazu M. Albani, "Zadokite Judaism", "Enochic Judaism" und Qumran. Zur aktuellen Diskussion um G. Boccaccinis "Beyond the Essene Hypothesis", in: J. Frey / M. Becker (Hg.), *Apokalyptik und Qumran*, Paderborn: Bonifatius, 2007, 85–101.

sichtigen ‚Theo-Logik‘ folgt, welche einen wichtigen Beitrag zur religiösen Krisenbewältigung im Judentum der hellenistischen Epoche geleistet hat.

2.1. Naturgesetz als „Antwort auf Hiob“

„Antwort auf Hiob“ – so lautet der Titel des berühmten religionspsychologischen Spätwerks aus dem Jahre 1952 von C. Gustav Jung, dem Schweizer Psychoanalytiker, der auch an der Universität Zürich gelehrt hat. Er vertritt darin die These, dass im Henochbuch „unbewusst die Antwort auf die Hiobproblematik“ gegeben wird. Tatsächlich scheint in den Henochschriften aus dem *deus absconditus* des Hiobbuches ein *deus revelatus* geworden zu sein, und zwar durch eine Offenbarung, die dezidiert rationalen Charakter hat: durch die Erkenntnis der gesetzmäßigen Schöpfungsordnungen. Diese ‚kognitive Erleuchtung‘ über das, was die Welt im Innersten zusammenhält, wird dem Henoch durch den Lichtengel Uriel zuteil. Die Begriffe „Erkennen“ und „Verstehen“ spielen in dieser weisheitlich geprägten Apokalyptik tatsächlich eine zentrale Rolle:

> **1 Hen 82,3**
> Und die, die Verständnis haben, werden nicht schlafen, sondern ihre Ohren werden horchen, um diese Weisheit zu erlernen, und sie wird denen, die (davon) essen, besser gefallen als gute Speisen.

Die ‚weisheitliche Speise‘ ist im Kontext des „Buches von der Bewegung der Himmelslichter“ (1 Hen 72,1) die Erkenntnis der astronomischen Gesetze, die in zehn umfangreichen Kapiteln entfaltet werden (1 Hen 72–82). Dieses Astronomische Buch (AB) gilt als eine der ältesten Schriften der Henochliteratur (3. Jh. v. Chr.).[19] Es dürfte im Hinblick auf unsere Fragestellung kein Zufall sein, dass am Beginn der apokalyptischen Henochtradition umfangreiche, monoton wirkende Abhandlungen über die Umläufe von Sonne, Mond und Sternen stehen.[20] Inwiefern ist diese Erkenntnis der Naturgesetzlichkeit im Henochbuch eine „Antwort auf Hiob“?

---

[19] Siehe dazu J. T. Milik, *The Books of Enoch: Aramaic Fragments of Qumran Cave 4*, Oxford: Oxford University Press, 1976, 8ff, 273ff; J. C. VanderKam, *Enoch and the Growth of an Apocalyptic Tradition* (CBQ.M 16), Washington D.C.: The Catholic Biblical Association of America, 1984, 83ff; M. Albani, *Astronomie und Schöpfungsglaube, Untersuchungen zum astronomischen Henochbuch* (WMANT 68), Neukirchen-Vluyn: Neukirchener Verlag, 1994, 40f; J. Ben-Dov, *Head of All Years. Astronomy and Calendars at Qumran in their Ancient Context* (STDJ 78), Leiden: Brill, 2008, 276–287.

[20] Siehe dazu ausführlich Milik, *Books*, 7-22; VanderKam, *Enoch*, 84ff; H. S. Kvanvig, *Roots of Apocalyptic. The Mesopotamian Background of the Enoch Figure and the Son of Man* (WMANT 61), Neukirchen-Vluyn: Neukirchener Verlag, 1988; Albani, *Astronomie*; Ben-Dov, *Head*.

Das Charakteristikum des AB ist die Betonung der Gesetzmäßigkeit und Harmonie der Gestirnbewegungen. Es kommt vor allem in der Überzeugung zum Ausdruck, dass die kosmische Ordnung von bestimmten heiligen Zahlen beherrscht wird. J. J. Collins hat das AB deshalb sehr treffend als „a celebration of the order of the universe" bezeichnet.[21] Dies ist auch bereits in der formalen Gestaltung des Buches erkennbar: Die Gliederung des AB wird durch Überschriften gebildet, welche die Begriffe „Gesetz" bzw. „Ordnung" enthalten.[22] Die astronomischen Gesetze sind auf himmlischen Tafeln eingraviert (vgl. 1 Hen 81,1f; Jub 6,35),[23] die Henoch vom Erzengel Uriel quasi zur Lektüre bekommt (vgl. Jub 6,31–35). Auch die astronomischen „Gesetze des Himmels" (חקות שמים) in Hiob 38,33 legen den Gedanken an solche Himmelstafeln nahe, da der Begriff חקה sich von חקק „eingravieren, einritzen" herleitet.[24] Dies gilt ebenso für den parallelen Begriff משטר, der meist mit „Herrschaft" übersetzt wird, bei dem es sich jedoch um ein akkadisches Lehnwort handelt, welches „Schrift" bedeutet, und das sich auf die Anschauung der unveränderlichen Sternenbahnen als fixierter siderischer ‚Himmelsschrift' bezieht.[25] Diese Vorstellung unterstreicht den Gedanken der Unveränderlichkeit und Ewigkeit der Himmelsgesetze. Die Überzeugung von der Gesetzmäßigkeit und Ordnung des Kosmos ist ohne Zweifel der Schlüssel zum Verständnis des AB.[26] Welche theologische Absicht könnte hinter dieser „celebration of the order of the universe" stehen?

Wenn man den biblischen Horizont in die Fragestellung einbezieht, dann erscheint das Buch wie eine Antwort auf die bereits zitierte Frage Gottes an Hiob nach den Ordnungen des Himmels: „Hast du die Ordnungen des Himmels erkannt, oder bestimmst du seine Herrschaft auf der Erde?" (Hiob 38,33) Hiob muss kleinmütig bekennen, dass er es nicht weiß (40,4f), Henoch dagegen ist dieses göttliche astronomische Wissen durch Offenbarung zuteil geworden. Im Jubiläenbuch wird Henoch daher geradezu als ‚Allwissender' dargestellt:

---

21 J. J. Collins, *The Apocalyptic Imagination. An Introduction to the Jewish Matrix of Christianity*, New York: Crossroad, 1984, 47.

22 Vgl. 1 Hen 72,2; 73,1; 74,1; 78,10; 82,9; vgl. Kvanvig, *Roots*, 60ff.

23 Zum Verhältnis zwischen den „himmlischen Tafeln" und dem „Buch der Taten aller Menschen" in 1 Hen 81,1f, siehe Albani, *Astronomie* (Anm. 19), 138.

24 Ringgren, Art. חקק (Anm. 6), 149.

25 Nach W. Horowitz, *Mesopotamian Cosmic Geography* (Mesopotamian Civilizations 8), Winona Lake, IN: Eisenbrauns, 1998, 226, bezieht sich auch die babylonische Vorstellung von der „Himmelsschrift" auf den unveränderlichen jährlichen Zyklen der Gestirne, wie er auf den kreisförmigen Astrolaben aufgezeichnet ist („fixed arrangement of the stars in the sky"); vgl. dazu auch Albani, *Gott* (Anm. 5), 63f.

26 Siehe Albani, *Astronomie* (Anm. 19), 99ff.

Jub 4,17.19

Alles sah er und erkannte er, und er schrieb das Zeugnis und legte es nieder auf der Erde für alle Menschenkinder und ihre Nachkommen. (…) Dieser nun lernte als erster Schreiben und Wissenschaft und Weisheit von den Menschen, von denen, die geboren werden auf Erden. Und er schrieb die Zeichen des Himmels nach der Ordnung ihrer Monate in ein Buch, damit die Menschenkinder die Zeit der Jahre wüßten nach ihren Ordnungen je nach ihren Monaten.

Aus der Perspektive des Hiobbuches eröffnet sich der größere theologische Horizont der apokalyptischen Naturweisheit des Henochbuches. Die erste Gottesrede des Hiobbuches antwortet nach O. Keel auf den in Hiob 3 erhobenen Vorwurf Hiobs an Gott, die Welt sei ein Chaos.[27] Demgegenüber wird in Hiob 38f die Schöpfung als weise geplante Weltordnung dargestellt: Die Schöpfung ist nicht Chaos, sondern Kosmos – so der Tenor der göttlichen Apologie aus dem Wettersturm.

Während jedoch in den Gottesreden bei Hiob der nomologische Charakter der Schöpfung lediglich auf anschauliche qualitative Weise vermittelt wird, tritt in den kosmischen Offenbarungen des Henochbuches der quantitative Aspekt in den Vordergrund. Ordnung – und damit auch Sinn – äußert sich vor allem in idealen Zahlenrelationen,[28] die eine harmonische Einheit bilden, ähnlich der arithmetischen Philosophie der Pythagoreer. Darin widerspiegelt sich zugleich die Schönheit und Harmonie der Schöpfung Gottes. Die Henoch-Astronomie dient vor allem der Begründung eines idealen 364-Tage-Kalenders, der mit exakt 52 Wochen die perfekte Sabbatheiligung ermöglichen soll.[29] Die Gestirne verkünden damit auch die Sieben-Tage-Struktur der Schöpfung in Gen 1. Diese Überzeugung kommt ferner darin zum Ausdruck, dass man im 364tägigen Sabbatkalender sowohl die Woche als auch das Jahr insgesamt stets mit dem vierten Tag, dem Tag der Schöpfung von Sonne, Mond und Sternen, beginnen ließ (Gen 1,14ff).[30]

Wenn im AB inhaltlich wie formal so eindringlich die Gesetzmäßigkeit des Kosmos vor Augen geführt wird, dann kann man mit gutem Grund eine Situation voraussetzen, in der genau diese Weltordnung Gottes fraglich geworden war. In exilisch-nachexilischer Zeit wurde die Frage nach Gottes Gerechtigkeit angesichts widriger Welterfahrung immer drängender. Wie vor allem das Hiobbuch zeigt, war der im Rahmen des weisheitlichen Welt-

---

27 O. Keel, *Jahwes Entgegnung an Ijob. Eine Deutung von Ijob 38–41 vor dem Hintergrund der zeitgenössischen Bildkunst* (FRLANT 121), Göttingen: Vandenhoeck & Ruprecht, 1978, 61.

28 Zu den Einzelheiten der numerischen Konstruktionen, siehe Albani, *Astronomie* (Anm. 19), 99ff.

29 Siehe dazu unten 2.3.

30 Vgl. Albani, *Astronomie* (Anm. 19), 9 (Tabelle I), 101; J. C. VanderKam, *Calendars in the Dead Sea Scrolls: Measuring Time*, New York: Routledge, 1998, 55.

ordnungsdenken postulierte Tun-Ergehen-Zusammenhang für den einzelnen Frommen oft nicht mehr einsichtig.[31] Und auch in kollektiver Hinsicht war die Hoffnung auf Gottes heilvolles Eingreifen in die Geschichte seines Volkes immer wieder neuen Anfechtungen ausgesetzt.[32]

Angesichts der akuten Theodizeeproblematik bot offenbar die Beschäftigung mit der Himmelskunde im Besonderen und mit der Naturweisheit im Allgemeinen neue Sinnperspektiven: In den unveränderlichen Schöpfungsordnungen und gesetzmäßigen Bewegungen der Gestirne offenbarte sich dem Apokalyptiker Gottes unveränderlicher Wille zur Gerechtigkeit und vor allem zum Heil für die Gerechten. Aus dem schöpfungstheologischen Grundsatz „Und siehe, es war sehr gut" (Gen 1,31) wird in der Henoch-Apokalyptik gewissermaßen der Hoffnungssatz „Und siehe, es *wird* sehr gut", denn der Schöpfer der Gestirne und „Herr des Gerichts" wird die Welt nach astro*nomischen* Vorbild wieder „in Ordnung" bringen (vgl. 1 Hen 83, 11), d. h. den kosmischen Nomos rekonstituieren. Das außerordentliche Interesse an den Gestirnordnungen in der Henochliteratur ist offenbar Ausdruck einer religiösen Anomie-Erfahrung, um deren Bewältigung es der Apokalyptik in erster Linie geht.[33] Nichts kann überzeugender den Eindruck einer wohlgeordneten Welt vermitteln als die Beschäftigung mit den regelmäßigen Zyklen von Sonne, Mond und Sternen am Firmament. Die Gestirnwelt wurde als eine Art Gegenbild der Ordnung und Harmonie zur oft chaotisch erscheinenden Realität auf Erden wahrgenommen.[34] Astronomie versus Anomie – so könnte man das hinter der Henoch-Astronomie stehende Sinnstiftungsprinzip auf eine kurze Formel bringen.

---

[31] U. Luck, Das Weltverständnis der jüdischen Apokalyptik, in: *ZThK* 73 (1976), 283–305, hier 292ff, sieht die Motive für die Entstehung der Apokalyptik in der „Welterfahrung als Erfahrung von Ungerechtigkeit und Erleiden der Welt", wodurch Fragen ausgelöst wurden, „die durch den Hinweis auf das Gesetz und die Macht der Weisheit...nicht mehr zureichend beantwortet werden konnten" (297). Deshalb gehe es der Apokalyptik darum, daß die „Welt als Schöpfung, d. h. als geordnete Welt angesichts widriger Welterfahrung festgehalten oder besser gesagt, wiedergewonnen werden soll" (287).

[32] Vgl. z. B. Jes 40,27ff; 59,1.9ff; Mal 1,2ff.

[33] Diese sinnstiftenden Ordnungsfunktion der Apokalyptik entspricht dem Theodizeeverständnis von P. L. Berger, *Zur Dialektik von Religion und Gesellschaft*, Frankfurt am Main: Fischer, 1973, 52f. Danach geht es bei der Theodizeeproblematik in erster Linie um die Erklärung „anomischer Phänomene", indem der „Nomos", die heilige Ordnung, immer wieder neu errichtet wird. Von daher wird auch die religiöse Bedeutung der Astro*nomie* für die apokalyptische Weltbewältigung verständlich.

[34] Vgl. dazu H. Gressmann, *Die hellenistische Gestirnreligion* (BAO 5), Leipzig: J.C. Hinrich, 1925, 29.

2.2. Der Vorbildcharakter der Naturordnungen und das Endgericht

Freilich erschöpft sich die jüdische Naturweisheit im Henochbuch nicht in der kognitiven Betrachtung der gesetzmäßigen Naturphänomene. Wie aus dem Vorwort des äthiopischen Henochbuches zu entnehmen ist, geht eine Art ‚kategorischer Imperativ‘ von der gesetzmäßigen Weltordnung aus: Sei gerecht! – so wie die vorbildlichen Gestirne, die ihre vorgeschriebenen Bahnen nicht ändern.[35] „Der bestirnte Himmel über mir“ soll sich im „moralischen Gesetz in mir“ abbilden, um es mit Kants berühmter Formulierung zu sagen.[36] Wenn dieser himmlische Imperativ jedoch nicht befolgt wird, dann verwandeln sich die so faszinierende Erscheinung des „bestirnten Himmels“ und die Naturordnungen insgesamt zur bedrohlichen Anklageinstanz, das *tremendum* rückt gegenüber dem *fascinosum* in den Vordergrund:

> **1 Hen 5,1–4**
> Begreift alles und erkennt, wie der alles gemacht hat, der da lebt in Ewigkeit, und wie seine Werke vor ihm geschehen jedes Jahr und alle seine Werke ihm dienen und sich *nicht ändern*, sondern *wie Gott es geboten hat*, so geschieht es ... Ihr aber habt nicht durchgehalten und das *Gesetz des Herrn* nicht erfüllt, sondern übertreten und habt mit großen und harten Worten aus eurem unreinen Mund gegen seine Majestät geschmäht.

Der Gehorsam gegenüber den göttlichen Geboten gilt nach Auffassung des Verfassers für alle „Werke der Schöpfung“, auch für den Menschen. Er äußert sich in einem gerechten Lebenswandel, der beständig und verlässlich wie die gesetzmäßigen Zyklen der Gestirne sein soll.

---

[35] Die Vollendung des 364tägigen Jahres durch die Gestirne wird in 1 Hen 74,12 und 74,17 mit der Formulierung „in Gerechtigkeit“ (äth. *ba-ṣedq*) charakterisiert, siehe dazu Albani, *Astronomie* (Anm. 19), 105; Nickelsburg / VanderKam, *1 Enoch* (Anm. 14), 441.

[36] Dieses himmlisch-irdische Entsprechungsdenken ist auch für den Taoismus und generell für das chinesische Denken der Frühzeit konstitutiv. So heißt es im „Buch der Sitte“: „Die Kraft der Sitte ist es, durch die Himmel und Erde zusammenwirken, durch die die vier Jahreszeiten in Harmonie kommen, durch die Sonne und Mond scheinen, durch die die Sterne ihre Bahnen ziehen, durch die die Ströme fließen, durch die alle Dinge gedeihen, durch die Gut und Böse geschieden wird, (...) durch die alle Dinge trotz ihrer Veränderung nicht in Verwirrung kommen“ (H. von Glasenapp, *Die fünf Weltreligionen. Brahmanismus, Buddhismus, chinesischer Universismus, Christentum, Islam*, München: Heyne, 2001, 142). Nach Glasenapp bedeutet das Weltgesetz *Tao* ursprünglich „Weg“, „besonders den Weg der Gestirne am Himmel“ (a. a. O., 150)! Dementsprechend habe die astrale Himmelskunde als die vornehmste Wissenschaft gegolten. Der Mensch müsse bestrebt sein, „durch seine ethische Gesinnung das erhabene Beispiel des Himmels nachzuahmen“ (a. a. O., 152f.). Die Parallelen zur kosmischen Ethik der Henochliteratur sind evident.

Im Kontext dieses kosmisch-ethischen Zusammenhangs von Naturgesetz und Gerechtigkeit ist im AB in 1 Hen 80 und 81 ein eschatologischer Einschub zu finden, worin das Gericht an den Sündern thematisiert wird. In Kapitel 80 wird die Auflösung der Naturordnung vorausgesagt:

1 Hen 80,6
Und viele Häupter der Sterne werden gegen die (vorgeschriebene) Ordnung sündigen, und diese werden ihre Bahnen und ihre Funktionen ändern, und sie werden nicht zu ihren Zeiten, die ihnen vorgeschrieben sind, erscheinen.

Die irdischen Sünder werden dementsprechend in die Irre gehen, von ihren Wegen abweichen und die Gestirne für Götter halten – ‚wie im Himmel, so auf Erden':

1 Hen 80,8
Und das Unheil wird in Fülle über sie hereinbrechen, und Plagen werden über sie kommen, um alles zu vernichten.

Im Kontrast dazu werden im folgenden Kontext die Gerechten seliggepriesen, über die „kein Buch der Ungerechtigkeit geschrieben ist und kein Tag des Gerichts stattfinden wird" (1 Hen 81,4). Die Gerechten, die in Entsprechung zu den vorbildlichen Gestirnen auf ihren vorgeschriebenen Bahnen wandeln, werden am Tag des Gerichts verschont.[37] Denn sie sind gewissermaßen die irdischen Lichter, die durch ihren vorbildlichen Lebenswandel das göttliche Gesetz in der Menschenwelt sichtbar gemacht haben. Im unmittelbar dem AB folgenden „Buch der Traumvisionen" (1 Hen 83–90) preist Henoch nach einem schrecklichen Traum über das kommende Gericht Gott als „Herrn des Gerichts":

1 Hen 83,11
Und als ich unten hinausgetreten war und den Himmel sah und die Sonne im Osten hervorkommen und den Mond im Westen untergehen und einige Sterne und die ganze Erde und alles, was er im Anfang (geschaffen) hatte, da pries ich den Herrn des Gerichts und gab ihm die Ehre, daß er die Sonne aus den Fenstern des Ostens hervorgehen läßt, so daß sie aufsteigt und aufgeht am Firmament des Himmels und aufbricht und die Bahn läuft, die ihr gezeigt ist.

Die Gestirne, insbesondere die Sonne, spielen beim Gericht offenbar selbst eine wichtige Rolle. Ihr gerechter Lauf am Himmel bestärkt die Gerechten in der *imitatio solis* und führt sie zum Lob des Schöpfers,[38] während die

---

[37] Siehe dazu ausführlich Albani, *Astronomie* (Anm. 19), 134ff.
[38] S. u. 2.5.

Sünder angesichts der gesetzmäßigen astralen Zyklen angeklagt werden. Dieser Gedanke wird in 1 Hen 41,8f explizit formuliert:

1 Hen 41,8–9
Denn die Sonne macht viele Umdrehungen zum Segen und zum Fluch, und die Bahn des Mondes ist für die Gerechten Licht und für die Sünder Finsternis – im Namen des Herrn, der eine (Trennung) geschaffen hat zwischen Licht und Finsternis und die Geister der Menschen geschieden hat und die Geister der Gerechten gestärkt hat im Namen seiner Gerechtigkeit. Denn kein Engel hält (sie) auf, und keine Macht kann sie zurückhalten, denn der Richter sieht sie alle und richtet sie alle vor sich.

Die Gestirne sind am Gericht über die Sünder jedoch auch noch in anderer Weise beteiligt. Die folgende Stelle ist aufschlussreich in Bezug auf den astralen Vorstellungshintergrund der in 1 Hen 81,1f genannten himmlischen Tatenbücher:

1 Hen 100,10
Und nun wißt, daß Er im Himmel bei den Engeln nach euren Taten forschen wird und bei Sonne, Mond und Sternen nach euren Sünden, weil ihr auf Erden an den Gerechten Gericht übt.

Offenbar sind es Engel und die ihnen zugeordneten Gestirne (vgl. 1 Hen 82,9ff), welche von ihren himmlischen Höhen aus das menschliche Handeln beobachten und die Taten der Erdenbewohner in entsprechenden Tatenbüchern verzeichnen, die dann Grundlage des göttlichen Gerichts sind.[39] Von daher wird auch verständlich, warum gerade Uriel, der oberste Gestirneengel, in 1 Hen 81,1ff die Verfügungsgewalt über die himmlischen Tafeln hat und diese dem Henoch offenbaren kann. Auf die Bedeutung der Engel für die gesetzmäßige Ordnung der Schöpfung wird noch einzugehen sein.[40]

Auf dem Hintergrund der Entsprechung von Gerechten und Gestirnen sind auch jene Stellen in der apokalyptischen Literatur verständlich, die davon sprechen, daß die Frommen nach ihrem Tod wie die Sterne am Himmel leuchten werden[41]. Henoch galt im Judentum als der vorsintflutliche Prototyp des Gerechten (Gen 5,21ff), der sowohl in die Gesetze der Astronomie eingeweiht wurde als auch das Privileg einer himmlischen Entrückung erfuhr. Schließlich wird von ihm berichtet, dass er im „Paradies der Gerech-

---

39 Zum religionsgeschichtlichen Hintergrund in der mesopotamischen Vorstellung vom Sonnengott Schamasch als Gott der Gerechtigkeit par excellence, siehe Albani, *Astronomie* (Anm. 19), 297–310.

40 Siehe unten 2.4.

41 So in Dan 12,3; 1 Hen 104,2.

tigkeit"[42] an den Enden der Erde wohnen darf. Diesen geheimnisvollen Ort hat er während seiner kosmischen Reise bereits besichtigt (1 Hen 32,3). Die Hoffnung auf eine postmortale Existenz im Elysium der Gerechten dürfte ein entscheidender theologischer Beweggrund für die Tradierung der mit Henoch verbunden Weisheit gewesen sein.

Henoch, der Gerechte *par excellence*, ist somit eine eschatologische Hoffnungsgestalt. In seiner Person vereinigen sich so unterschiedliche Themen wie Astronomie, Kosmologie und gerechter Lebenswandel zu einer charakteristischen Vorstellungseinheit. Dabei ist – wie bereits erwähnt – die Tatsache bemerkenswert, dass die Thora als Gesetzesnorm überhaupt keine Rolle spielt. Dies erklärt sich leicht aus der Tatsache, dass die astronomische Weisheit nach Überzeugung der apokalyptischen Tradenten lange vor Moses dem Henoch in vorsintflutlicher Zeit offenbart wurde (Gen 5,21ff). M. Limbeck spricht deshalb im Hinblick auf die kosmologisch-astronomischen Partien des Henochbuches von der „Ordnung des Geschaffenen als dem umfassenden und primären Gesetz."[43] In nachexilischer Zeit hat sich offenbar in bestimmten Kreisen eine ‚Kosmisierung' des Gesetzesverständnisses vollzogen. Limbeck führt dies plausibel auf babylonische Einflüsse während des Exils zurück[44] – eine These, die der Verfasser detailliert zu untermauern versucht hat.[45]

2.3. Naturgesetz und der Idealkalender der Gerechten

Der Gehorsam gegenüber den göttlichen Ordnungen nach dem Vorbild der Gestirne wird jedoch noch konkreter auf seine praktischen religiösen Konsequenzen hin formuliert – im AB, in der Henochtradition, im Jubiläenbuch und in einigen Qumranschriften. Am Ende des AB findet man einen weiteren Makarismus, der auf die Einhaltung einer bestimmten Kalenderordnung anspielt:

---

42 Vgl. 1 Hen 65,1f.8; Jub 4,23; zur Lage des Paradieses vgl. 1 Hen 77,3.

43 M. Limbeck, *Die Ordnung des Heils. Untersuchungen zum Gesetzesverständnis des Frühjudentums*, Düsseldorf: Patmos, 1971, 63ff.

44 A. a. O., 57ff. „... für babylonisches Denken erlangte das menschliche Tun in dem Maße Vollkommenheit und Bestand, in dem es sich aus der himmlischen Welt normieren ließ. Daß derartige Vorstellungen wenigstens von bestimmten Kreisen der Priesterschaft in das eigene Denken aufgenommen werden konnten, erscheint dann nicht mehr als unwahrscheinlich, wenn man bedenkt, daß der Gedanke einer Weltordnung der Jerusalemer Priesterschaft nicht nur aus dem weisheitlichen Denken, sondern vor allem auch aus kanaanäischen (Kult-)Traditionen vertraut war" (a. a. O., 60).

45 Albani, *Astronomie* (Anm. 19), 155–272.

1 Hen 82,4

Selig sind alle Gerechten, die auf dem *Weg der Gerechtigkeit wandeln* und die keine Sünde haben wie die Sünder in der Zahl all ihrer *Tage, nach der die Sonne am Himmel geht*, durch die Tore eingehend und ausgehend 30 Tage … mit den vier, die hinzugefügt werden …

Mit diesen Worten ist gewissermaßen der ‚praktisch-theologische‘ Zielpunkt der Astronomie des AB formuliert: Es geht um das Sich-Einfügen in eine gerechte Weltordnung, die Himmel und Erde erfasst und die vor allem in der Befolgung des ‚allein-selig-machenden‘ 364-Tage-Kalenders, des heiligen Sabbatkalenders, konkretisiert wird.[46] Der Fromme soll sein Leben am Lauf der Gestirne normieren, wobei auffällt, dass nur die Sonne mit ihrem Tordurchlauf und vier besondere Sterne als himmlische Vorbilder genannt werden, nicht jedoch der Mond. Dies wird verständlich, wenn man das astronomische System des AB analysiert. Darin zeigt sich die dominierende Rolle von Sonne und Sternen für die Konstituierung des 364tägigen Kalenders (vgl. Jub 6,36).[47] Es handelt sich dabei um einen sog. „ewigen Kalender“,[48] in dem die Feste jedes Jahr auf das gleiche Datum fallen und so eine perfekte Sabbatheiligung möglich wird. Unveränderlichkeit und Verlässlichkeit, die Kennzeichen der Gesetzmäßigkeit göttlicher Provenienz, sind die Merkmale dieses heiligen, gänzlich schematischen Kalendersystems.[49] Dagegen ‚bewegen‘ sich die Feste im internationalen Lunisolar-

---

46 Zum Verständnishintergrund des apokalyptischen Makarismus in 1 Hen 82,4 ist folgende Passage bei Ch. Münchow, *Ethik und Eschatologie. Ein Beitrag zum Verständnis der frühjüdischen Apokalyptik*, Berlin: Evangelische Verlagsanstalt, 1981, 27, aufschlussreich: „In der Weisheitsliteratur gilt der Makarismus demjenigen, der entsprechend der von Gott geschaffenen und dem Weisen einsichtigen Ordnung der Welt verständig lebt (vgl. Spr 3,13; Sir 48,11; 50,28). Die Makarismen sind als ‚Sonderform der weisheitlichen Aussagesätze im Tat-Folge-Schema bzw. im Haltung-Ergehen-Zusammenhang‘ (*Kähler,* Studien, 69) anzusehen. Während die atl. Makarismen selbstevident sind und keiner Autorisierung bedürfen, werden in den frühjüdischen Texten hervorragende Gestalten wie Henoch, die Patriarchen oder ein Engel als Sprecher angeführt. Charakteristisch ist ferner, daß in den Apokalypsen eine ausdrückliche Begründung hinzutritt (vgl. 1 Hen 99,10; 58,2; 2 Hen 42,11). Die Makarismen 1 Hen 81,4 und 82,4 sind ähnlich geformt, indem jeweils ausführlich derjenige charakterisiert wird, dem das eschatologische Heil autoritativ zugesprochen werden kann. Nach 82,4 ist derjenige selig, der in Entsprechung zur kosmischen Ordnung auf dem ‚Weg der Gerechtigkeit‘ sein Leben führt. Die Klassifizierung als Gerechter oder Sünder entscheidet sich an der Stellung zum 364tägigen Jahr bzw. dessen astronomischen Grundlagen (...).“

47 Siehe dazu Albani, *Astronomie* (Anm 19), 55-68.

48 Zur Bezeichnung „ewiger Kalender“, siehe z. B. S. I. Seleschnikow, *Wieviel Monde hat ein Jahr?*, Leipzig: Jena, 1981, 164–173. Dieser unveränderliche Kalender wurde 1834 erstmals von dem Italiener Marco Mastrofini als „Weltkalender“ vorgeschlagen, vgl. E. G. Richards, *Mapping Time. The Calendar and its History*, Oxford: Oxford University Press, 1998, 116ff.

49 Zum idealen schematischen Charakter des 364-Tage-Kalenders, siehe Albani, *Astronomie* (Anm. 19), 98, passim.

kalender mesopotamischer Provenienz, der sich dann letztlich auch im nachexilischen Judentum durchgesetzt hat,[50] und auch sonst muss in lunisolaren Kalendern die Zeitordnung in regelmäßigen Abständen durch Interkalation neu justiert werden.[51] Diesen Makel hatte der göttliche Sabbatkalender nach Überzeugung seiner Anhänger nicht, obwohl *de facto* auch bei ihm Schaltungsbedarf bestand.[52]

Welche enorme religiöse Bedeutung die Kalenderfrage damals hatte, wird in dem sogenannten „halachischen Brief" (4QMMT = 4Q394–399) aus Qumran erkennbar: An erster Stelle, bevor andere halachische Differenzpunkte im damaligen Judentum benannt werden, wird der 364-Tage-Kalender entfaltet.[53] Für die Vertreter des Sabbatkalenders war die Zahl 364 (7 x 52) eine Art ‚Schibboleth der Rechtgläubigkeit'. In diversen antiken jüdischen Schriften wird dieser Kalender auf verschiedene Weise dargestellt.[54] Dies zeigt die eminente Bedeutung der Kalenderfrage in den religiösen Konflikten des damaligen Judentums. Besonders interessant ist in dieser Hinsicht das damals einflussreiche Jubliäenbuch, welches die strikte Befolgung eines solaren 364-Tage-Sabbatkalenders unter expliziten Ausschluss der kalendarischen Mondorientierung fordert:

Jub 6,30–34

Und es werden alle Tage dieser Gebote 52 Sabbate an Tagen sein und sie alle ein vollständiges Jahr. (31) So ist es eingeritzt und angeordnet auf den himmlischen Tafeln. Und es ist keine Abweichung eines einzigen Jahres von den Tagen her. (32) Und du gebiete den Kindern Israels, und sie sollen bewahren die Jahre nach dieser Zahl: 364 Tage! Und es wird ein vollständiges Jahr sein. Und sie sollen seine Zeit nicht verderben von seinen Tagen und von seinen Festen her. Denn alles wird kommen entsprechend ihrem Zeugnis. Und sie sollen keinen Tag auslassen, und sie sollen kein Fest vernichten. (33) Und wenn sie ab-

---

50 Vgl. dazu M. E. Cohen, *The Cultic Calendars of the Ancient Near East*, Bethesda, MD: CDL Press, 1993, 297ff; Richards, *Mapping Time* (Anm. 48), 147ff, 220ff.

51 Zur Rekonstruktion der Kalendergeschichte Israels und zur Bedeutung des vom Judentum übernommenen babylonisch-persischen Lunisolarkalenders siehe M. Albani, Israels Feste im Herbst und das Problem des Kalenderwechsels in der Exilszeit, in: E. Blum / R. Lux (Hg.), *Festtraditionen in Israel und im Alten Orient* (VWGTh 28), Gütersloh: Gütersloher Verlagshaus, 2006, 111–156.

52 Siehe dazu die Diskussionen zur Interkalationsproblematik bei Albani, *Astronomie* (Anm. 19), 284ff; Ders., Zur Rekonstruktion eines verdrängten Konzepts: Der 364-Tage-Kalender in der gegenwärtigen Forschung, in: M. Albani / J. Frey / A. Lange (Hg.), *Studies in the Book of Jubilees* (TSAJ 65), Tübingen: Mohr Siebeck, 1997, 79–126, bes. 103–110; Ben-Dov, *Head* (Anm. 19), 18–20.

53 Vgl. dazu J. Maier, *Die Qumran-Essener: Die Texte vom Toten Meer. Band 2: Die Texte aus der Höhle 4* (UTB 1863), München: E. Reinhardt, 1995, 361ff.

54 Siehe dazu den Überblick der relevanten Kalendertexte in Albani, 364-Tage-Kalender (Anm. 52), 84–97; VanderKam, *Calendars* (Anm. 30), 71–90; Ben-Dov, *Head* (Anm. 19), 21–67.

weichen und nicht tun, wie es ihnen dann von ihm geboten wurde, so werden sie alle ihre Zeiten verderben, und auch die Jahre werden sich entfernen davon (von dieser Ordnung). Und die Zeiten werden sie verderben und auch die Jahre. Sie werden übertreten ihre Ordnung. (34) Und alle Kinder Israels werden vergessen und nicht finden den Weg der Jahre. Und sie werden vergessen den Neumond und die Zeit und den Sabbat. Und in aller Ordnung der Jahre werden sie irren.

Der ideale Sonnenlauf am Himmel und der Wandel der Gerechten auf Erden sollen also nach dem Jubiläenbuch einander entsprechen – in der Befolgung des heiligen 364-Tage-Kalenders, der auf himmlischen Tafeln „eingeritzt" ist (Jub 6,31)! Dagegen führen andere Kalendersysteme wie der Mondkalender[55] in die Irre und ins Verderben. Hier wird ein Kalenderkonflikt angesprochen, der das Judentum des 2. Jh. v. Chr. unversöhnlich spaltete.[56]

Die eingangs formulierte These muss also noch etwas modifiziert werden: Es ist nicht nur die Erkenntnis der Gesetzmäßigkeit in der astralen Sphäre, welche die in Zweifel geratene göttliche Gerechtigkeit rehabilitierte. Es war auch ein neuer nachexilischer jüdischer Sabbatkalender, welcher die heilvolle Gottesbeziehung in einer umfassenden kosmischen Ordnung *erfahrbar* machen sollte. Eine sternengleiche gehorsame Existenz war für die verständigen Gerechten so schon irdisch möglich geworden. Von daher sind Auferstehungsbilder zu verstehen, wonach die Gerechten postmortal „wie die Sterne am Himmel leuchten" werden.[57]

2.4. Naturgesetz und Angelologie

Gehorsam gegenüber den vorgeschriebenen Schöpfungsordnungen Gottes – dies ist in der Henoch-Apokalyptik der zentrale Gedanke der kosmischen Gerechtigkeitsvorstellung, welche Sternen- und Menschenwelt verbindet. Gehorsam impliziert jedoch auch die Möglichkeit des Ungehorsams und

---

[55] Vgl. Jub 6,36–38: „Und es wird Leute geben, die den Mond genau beobachten unter Beachtung des Mondes. Denn er verdirbt die Zeiten und geht von Jahr zu Jahr zehn Tage vor. Deswegen werden für sie Jahre kommen, wo sie verderben werden den Tag des Zeugnisses und ihn zum verachteten machen werden und einen unreinen Tag zum Fest. Und alle werden vermengen sowohl heilige Tage mit unreinen wie den unreinen Tag statt des heiligen. Denn sie werden irren in bezug auf Monate und Sabbate und Feste und Jubiläen. Und deswegen gebiete ich dir und bezeuge ich dir, daß du ihnen bezeugst. Denn nach deinem Tode werden deine Kinder verderbt handeln, daß sie das Jahr nicht halten zu nur 364 Tagen."

[56] Siehe dazu Albani, 364-Tage-Kalender (Anm. 52), 110–115; VanderKam, *Calendars* (Anm. 30), 113–116.

[57] Dan 12,3; 1 Hen 104,2.

somit einer Gefährdung der astralen Schöpfungsordnungen. Genau das wird dann in 1 Hen 80,4ff als endzeitliches Szenario geschildert:

1 Hen 80,6
Und viele Häupter der Sterne werden gegen die (vorgeschriebene) Ordnung sündigen, und diese werden ihre Bahnen und ihre Funktion ändern, und sie werden nicht zu ihren Zeiten, die ihnen vorgeschrieben sind, erscheinen.

Mit diesen himmlischen Veränderungen gehen irdische Kalamitäten und Katastrophen einher, so die endzeitliche Prophezeiung im AB.[58] Die kosmische Ordnung ist nicht aus sich selbst heraus stabil, sondern bedarf permanent der göttlichen Überwachung und Fixierung. Deshalb wird am Ende des AB (1 Hen 82) den Gestirnen ein himmlisches Engelheer zugewiesen, das für Ordnung am Firmament sorgt. Hier wird eine hierarchische Angelologie entfaltet, die ebenfalls den Gedanken der Gesetzmäßigkeit untermauert. Die Engel sind verantwortlich für den gesetzmäßigen Lauf der Gestirne. Sie sind gewissermaßen die Verkörperungen des Gedankens der Gesetzmäßigkeit im Bereich der Schöpfung, die Wächter über die kosmische Ordnung. So wird der oberste Gestirnengel Uriel als der beschrieben,

1 Hen 75,3
… den der Herr der Herrlichkeit auf ewig über alle Lichter des Himmels am Himmel und in der Welt gesetzt hat, damit sie herrschen an der Oberfläche des Himmels und auf der Erde sichtbar werden: Sonne, Mond und Sterne und alle dienstbaren Geschöpfe, die in allen Wagen des Himmels ihren Umlauf machen.

Als Führer der Gestirne offenbart Uriel dem Henoch die Gesetze und Vorschriften der einzelnen Himmelslichter. Auch die in 1 Hen 82,9ff beschriebene Engelhierarchie reflektiert in genauer Entsprechung die zuvor be-

---

58 Ähnlich wie in 1 Hen 80 beschreibt William Shakespeare poetisch die unheilvollen Auswirkung himmlischer Veränderungen („Planeten…irren ohne Regel") auf das irdische Geschehen: „Die Himmel selbst, Planeten und dies Zentrum, / Reihn sich nach Abstand, Rang und Würdigkeit, / Beharrungskraft, Form, Lauf, Verhältnis, Jahreszeit, / Amt und Gewohnheit in der Ordnung Folge; / Und deshalb thront der majestätsche Sol / Als Hauptplanet in höchster Herrlichkeit / Vor allen andern, sein heilkräftig Auge / Verbessert den Aspekt bösartger Sterne / Und trifft, wie Königs Machtwort, allbeherrschend / Auf Gut und Böses. Doch wenn die Planeten / In schlimmer Mischung irren ohne Regel, / Welch Schrecknis! Welche Plag und Meuterei! / Welch Stürmen auf der See! Wie bebt die Erde! / Wie rast der Wind! Furcht, Umsturz, Graun und Zwiespalt / Reißt nieder, wühlt, zerschmettert und entwurzelt / Die Eintracht und vermählte Ruh der Staaten / Ganz aus den Fugen! Oh, wird Rangordnung, / Die Letter aller hohen Plän, erschüttert (…)" – Ulysses in W. Shakespeare, *Troilus und Cressida. Trauerspiel in 5 Akten*, Stuttgart: Reclam, 1988, Kap. 1, 1. Akt, 3. Szene.

schriebene himmlische Zeitordnung.[59] Die Gestirnengel werden einleitend so charakterisiert:

1 Hen 82,10
Und das sind die Namen derer, die sie führen, die darüber wachen, daß sie zu ihren festgesetzten Zeiten erscheinen, die sie in ihren Positionen führen, in ihren Ordnungen, ihren Zeiten, ihren Monaten, ihren Herrschaftsperioden und ihren Stellungen.

Die ‚astronomischen Engel‘ des AB haben also – abgesehen von Uriel – nicht eine Mittlerfunktion zwischen dem fernen Gott und den Menschen, sie sollen vielmehr den Bestand der kosmischen Ordnung sichern, indem sie die Einhaltung der göttlichen Gesetze überwachen.[60] Hier wird, wie bereits angedeutet, ein signifikanter Unterschied zu unserem heutigen Verständnis von Naturgesetzlichkeit erkennbar: Naturgesetze wirken in der jüdischen Henoch-Astronomie nicht zwangsläufig und automatisch, sondern bedürfen der zusätzlichen göttlichen Kontrolle. Von einem mechanistischen Weltbild ist die Henoch-Astronomie also weit entfernt.[61] Denn die Gestirne sind entscheidungsfähige Himmelswesen, die sich gegenüber Gottes Geboten gehorsam oder abtrünnig verhalten können.

Nach 1 Hen 80,7 „irren“ die Menschen in der Endzeit über die Gestirne und halten sie für „Götter“. Hier wird der religionsgeschichtliche Hintergrund der personalen engelhaften Gestirnvorstellung erkennbar: Die alte polytheistische Auffassung, wonach sich in den Gestirnen die babylonischen Götter offenbaren bzw. die Sterne als „Standorte“ und „Ebenbilder“ der „großen Götter“ angesehen werden, wie es im babylonischen Weltschöpfungsepos *Enūma eliš* heißt. Dort findet man eine interessante Parallele zur Überwachung der Gestirne:

Enūma eliš V 5–7[62]
Nachdem er (Marduk) das Jahr eingeteilt hatte,
bestimmte er den himmlischen Standort von Neberu, um die Sternabstände festzulegen.
damit keiner sündige oder nachlässig sei.

---

[59] Siehe Albani, *Astronomie* (Anm. 19), 55ff, 208ff; Ben-Dov, *Head* (Anm. 19), 22ff, 38f.

[60] Vgl. dazu Limbeck, *Ordnung des Heils* (Anm. 43), 64ff.

[61] Allerdings enthält die biblisch-monotheistische Schöpfungsvorstellung, wonach Gott die damals als Götter verehrten Gestirne zu einer Art ‚Himmelsuhr‘ degradiert hat (Gen 1,14; 1 Hen 72-82; Jub 2,9), bereits die wichtigsten Elemente für das deistische neuzeitliche Bild von Gott als kosmischen „Uhrmacher“ (G. W. Leibniz), der das von ihm hergestellte perfekte Schöpfungs-Uhrwerk in Gang gesetzt hat, das seither naturgesetzlich wie ein riesiger Uhrmechanismus von selbst weiterläuft.

[62] Übersetzung aus *Texte aus der Umwelt des Alten Testaments. Band 3: Weisheitstexte, Mythen und Epen*, Gütersloh: Gütersloher Verlagshaus, 1993, 587 (W. G. Lambert).

Enūma eliš VII 124–131[63]

Als ... Neberu möge er den Übergang von Himmel und Unterwelt halten,
man sollte weder oben noch unten hinübergehen, sondern auf ihn warten.
Neberu ist sein Stern, welchen er am Himmel leuchten ließ,
möge er auf der himmlischen Leiter[64] seinen Stand nehmen, so daß man ihn sehen kann.
Ja, wer immer wieder ohne zu ruhen das Meer überschreitet,
dessen Name sei Neberu, der die Mitte einnimmt.
Möge er den Pfad der Sterne des Himmels beständig machen
und wie Schafe alle Götter weiden.

Die totale Herrschaft Marduks über die babylonischen Götter zeigt sich am Sternenhimmel darin, dass sein astraler Repräsentant Neberu die Bewegungen der Sterne kontrolliert und auf ihren vorgeschriebenen Bahnen leitet. Abweichung von der astronomischen Himmelsordnung wird als „Sünde" / „Unrecht" (*annu*) bezeichnet (V 7)! Der Marduk-Stern Neberu hütet die Sterne wie Schafe und macht ihre „Pfade beständig" (VII 130). Diese Vorstellung eines himmlischen Hirten zeigt auffallende Ähnlichkeit mit dem obersten Gestirnengel Uriel, der im AB die astronomische Kontrollfunktion wahrnimmt.[65] Da die Henochtradition viele Bezüge zu mesopotamischen

---

[63] Übersetzung a. a. O., 601 (W. G. Lambert).

[64] Genauere Übersetzung von Z. 127 bei Horowitz, *Cosmic Geography* (Anm. 25), 115: „He is the one who holds the 'turning point', they must look to him." Die Übersetzung „turning point" begründet Horowitz wie folgt: „The Akkadian loan-word *kunsaggû* from Sumerian kun.sag is only attested in *Enūma Eliš*. The translation 'turning point' for *kunsaggû* is based on the equivalence kun.sag.ga = *muru* 'street chapel marking the turning point of a processional circuit' (see *CAD* M/2 177)" (a. a. O., 115). Zum astronomischen Verständnis der Stelle siehe J. KOCH, Der Mardukstern Neberu, in: *WdO* 22 (1991), 48–72, hier 52ff.

[65] F. Wiggermann, Mythological Foundation of Nature, in: J. W. Meijer (Hg.), *Natural Phenomena. Their Meaning, Depiction and Description in the Ancient Near East*, Amsterdam: Royal Netherlands Academy of Arts and Sciences, 1992, 279–306, hier 279, betont, dass es in Mesopotamien nie zu einem mechanistischen Weltbild gekommen sei: „If nature is defined as a machine lacking free will, there is no nature in Mesopotamian thought (...). In Mesopotamia systematic explanation is not derivation from principles, but derivation from a previous state, from forebears; the model is procreation, human history, social life. Accordingly, the explanation of nature is the history of its constituent parts represented as entities able to procreate and interact: gods." Allerdings dürfte diese Charakterisierung des ‚mesopotamischen Denkens' unvollständig sei. Wiggermann geht mit keinem Wort auf die Entwicklung der mesopotamischen Gestirnkunde ein, in der doch spätestens seit dem Ende des 2. Jt.s v. Chr. die Erkenntnis zutage kam, dass die astralen Umläufe nach bestimmten numerischen Regeln ablaufen. Auch wenn man selbst bei der mesopotamischen Astronomie nicht von einem mechanistischen Weltbild sprechen kann, so beginnt hier doch eine Entwicklung, die in diese Richtung geführt hat. Der Gedanke der astralen Gesetzmäßigkeit in der mesopotamischen Gestirnkunde kommt übrigens nicht nur in der mathematischen Erfassung der Gestirnperioden zum Ausdruck, sondern auch in der kosmologischen Vorstellung, wonach die Gestirne auf

Überlieferungen erkennen lässt, besonders im Bereich der Himmelskunde,[66] so ist auch im Hinblick auf die Angelologie eine Orientierung an mesopotamischen Vorstellungen naheliegend.[67] Die theologische Auseinandersetzung mit babylonischen Schöpfungsüberlieferungen der Marduk-Theologie hat seit der Exilszeit nicht unwesentlich zur Profilierung des jüdischen Monotheismus beigetragen.[68]

2.5. Naturgesetz und Doxologie

Der eigentümliche Charakter der jüdischen Vorstellung von Naturgesetzlichkeit kommt auch in den Doxologien des Henochbuches zum Ausdruck, wobei es vor allem die himmlischen ‚Naturgesetze‘ sind, die Anlass zum Lobpreis des Schöpfers geben. Bereits in Psalm 19 ist es der regelmäßige Umlauf der ‚heldenhaften‘ Sonne (19,6), der auf die Schöpfer-Doxa verweist. Welche theologische Intention die Tradenten der Henoch-Astronomie mit der Kenntnis der gesetzmäßigen Strukturen der Schöpfung verbunden haben, kommt besonders deutlich in 1 Hen 36,2ff zum Ausdruck, wo Henoch an den östlichen Himmelstoren den Aufgang der Sterne beobachtet:

> **1 Hen 36,3f**
> Durch jedes jener kleinen Tore zogen die Sterne des Himmels hindurch und liefen nach Westen *auf der Bahn, die ihnen gezeigt wurde*. Und als ich das sah, pries ich fortwährend; ja, ich werde preisen den Herrn der Herrlichkeit, der die großen und herrlichen Wunder getan hat, um die Größe seines Werkes den Engeln und den Seelen der Menschen zu zeigen, damit sie sein Werk, seine

---

der steinernen Oberfläche (Jaspis) des unteren Himmels eingezeichnet sind; siehe dazu die Belege und die Diskussion bei Horowitz, *Cosmic Geography* (Anm. 25), 14f; diese Vorstellung impliziert nach Horowitz, „that this surface rotated every 24 hours, since inscribed stars could not move independently. This tradition is reasonable since stars and constellations maintain fixed positions relative to one another as if inscribed on a rotating sphere.“ Die Anschauung von auf der himmlischen Steinsphäre rotierenden Sternen hat durchaus etwas Starres, ja Mechanistisches an sich.

66 Besonders zur älteren babylonischen Himmelskunde des Typs MUL.APIN siehe Albani, *Astronomie* (Anm. 19), 155–272; Ben-Dov, *Head* (Anm. 19), 153–196.

67 Siehe dazu Albani, a. a. O., 218–226.

68 Zum babylonischen Hintergrund der Schöpfungstheologie des ‚Monotheismus-Propheten‘ Deuterojesaja, siehe ausführlich Albani, *Gott* (Anm. 5), 37–74, 123ff. Die mesopotamischen Bezüge im priesterlichen Schöpfungsbericht Gen 1 werden seit H. Gunkels bahnbrechender religionsgeschichtlicher Untersuchung *Schöpfung und Chaos in Urzeit und Endzeit*, Göttingen: Vandenhoeck & Ruprecht, 1895, in der Forschung kontrovers diskutiert; zu den einzelnen Stellen siehe etwa C. Westermann, *Genesis. Teil 1: Genesis 1–11* (BK I/1), Neukirchen-Vluyn: Neukirchener Verlag, [3]1983; dazu auch K. Schmid (Hg.), *Schöpfung* (UTB 3514), Tübingen: Mohr Siebeck, 2012, 72ff.

> Schöpfung preisen, damit sie das Werk seiner Macht sehen und das große Werk seiner Hände preisen und ihn in Ewigkeit rühmen.

Auch der Aufgang der Sonne führt Henoch zum Lobpreis Gottes (1 Hen 83,11).[69] Nach 1 Hen 41,7 preisen die Gestirne sogar selbst den Schöpfer, „denn ihr Lob ist Erquickung für sie". Im Kontext wird betont, dass die Gestirne niemals ihre Umlaufbahn verlassen. Neu ist im „Buch der Bilderreden" (1 Hen 37–71)[70] die Vorstellung, dass die Unveränderlichkeit der Gestirnbahnen durch einen „Bund" bzw. „Schwur" untereinander zustande kommt:

> **1 Hen 41,5–7**
> Ich sah, wie eines Vorrang gegenüber dem anderen hat und wie ihre Bahn prächtig ist und sie ihre Bahn nicht verlassen, nicht hinzufügen und ihre Bahn nicht verkleinern, *(wie) einer dem anderen die Treue bewahrt, indem sie bei dem Bund bleiben.*[71] Und zuerst kommt die Sonne hervor und bewältigt ihren Weg auf Befehl des Herrn der Geister – und sein Name währt von Ewigkeit zu Ewigkeit. Und danach kommt der sichtbare und unsichtbare Weg des Mondes …

„Die astronomische Genauigkeit der Gestirne wird mit ihrer Bundestreue vor Gott begründet."[72] Schwüre waren bekanntlich im Altertum etwas absolut Verbindliches, und ihr Bruch wurde in der Regel mit dem Tode bestraft. Auch hier wird das Phänomen der Naturgesetzlichkeit wie bei den Begriffen „Gehorsam" und „Gerechtigkeit" mit einer soziomorphen Metapher verdeutlicht. 1 Hen 41 entspricht damit in seiner Intention Psalm 148, worin Sonne, Mond und die leuchtenden Sterne zum Lobpreis aufgefordert werden (148,3). Auch in diesem Psalm ist die Gesetzmäßigkeit und Unveränderlichkeit der himmlischen Ordnungen der Grund des Lobpreises auf den Schöpfer (V. 6).

Insgesamt ist es das Ziel der Henoch-Astronomie, Mensch und Gestirne in einer gemeinsamen kosmischen Ordnung zum Lobpreis des Schöpfers zu vereinen.[73] Darin erfüllt sich das Ideal der Gerechtigkeit: Sie ist nicht nur

---

69 Der Text ist oben im Abschnitt 2.2. zitiert.

70 Bei den „Bilderreden" handelt es sich um den jüngsten Teil des äth. Henochbuches, von dem in Qumran keine Texte gefunden wurden, siehe dazu Nickelsburg / VanderKam, *1 Enoch* (Anm. 14), 30ff.

71 Nickelsburg / VanderKam, a. a. O., 142, übersetzen in 41,5: „And they keep faith with one another according to the oath that they have ‹sworn›." Leider ist die Übersetzung an dieser Stelle aufgrund von Textverderbnis nicht sicher, siehe auch Uhlig, *Henochbuch* (Anm. 1), 583, 5a.

72 Uhlig, a. a. O., 583.

73 Im AB selbst fehlt erstaunlicherweise die unmittelbare Zusammenstellung der Gestirnbeobachtung mit dem Schöpferlobpreis. Nur in dem in seiner ursprünglichen Zugehö-

auf den ethisch-sozialen Bereich beschränkt, sondern soll sich in einem kosmischen Horizont entfalten, der auf die Schöpferherrlichkeit verweist. Die apokalyptische Henoch-Astronomie und -Naturweisheit finden somit in der Doxologie Ziel und Erfüllung.

3. Fazit: Astronomie versus Anomie

Die theologische Entfaltung der Idee einer ‚naturgesetzlichen‘ Ordnung in der jüdischen Henoch-Literatur kreist gleichsam wie der Sonnenlauf zwischen Untergang und Aufgang – zwischen der ‚Gottesfinsternis‘ der Theodizeeproblematik, worin die göttliche Gerechtigkeit verdunkelt scheint, und ihrem ‚erleuchtenden‘ Aufgang, nämlich in der Erkenntnis und „celebration“ (J. J. Collins) einer perfekt gesetzmäßigen Schöpfungsordnung, die Natur und Menschenwelt umfasst. Vor allem durch die Beschäftigung mit der Astronomie wurde im „Enochic Judaism“ die dunkle Anomie der Welt- und Gotteserfahrung in hellenistischer Zeit ‚gelichtet‘. Die Gerechtigkeitsidee wurde gewissermaßen an den Himmel projiziert – oder vielleicht besser: an ihm wiederentdeckt. Denn in den astronomischen Gesetzen offenbart sich seit Anbeginn der Schöpfung die gerechte Weltordnung des Schöpfers, die Himmel „erzählen“ nicht nur die „Herrlichkeit“ Gottes (Ps 19,2), sondern auch seine Gerechtigkeit! Vom Firmament geht täglich „Wissen/Erkenntnis“ (דעת) aus (Ps 19,3), welche die gerechten Weisen aufzunehmen vermögen. Der vorbildlich gerechte Urzeitpatriarch Henoch (1 Hen 46,1–3), so die Überzeugung der Apokalyptiker, hat diese Schöpfungsweisheit bereits vor der Sintflut erkannt und verstanden, sozusagen das, was die Welt im Innersten zusammenhält. Er galt als eine Art ‚Ur-Faust‘, der freilich keinen Pakt mit dem Teufel, sondern mit Engeln geschlossen hat, welche die kosmische Ordnung zu garantieren und interpretieren vermögen – wie Uriel, Henochs *angelus interpres*.

Gegenüber biblischen Texten ist in der Henoch-Apokalyptik vor allem die große Bedeutung von heiligen Zahlen neu. Die Gesetzmäßigkeit der Schöpfung kommt in einer ‚heiligen Arithmetik‘ zum Ausdruck: Die Ordnung des Kosmos äußert sich in erster Linie in ihrer numerischen Struktur. Eine solche mathematisch erfassbare Ordnung vermittelt Harmonie, Stabilität und letztlich Sinn. Vor allem der angefochtene Glaube an Gottes gerech-

---

rigkeit zum AB umstrittenen 81. Kapitel (siehe dazu Nickelsburg / VanderKam, *1 Enoch* [Anm. 14], 531ff) preist Henoch nach der Betrachtung der himmlischen Tafeln den *„König der Herrlichkeit“*, dass er *„alle Werke der Welt“* gemacht hat. Die „Tafeln des Himmels“ dürften jedoch nicht nur das Schicksal der Menschen, sondern auch die astronomischen Gesetze enthalten haben. Darauf weist schon die Begründung des Lobpreises hin („Werke der Welt“, 1 Hen 81,3).

tes Wirken wurde so wieder gestärkt. P. L. Berger schreibt in diesem Sinne (in anderem Zusammenhang): „Nomos transzendiert Individualität und enthält Theodizee *ipso facto*. (...) Der Nomos ortet das Leben des Einzelnen in einem allumfassenden Sinngefüge, welches seinem Wesen nach dieses Leben transzendiert.“[74]

Heute bedient vor allem die moderne Astrophysik das Bedürfnis nach Sinnstiftung in einem unendlich und menschenfeindlich erscheinenden Universum, indem sie dem staunenden und sinndurstigen Publikum eine physikalische Weltformel verheißt.[75] Besonders eindrücklich hat dies A. Einstein formuliert:

> „Sie werden schwerlich einen tiefer schürfenden wissenschaftlichen Geist finden, dem nicht eine eigentümliche Religiosität eigen ist (...). Diese Religiosität unterscheidet sich aber von derjenigen des naiven Menschen (…). (Sie) liegt im verzückten Staunen über die Harmonie der Naturgesetzlichkeit, in der sich eine so überlegene Vernunft offenbart, daß alles Sinnvolle menschlichen Denkens und Anordnens dagegen ein gänzlich nichtiger Abglanz ist.“[76]

Auch wenn der Unterschied des naturwissenschaftlichen Niveaus gewaltig ist, so teilen doch die Schöpfer der henochitischen Astronomie mit dem Begründer der modernen Kosmologie das „Staunen über die Harmonie der Naturgesetzlichkeit“. Dem kosmischen Gesetzesverständnis der Henochtradition wird man jedenfalls mit der Abqualifizierung als „thörichtem Kauderwelsch“ (G. Beer) nicht gerecht. Im Rahmen der Apokalyptik hat die jüdische Naturweisheit teilweise schon einen sehr klaren, rational nachvollziehbaren, wenn auch nicht wirklich wissenschaftlichen Charakter angenommen. Insgesamt kann man feststellen, dass sich in nachexilischer Zeit in bestimmten jüdischen Kreisen offenbar eine ‚Kosmisierung‘ des Gesetzesverständnisses vollzogen hat. Damit wurde die „Ordnung des Geschaffenen zum umfassenden und primären Gesetz“, wie M. Limbeck in seiner Untersuchung treffend formuliert hat.[77] Ordnung ist für die Henochtradenten nicht nur ‚das halbe Leben‘, sondern das ganze – und trägt letztlich die Verheißung eines ewigen, sternengleichen Lebens in sich (1 Hen 104,2; Dan 12,3).

---

[74] Berger, *Dialektik* (Anm. 33), 52f.

[75] Vgl. etwa die sehr erfolgreichen populärwissenschaftlichen Publikationen des britischen Astrophysikers Stephen Hawking, der 1988 nicht weniger als den „Plan Gottes“ zu enthüllen versprach, was der „endgültige Triumph der menschlichen Vernunft“ wäre: S. Hawking, *Eine kurze Geschichte der Zeit. Die Suche nach der Urkraft des Universums*, Hamburg: Rowohlt, 1988, 218; zur Kritik am physikalischen Reduktionismus siehe z. B. R. B. Laughlin, *Abschied von der Weltformel. Die Neuerfindung der Physik*, München: Piper, 2010.

[76] A. Einstein, *Mein Weltbild*, Zürich: Europa-Verlag, 1963, 21f.

[77] Limbeck, *Ordnung* (Anm. 43), 63ff.

Messende und mathematisierende Astronomie im Altertum

Jörg Hüfner

Das Thema der Tagung, die rechtsförmige Interpretation kosmischer Phänomene, ist ein Konzept, mit dem ein Physiker von heute seine Schwierigkeiten hat. Zwar beobachtet auch er, ähnlich wie seine Kollegen in der Antike, Regelmäßigkeiten im kosmischen Geschehen, die er Naturgesetze nennt. Aber die Vorstellung, dass hinter diesen Gesetzen ein Gesetzgeber stehen könnte, vergleichbar mit einem König, der für sein Volk Gesetze erlässt, ist ihm fremd. Der heutige Physiker glaubt vielleicht an einen Schöpfer, der die Welt samt ihrer Gesetze erschaffen hat, aber er ist gleichzeitig davon überzeugt, dass der Schöpfer nach dem Akt der Schöpfung nicht mehr in das Naturgeschehen eingreift. Sonst wäre Wissenschaft, so wie wir sie heute betreiben, nicht möglich. Denn sie beruht auf der Annahme, dass Naturgesetze unveränderlich sind. Juristische Gesetze aber können verändert und gebrochen werden. Deshalb darf eine irdische Regierung, anders als ein Weltschöpfer, sich nicht darauf beschränken, Gesetze zu erlassen, sondern sie muss auch deren Einhaltung überwachen.

Der Schwerpunkt der Tagung liegt auf den rechtsförmigen Interpretationen kosmischer Phänomene in der Antike. Aber ein Phänomen kann erst dann interpretiert werden, wenn es erkannt und erforscht worden ist. Als Physiker kann ich zu der Tagung nur insoweit beitragen, als ich einen Überblick über die in der Antike untersuchten kosmischen Phänomene gebe. Ich werde also über die Anfänge der naturwissenschaftlichen Astronomie im antiken Mesopotamien und in Griechenland sprechen. Das Material für meinen Vortrag habe ich aus der angegebenen Literatur zusammengetragen.[1] Da ich selbst kein Historiker bin und mich deshalb schlecht in frühere Zeiten und ihre Vorstellungen hineinversetzen kann, stelle ich die antiken wissenschaftlichen Entdeckungen weitgehend aus der Sicht des modernen Naturwissenschaftlers dar. Ich bitte um Verständnis für diese ahistorische Perspektive. Auch das Wort „Naturgesetz“ werde ich im modernen Sinne verwenden, nämlich als Bezeichnung für Regelmäßigkeiten, die in kosmischen Erscheinungen durch Beobachtung und Nachdenken erkannt worden sind. Von einem Gesetzgeber wird keine Rede sein.

---

[1] B. L. van der Waerden, *Erwachende Wissenschaft. Band 2: Die Anfänge der Astronomie*, Basel: Birkhäuser, 1968, [2]1980; Ders., *Die Astronomie der Griechen. Eine Einführung*, Darmstadt: Wissenschaftliche Buchgesellschaft, 1988; A. Pichot, *Die Geburt der Wissenschaft. Von den Babyloniern zu den frühen Griechen*, Frankfurt am Main: Campus-Verlag, 1995.

1. Eine kurze Einführung in die Methoden der Astronomie

Die Beobachtung des Himmels und das Auffinden von Regelmäßigkeiten ist eine Kunst – Kunst im Sinne von Können. Sie wurde schon früh von Fachleuten, die wir Astronomen nennen wollen, ausgeübt und im Lauf der Zeit ständig verbessert. Allerdings wissen wir wenig darüber, wie die frühen Himmelsbeobachter gearbeitet haben. Wenn ich Ihnen dennoch einen Eindruck geben will, wie Sterne beobachtet, ihre Positionen vermessen und die Ergebnisse ausgewertet worden sind, muss ich auf Zeugnisse späterer Astronomen zurückgreifen. Ich habe dazu Tycho Brahe und Johannes Kepler gewählt. Zwar gehören diese beiden Männer, die um die Wende vom 16. zum 17. Jahrhundert gelebt haben, nicht mehr zur Antike, aber ihre Denk- und Arbeitsweisen sind noch stark von der Antike geprägt.

Der Däne Brahe (1546–1601) hatte mit beträchtlichen Mitteln seines Landesherren eine astronomische Forschungsstätte aufgebaut und dort über 20 Jahre lang die Bewegung der Sterne beobachtet. Brahe war nicht nur ein bedeutender Astronom, sondern auch ein genialer Ingenieur, der hochpräzise Beobachtungsgeräte entwarf und bauen ließ. **Abb. 1**, die einem Werk von Brahe entnommen ist, erlaubt einen Blick in die astronomische Praxis seiner Zeit. Der Quadrant (Viertelkreis) mit einem Radius von etwa drei Metern ist das Herzstück der Anlage. Er ist aus Messing geschmiedet und sorgfältig mit einer feinen Winkelskala versehen. In der Mitte der Abbildung sitzt Brahe – überdimensional groß dargestellt – und zeigt auf einen Stern, den sein Assistent vermessen soll. Das Licht des Sterns fällt durch einen Spalt in der Mauer, die auf der linken Seite des Bildes zu sehen ist. Der Assistent verschiebt das Peilgerät auf dem Quadranten, bis er den Stern durch den Mauerspalt sehen kann. Die Position des Peilgerätes wird dann als Winkel auf dem Quadranten abgelesen und an den Protokollierer am Tisch weitergegeben. Daraus lässt sich die „astronomische Breite“ des beobachteten Sterns berechnen. Die Bezeichnungen „Breite“ und „Länge“ sind der Geographie entnommen: Jeder Ort auf der Erdoberfläche lässt sich durch die zwei Winkel der geographischen Breite und Länge festlegen. In analoger Weise wird die Position eines Sternes auf einer „Himmelskugel“ durch die beiden Winkel der astronomischen Breite und Länge festgelegt. Natürlich ist die Himmelskugel nicht real wie die Oberfläche der Erde, sondern man stellt sie sich nur vor. Denn da die Entfernungen der Sterne vom Beobachter in der Antike nicht bestimmt werden konnten, sah es so aus, als seien alle Gestirne gleichweit vom Beobachter entfernt.

Die astronomische Länge wird mithilfe einer Uhr gemessen. Da sich während eines Tages die Erde einmal um sich selbst dreht, kommt jeder Stern, der am Beobachtungsort sichtbar ist, einmal täglich ins Visier. Wann

Abb. 1: Mauerquadrant des Tycho Brahe zur Beobachtung von Sternpositionen. Erklärungen im Text. Kolorierter Kupferstich aus Tycho Brahes Buch „Astronomiae Instauratae Mechanica" (1598). Der Stern und der gestrichelte Lichtstrahl wurden nachträglich eingezeichnet.

das geschieht, hängt von seiner astronomischen Länge ab. Der zweite Assistent rechts unten liest deshalb die Zeit ab, zu der der Stern ins Visier kommt, und gibt sie an den Protokollanten weiter. Da damals die Uhren noch recht ungenau waren, ließ Brahe zwei Uhren aufstellen und vermutlich den Mittelwert notieren, wodurch er die Genauigkeit der Zeitangabe erhöhen konnte. Brahe beobachtete den Himmel kontinuierlich während zweier Jahrzehnte. Die geduldige Beobachtung über lange Zeiten ist ein Markenzeichen der Astronomie, heute wie auch im Altertum.

Als sein Gönner starb, wurde Brahe entlassen und ging mit seinen Daten an den kaiserlichen Hof nach Prag, wo er sie auswerten wollte. Da jedoch ihm und seinen Assistenten das dazu notwendige mathematische Rüstzeug

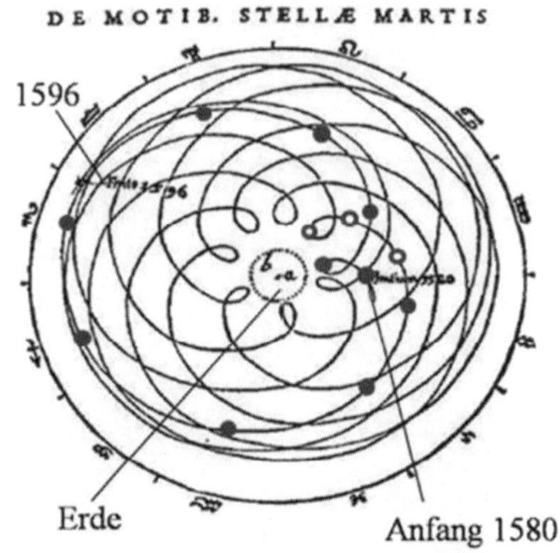

Abb. 2: Blick auf die Bahn des Planeten Mars. Die Erde steht im Zentrum und ist als ruhend angenommen. Die Bahn beginnt im Jahr 1580 und endet im Jahr 1596. Damit der Leser die Bahn, die entgegen dem Uhrzeiger verläuft, besser verfolgen kann, sind der erste Umlauf durch Punkte und der Anfang des zweiten durch offene Kreise markiert. Kepler berechnete die Kurve aus Brahes Daten und veröffentlichte sie seinem Werk „Astronomia Nova"(1609), woraus diese Abbildung entnommen wurde.

fehlte, stellte er den 29-jährigen Kepler (1571–1630) ein, der sich als rech nender Astronom schon einen Namen gemacht hatte. Er sollte die Bahn des Planeten Mars aus den Beobachtungsdaten bestimmen. Großspurig meinte Kepler, das Problem in acht Tagen lösen zu können, er brauchte dann aber fast 20 Jahre, bis er die drei nach ihm benannten Gesetze der Planetenbewegung entdeckt hatte.

Zunächst berechnete Kepler aus Brahes Daten, die für die Jahre 1580 bis 1596 vorlagen, die Bahn des Planeten Mars um die Erde (**Abb. 2**). Diese Bahn ist außerordentlich kompliziert. Erstens variiert der Abstand zwischen beiden sehr stark: abwechselnd kommt der Mars der Erde sehr nahe und entfernt sich dann wieder. Zweitens fallen die Schleifen ins Auge. Auf ihnen bewegt sich der Mars sogar rückläufig – von der Erde aus gesehen! Verfolgt man die Bahn des Mars, indem man z. B. bei einer Schleife beginnt, dann wird man auf einer kreisähnlichen Bahn geführt und erreicht nach etwa zwei Jahren die benachbarte Schleife. Ich zeige mit Absicht dieses Bild, damit man einen Eindruck bekommt, mit welch komplizierten Bewegungen der Himmelskörper sich die antiken Astronomen auseinandersetzen mussten. Man muss sie bewundern, dass sie dennoch Gesetzmäßigkeiten entdecken konnten.

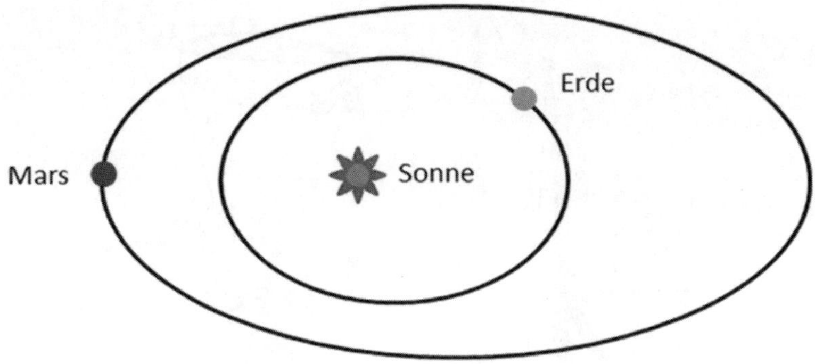

Abb. 3: Die Bahnen von Mars und Erde im heliozentrischen System. Es handelt sich um Ellipsen, in deren einem Brennpunkt die Sonne steht. Die Exzentrizität, d. h. die ‚Streckung' der beiden Ellipsen ist in dem Bild übertrieben groß gezeichnet.

Kepler vermutete, dass die Bahn des Mars nur deshalb so kompliziert war, weil er den ‚falschen' Bezugspunkt benutzt hatte. Denn er war von dem heliozentrischen Planetensystem des Kopernikus (1473–1543) überzeugt. Deshalb berechnete Kepler aus Brahes Daten nicht nur die Bahn des Mars um die Erde, sondern auch die um die Sonne (**Abb. 3**). Dabei fand er eine erstaunlich einfache Kurve, nämlich ein geschlossenes Oval. Eine genauere Analyse dieser Kurve ergab, dass es sich um eine Ellipse handelt, wobei die Sonne nicht im Mittelpunkt, sondern in einem der beiden Brennpunkte steht. Dieses Ergebnis heißt heute „Erstes Keplersches Gesetz". In dem heliozentrischen System lässt sich die komplizierte Bahn des Mars in Abb. 2 auch leicht verstehen. Beide Planeten, Erde und Mars, bewegen sich um die Sonne. Da dic Erde dazu ein Jahr und der Mars fast zwei Jahre (genauer 1,881 Jahre) benötigt, bleibt der Abstand zwischen Erde und Mars nicht konstant, sie kommen sich näher und entfernen sich voneinander. Es kommt sogar manchmal vor, dass die Erde den Mars ‚überholt'; dann sieht es so aus, als würde der Mars sich rückwärts bewegen, was zu den Schleifen führt.

Aus dieser kurzen historischen Übersicht möchte ich drei Aspekte hervorheben:

Erstens: Sorgfältige Messungen über lange Zeiträume sind das Fundament jeder neuen Erkenntnis. Keplers Entdeckungen waren nur möglich, weil er sich auf die überaus genauen Daten von Brahe stützen konnte.

Zweitens: Die bis zu Kopernikus vorherrschende Ansicht, dass alle Sterne sich um die Erde bewegen, ist zwar nicht falsch, führt aber zu sehr komplizierten Bahnen, die den Astronomen der Antike große Schwierigkeiten bereiteten. Wenn man sich in das System begibt, in dem die Sonne ruht, werden die Phänomene am Himmel einfacher.

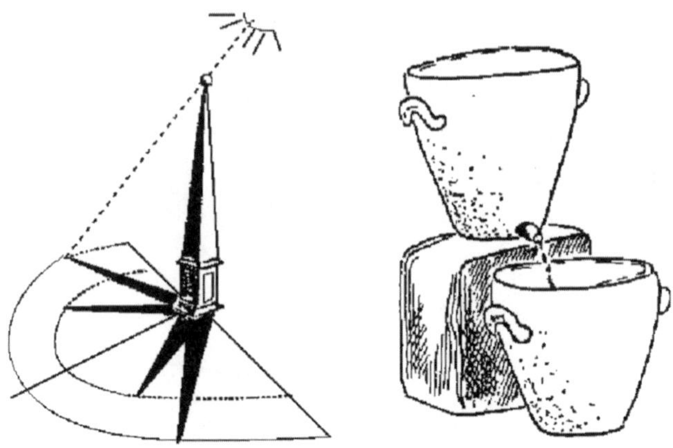

Abb. 4: Zwei Instrumente der antiken Astronomen. Links der Gnomon zur Beobachtung des Sonnenstandes, rechts die Wasseruhr zur Zeitmessung.

Drittens: Nur im heliozentrischen System sind alle Bahnen streng periodisch, d. h. die Planeten bewegen sich auf geschlossenen Kurven, deren Durchlauf sich nach jeweils einer Periode wiederholt. Das gilt nicht, wenn man die Planetenbewegung im geozentrischen System betrachtet, wie man aus Abb. 2 sieht.

Im Folgenden werde ich an einigen Beispielen die Beiträge der Mesopotamier und der Griechen zum Fortschritt der Astronomie schildern. Ganz grob lassen sich diese in folgender Weise charakterisieren: Die Mesopotamier waren sehr geduldige und genaue Beobachter, die über lange Zeiträume die Veränderungen am Himmel beobachtet und aufgezeichnet haben. Die Griechen haben sich vorwiegend denkend und rechnend mit dem Aufbau des Planetensystems beschäftigt. Die Astronomie der alten Ägypter werde ich nicht behandeln, u. a. weil von ihr relativ wenig überliefert ist.

2. Die Entdeckung der Periodizität

Über die Geräte, mit denen die Astronomen des Altertums beobachteten, wissen wir nicht viel. Vermutlich haben sie, ähnlich wie Brahe, gewisse Peilgeräte und Uhren benutzt. **Abb. 4** zeigt zwei Beispiele, allerdings nicht in Originalabbildungen. Mit dem Gnomon, einem Vorläufer der Sonnenuhr, ließen sich Höhe und Winkelposition der Sonne bestimmen. Zur Zeitmessung war die Wasseruhr oder Klepsydra gebräuchlich. Die Menge des ausgeflossenen Wassers zeigt die ‚verflossene' Zeit an.

Zu den Erfolgen der mesopotamischen Astronomie trug sicherlich auch der hohe Grad ihrer Organisation bei. Die Beobachtung der Himmelsphänomene war eine staatliche Aufgabe. Es wurden vom Staat unterhaltene

Beobachtungsstationen eingerichtet, die dem Hof regelmäßig berichten mussten, diese Berichte wurden archiviert – und das über sehr lange Zeiten, über viele Jahrhunderte! Diese verlässlichen Daten waren im ersten vorchristlichen Jahrtausend unter den Astronomen des Mittelmeerraums verbreitet, und sogar Ptolemaios (ca. 90–168 n. Chr.) aus Alexandria konnte sich noch auf sie stützen.

Die mesopotamischen Astronomen hatten zwei wesentliche Aufgaben: die Erstellung eines verlässlichen Kalenders und die Herausgabe einer ausgefeilten Astrologie. Der Kalender war nicht nur für die Landwirtschaft wichtig, sondern auch für die Verwaltung des Reiches, wie das folgende Zitat aus einem Täfelchen aus der Zeit des Hammurabi (1792–1750 v. Chr.) bezeugt:

> „Hammurabi sagt seinem Minister Sîn-idinnam dies: Das Jahr ist nicht mehr an seinem Platz. Lass den nächsten Monat unter dem Namen Ululu II eintragen. Die Entrichtung der Steuern in Babylon soll anstatt bis zum 25. Taschiritu bis 25. Ululu abgeschlossen sein.“[2]

Die Einschiebung eines zusätzlichen Monats zog also keine Verlängerung des Steuertermins nach sich.

Wie der Kalender, so war auch die Astrologie eine staatliche Aufgabe. Denn man wollte den Willen der Götter aus den Geschehnissen am Himmel erschließen, um daran das staatliche Handeln auszurichten. Die mesopotamischen Astronomen studierten dazu die Positionen wichtiger Sterne in systematischen Beobachtungsreihen und zeichneten sie auf. Gleichzeitig wurden irdische Ereignisse, wie Wetter, politische Veränderungen usw. notiert, um einen Zusammenhang zwischen irdischen und himmlischen Geschehnissen herauszufinden. Die Regelmäßigkeit der Himmelsphänomene wurde erst allmählich entdeckt.

Das erste uns bekannte Beispiel einer systematischen Himmelsbeobachtung in Mesopotamien bezieht sich auf den Planeten Venus. Die Venus ist nach Sonne und Mond der hellste Himmelskörper und hat wohl deshalb schon früh die Aufmerksamkeit der Menschen auf sich gezogen. Der Planet wurde mit der Göttin Ischtar in Verbindung gebracht. Die ersten systematischen Beobachtungen über einen Zeitraum von 20 Jahren stammen vermutlich aus der Regierungszeit des babylonischen Königs Ammizaduqa, der etwa 150 Jahre nach Hammurabi regierte, und sind im Omenbuch *Enūma Anu Enlil* enthalten. Wir geben ein Beispiel für eine solche Eintragung:

> „Wenn im Monat Sabatu (entspricht etwa unserem Monat Februar) am 15. Tage Venus im Westen verschwand, 3 Tage unsichtbar blieb und am 18. Sabatu

---

2 Pichot, *Geburt der Wissenschaft*, 126.

> wieder erschien, (so gibt) es Katastrophen von Königen; Adad wird Regen bringen, Ea unterirdische Wasser; Könige werden Königen Grüße senden."[3]

Dieser Text enthält Aussagen über drei Bereiche des babylonischen Lebens, über Auf- und Untergänge der Venus, über die Wasserverhältnisse und über den König. Er zeigt, wie damals astronomische, meteorologische und politische Geschehnisse als zusammengehörig angesehen wurden.

Ich beschränke mich im Folgenden auf die astronomischen Aussagen. In dem zitierten Text heißt es, dass die Venus an einem bestimmten Datum im Westen unterging und drei Tage lang nicht beobachtet werden konnte. Wie verstehen wir das heute? Die Venus ist unser Nachbarplanet und umläuft die Sonne auf einer engeren Bahn als die Erde. Deswegen tritt sie immer nur in unmittelbarer Nachbarschaft zur Sonne auf. Wenn die Venus überhaupt sichtbar ist, dann als „Morgenstern" eine kurze Zeit vor Sonnenaufgang, und als „Abendstern" eine kurze Zeit nach Sonnenuntergang. Dass es sich bei dem Morgen- und Abendstern um denselben Stern handelt (was ja nicht selbstverständlich ist), wussten die Babylonier schon bald. In dem Zitat geht Venus im Westen unter, also als Abendstern. In den drei Tagen, in denen sie nicht sichtbar ist, befindet sie sich in einer Position, wo ihr Licht vom dem der Sonne überstrahlt wird.

Als die babylonischen Astronomen die Daten, die sie über zwanzig Jahre aufgezeichnet hatten, analysierten, entdeckten sie, dass sich das beobachtete Geschehen nach acht Jahren (genauer nach acht Jahren minus 2 ½ Tagen) wiederholte. Diese Entdeckung der „achtjährigen Venusperiode" hatte damals vielleicht dieselbe Bedeutung wie später das erste Keplersche Gesetz und war eine der ersten Entdeckungen einer Ordnung in dem komplizierten Verhalten von Sternen und ein Schritt zu einer Naturbeschreibung im Sinne der modernen Physik.

Verfinsterungen des Mondes und der Sonne waren in der Antike immer Zeichen für außerordentliche Ereignisse, oft Unglücke, und wurden deshalb genau beobachtet. Ich zitiere aus einem Bericht des Hofastrologen Nadinu des assyrischen Königs Assarhaddon (680–669 v. Chr.):

> „Am 14. wird eine Mondfinsternis stattfinden; Böses für Elam und Amurru, Gutes für meinen Herrn König. Das Herz meines Königs möge sich freuen (…)."[4]

Hier wird also eine Mondfinsternis vorausgesagt. Auf einem anderen Täfelchen lesen wir:

---

[3] Van der Waerden, *Anfänge der Astronomie*, 35.
[4] Ebd., 91.

„Meinem Herrn habe ich geschrieben: ‚eine Finsternis wird stattfinden‘. Nun ist sie ‹nicht› vorbeigegangen, sie hat stattgefunden. Im Stattfinden dieser Finsternis liegt Heil für meinen Herrn König (...)“.[5]

Es ist nicht klar, ob sich die beiden Täfelchen, die Voraussage einer Finsternis und ihre Bestätigung, auf dasselbe Ereignis beziehen. Aber wir lernen daraus, dass die Voraussagen damals nicht ganz zuverlässig waren. Es gibt nämlich auch Täfelchen, auf denen berichtet wird, dass eine Voraussage nicht eingetreten sei.

Auf welcher Basis konnten solche Voraussagen überhaupt gemacht werden? Seit der Zeit das assyrischen Königs Nabonassar (747–735 v. Chr.) wurden Listen über alle Finsternisse geführt. Diese wurden auf Regelmäßigkeiten untersucht, ganz ähnlich wie bei den Venusbeobachtungen. Am bekanntesten ist der entdeckte Saros-Zyklus von 18 Jahren und 11 Tagen: Nach dieser Periode wiederholen sich mit recht guter Genauigkeit alle Sonnen- und Mondfinsternisse.

Ausgangspunkt der mesopotamischen Astrologie war die Hoffnung, die Absichten der Götter aus den Geschehnissen am Himmel erschließen zu können und damit Erfolg oder Misserfolg königlicher Entscheidungen voraussagen zu können. Die zugehörigen Himmelsbeobachtungen führten zur Entdeckung von ‚Naturgesetzen‘ in der Form von Periodizitäten, auf deren Basis künftige Himmelskonstellationen vorausberechnet werden konnten. Aber entgegen meiner naiven Erwartung hat die Voraussagbarkeit eines kosmischen Ereignisses seinen astrologischen Wert nicht gemindert – im Gegenteil, wie ich von S. Maul lernte. Denn wenn zum Beispiel ein unglückbringendes Zeichen verlässlich vorausgesagt wurde, so konnte sich der König darauf einstellen und mit einem Opfer oder einer anderen Handlung versuchen, die zuständige Gottheit zu besänftigen und damit das Unglück abzuwenden. Denn in der mesopotamischen Vorstellung war das Eintreten eines Naturereignisses nicht naturnotwendig.

3. Die Rolle der Zahlen in der Naturbeschreibung

„Das Buch der Natur ist in der Sprache der Juristen geschrieben.“ Mit diesem Satz könnte man – sicherlich vereinfacht – den Grundgedanken der rechtsförmigen Interpretation von Naturphänomenen erfassen. Aber selbst im Altertum handelte es sich dabei nicht um die einzige Interpretation von Naturphänomenen. Denn schon im zweiten vorchristlichen Jahrtausend benutzten die Mesopotamier Zahlen, um die von ihnen entdeckten Naturgesetze – man denke an den Kalender und die Venusperiode – zu formu-

---

5 Ebd.

lieren. Bei der rechtsförmigen und der zahlenmäßigen Erfassung von Himmelsphänomenen handelte es sich also um zwei *nebeneinander* bestehende Beschreibungs- und Verständnisweisen. Erst im Lauf des ersten vorchristlichen Jahrtausends schälte sich bei den Griechen die Erkenntnis heraus, dass die Mathematik die für die Naturbeschreibung adäquatere Sprache ist. Viel später hat Galilei dafür den berühmten Satz gefunden „Das Buch der Natur ist in der Sprache der Mathematik geschrieben." Dieser Aussage würde auch ein Physiker von heute noch zustimmen.

In Ägypten und in Mesopotamien war die Mathematik weit entwickelt, aber sie blieb ein Hilfsmittel, um konkrete Probleme zu lösen. Wir würden heute von angewandter Mathematik sprechen. Als eigenständige Wissenschaft und als Teil einer philosophischen Weltsicht wurde die Mathematik vermutlich zuerst von den Pythagoreern ab dem 6. Jh. v. Chr. betrieben. Deren Gedanken waren so wirkungsmächtig, dass ich darauf näher eingehen möchte.[6]

In seiner Jugend soll sich Pythagoras (ca. 570–510 v. Chr.) in Ägypten und in Kleinasien aufgehalten haben, wo er sich u. a. mit den dortigen mathematischen und astronomischen Kenntnissen vertraut gemacht hat.[7] Das Gelernte wurde dann in der von ihm in Süditalien gegründeten Schule weiterentwickelt. Dafür ein Beispiel: Auch wenn die Eigenschaften rechtwinkliger Dreiecke in Ägypten und Mesopotamien schon lange bekannt und in der Landvermessung wichtig waren, so wurde der „Satz des Pythagoras" als mathematisches Theorem wohl erst von den Pythagoreern bewiesen. Sie haben zum einen die Mathematik als eigenständige Wissenschaft der Zahlen und geometrischen Formen geschaffen und zum anderen eine ‚Philosophie der Zahlen' vertreten, die eine ungeheure Wirkung auf das Denken späterer Philosophen und Naturforscher ausgeübt hat. Da uns die Schriften der Pythagoreer nicht überliefert sind, wissen wir von diesen Ideen nur aus den Werken späterer Autoren. So schreibt Aristoteles:

> „Da sie (die Pythagoreer) nun ganz in ihr (der Mathematik) lebten und webten, so kamen sie auf den Gedanken, die Prinzipien des Mathematischen seien zugleich auch die Prinzipien alles Seienden. In der Mathematik ist aber die Zahl natürlicherweise das Erste, und in der Zahl glaubten sie nun vielfache Ähnlichkeit mit dem Seienden und Werdenden zu finden (...). Sodann sahen sie in der Zahl auch die Erscheinungsformen und Verhältnisse der Musik, (…) und (nahmen weiter an) der ganze Himmel sei Harmonie und Zahl."[8]

---

6 W. Burkert, *Weisheit und Wissenschaft. Studien zu Pythagoras, Philolaos und Platon*, Nürnberg: Hans Carl, 1962.

7 C. Riedweg, *Pythagoras. Leben, Lehre, Nachwirkung. Eine Einführung*, München: C. H. Beck, 2002.

8 Aristoteles, Metaphysik, 1. Buch, 2. Kapitel, zitiert nach Pichot, *Geburt der Wissenschaft*, 398.

Möglicherweise hatten die Pythagoreer an Saiteninstrumenten den allen Musikern vertrauten Zusammenhang zwischen der Höhe eines Tons und der Länge der angestrichenen Saite quantitativ untersucht und einfache Verhältnisse für gewisse Tonfolgen gefunden, z. B. ein Verhältnis von 2:1 für die Saitenlängen bei einer Oktave. Der in der Musik wichtige Begriff der Harmonie fand damit eine Entsprechung in Zahlenverhältnissen. Die Entdeckung eines Zusammenhangs zwischen Harmonie und Zahl, einem Zusammenhang zweier weit entfernter Bereiche menschlicher Aktivität, muss sie so stark fasziniert haben, dass sie vermuteten, ein allgemeines Prinzip in der Weltordnung entdeckt zu haben. In der Astronomie fanden sie dieses Prinzip bestätigt, und sie sprachen deshalb davon, dass „der ganze Himmel Harmonie und Zahl“ sei. Zweitausend Jahre später wurden diese Gedanken in dem Werk „Harmonia mundi“, worin Kepler auch das dritte von ihm entdeckte Gesetz der Planetenbewegung veröffentlichte, wieder aufgenommen – und nicht nur im Titel!

Die Pythagoreer gingen aber noch weiter und erklärten, dass ganz allgemein „die Prinzipien des Mathematischen zugleich auch die Prinzipien alles Seienden sind“, dass also die Zahlen das Geschehen in der Welt beherrschen. Das Wort „beherrschen“ kann dabei zweierlei bedeuten. Wenn man sagt, ein Bild sei von einer Baumgruppe beherrscht, dann meint man damit, dass die Baumgruppe das Wichtigste auf dem Bild ist. Beherrschen kann aber auch mit Befehlen in Verbindung gebracht werden in dem Sinne, dass die Zahlen die Abläufe in der Welt „befehlen“. Nach Pichot entspricht die zweite Deutung den Vorstellungen der Pythagoreer: „Nach pythagoreischer Auffassung ‚befiehlt‘ die Zahl den Dingen (oder die Dinge ahmen die Zahlen nach), aber wie das geschieht, bleibt unklar und damit auch der Status der Zahl.“[9] Die Pythagoreer wandten ihr Prinzip aber auch auf abstrakte Begriffe an z. B. wie Beseelung, der sie die Zahl 6 zuordneten, oder Freundschaft, zu der die Zahl 8 gehören sollte. Was damit gemeint sein könnte, konnten mir auch Fachleute der griechischen Philosophie nicht sagen.

Auch von den Mesopotamiern sind Versuche überliefert, die Struktur der Welt durch Zahlen auszudrücken. Auf einer Tafel aus der Bibliothek des Assurbanipal aus dem 7. Jh. v. Chr. (also noch vor den Pythagoreern) wird jedem Gott eine Zahl zugeordnet: zum Beispiel die Zahl 60 dem Vater aller Götter, Anu, die Zahl 30 dem Mondgott und die Zahl 15 der Göttin Ischtar. Zunächst ist damit sicherlich eine Rangliste aufgestellt, wobei die Bedeutung einer Gottheit durch die Höhe der ihr zugeordneten Zahl ausgedrückt ist. Aber auch hier, wie bei den Pythagoreern, muss man vermuten, dass diese Zuordnungen auch noch einen uns unbekannten tieferen Sinn

---

[9] Pichot, *Geburt der Wissenschaft*, 391f.

hatten, wobei vermutlich, wie es Maul in einem Gespräch ausdrückte, geniale Einsichten und Spinnerei eng benachbart waren.

4. Modelle für das Planetensystem

Mit Thales von Milet (um 600 v. Chr.) begann die Astronomie der Griechen. Von ihm wird überliefert, dass er eine Sonnenfinsternis vorausgesagt haben soll, vermutlich die des Jahres 585 v. Chr. Die Wissenschaftshistoriker sind sich jedoch darüber einig, dass Thales selbst nicht die dazu erforderlichen Langzeitbeobachtungen gemacht hatte. Er hatte sich vielmehr sein mathematisches und astronomisches Wissen auf Reisen nach Ägypten und Kleinasien angeeignet, u. a. wohl auch die Kenntnis, wie Finsternisse berechnet werden.

Auch Pythagoras und seine Schüler haben sich auf ägyptisches und mesopotamisches Wissen in der Astronomie gestützt. Ihr großer Beitrag zum Fortschritt der Astronomie besteht darin, dass sie das erste bekannte Modell für den Aufbau des Planetensystems entworfen haben. Im Folgenden versuche ich zu rekonstruieren, wie sie dabei vielleicht vorgegangen sein könnten. Sie hatten drei Probleme zu lösen:

Erstens die räumliche Struktur des Himmels: Bei einer astronomischen Beobachtung werden nur die beiden Winkel bestimmt, unter denen ein Stern am Himmel erscheint, während sein Abstand von dem Beobachter nicht gemessen werden kann. So erscheint es einem irdischen Beobachter, als wären alle Gestirne an einer imaginären Kugelschale befestigt oder bewegten sich auf ihr. Der Vorschlag der Pythagoreer, dass die Himmelskörper nicht auf der zweidimensionalen Kugeloberfläche sondern im dreidimensionalen Raum verteilt sind, stellt deshalb eine großartige Denkleistung dar. Sie ergab sich wohl aus ihrer intensiven Beschäftigung mit der Geometrie räumlicher Körper.

Zweitens die Anordnung der einzelnen Himmelskörper im Raum: Alle Sterne außer Sonne und Mond zeigen sich dem bloßen Auge als Lichtpunkte verschiedener Helligkeit. Die Fixsterne bewegen sich einmal in 24 Stunden um die Erde, aber so, dass sich ihre relative Anordnung dabei nicht verändert, während sich die anderen Himmelskörper, Sonne, Mond und die Planeten, relativ zu den Fixsternen mit unterschiedlichen Geschwindigkeiten bewegen. Die Pythagoreer nahmen nun an, dass die Fixsterne auf einer Kugelschale befestigt sind, die sich als Ganzes bewegt, während sich die Planeten im Innern der Schale bewegen. Weiter vermuteten sie, dass die sich schnell bewegenden Planeten der Erde näher sind als die langsameren. Das war eine kühne, aber richtige Hypothese, wie erst Kepler mit seinem dritten Gesetz beweisen konnte.

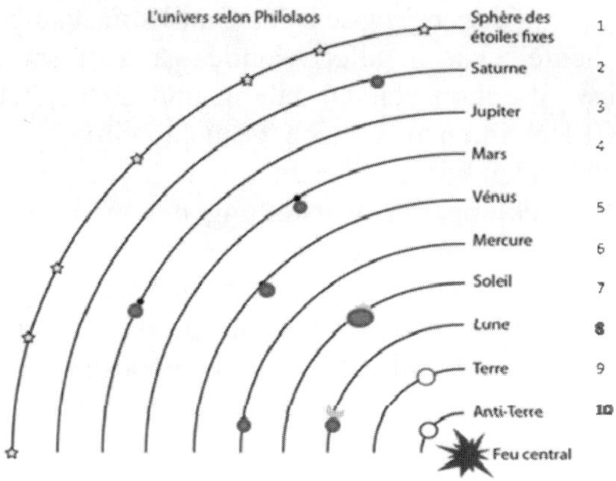

Abb. 5: Der Aufbau des Planetensystems nach Philolaos. Das Bild soll nur die Anordnung der Himmelskörper zeigen, aber nicht deren Entfernungen voneinander.

Drittens die Form der Planetenbahnen: Hier ließen sich die Pythagoreer von Symmetrievorstellungen leiten, ganz ähnlich wie heutige theoretische Physiker, wenn sie in unbekannte Gebiete vorstoßen. Die Pythagoreer forderten nämlich, dass sich die Himmelskörper auf Kreisen bewegen. Denn Kreise sind in einem gewissen Sinn vollkommene Kurven, da sie schon durch zwei Angaben vollständig bestimmt sind, den Radius und die Lage des Mittelpunktes. Dass vollkommene mathematische Gebilde den als vollkommen angenommenen Himmelskörpern zugeordnet werden, entsprach der Weltsicht der Pythagoreer.

Das erste bekannte Modell eines Planetensystems (**Abb. 5**) wird dem Pythagoreer Philolaos (ca. 470–385 v. Chr.), einem Zeitgenossen des Sokrates, zugeschrieben. Die fünf Planeten Saturn, Jupiter, Mars, Venus und Merkur bewegen sich zusammen mit Sonne, Mond und Erde und einer Gegenerde auf konzentrischen Kreisen um ein zentrales Feuer. Man beachte, dass im Zentrum dieses Systems nicht die Erde, sondern ein Zentralfeuer steht. Dieses bescheint die Sonne und die anderen Gestirne, die deshalb leuchten. Die Gegenerde wurde vermutlich eingeführt, weil damit die Zahl der Gestirne (wobei die Fixsternsphäre als ein Gestirn gerechnet wurde) auf zehn erhöht werden konnte. Denn zehn war für die Pythagoreer eine besondere Zahl.

Das Argument, mit dem die Gegenerde eingeführt wurde, scheint zunächst befremdlich. Als ich länger darüber nachdachte, fiel mir ein Beispiel für ähnliches Argumentieren aus der modernen Physik ein: das Higgs-Boson. Ohne dass es dafür eine empirische Evidenz gab, wurde dieses Teilchen 1964 postuliert, weil es eine elegante Möglichkeit eröffnete, zu verstehen, wie die verschiedenen Massen der Quarks zustande kommen. Das Higgs-Boson ist heute zwar in aller Munde, ist aber immer noch nicht nachgewiesen, obwohl schon seit 40 Jahren und auch jetzt im LHC-Beschleuniger am CERN intensiv danach gesucht wird. Vielleicht wird es auch einmal verschwinden wie die Gegenerde der Pythagoreer.[10]

Die weitere Entwicklung der Vorstellungen vom Planetensystem soll nur noch kurz skizziert werden. Zunächst verschwanden Zentralfeuer und Gegenerde im Modell des Philolaos, weil es dafür keine empirische Evidenz gab, und die Erde rückte ins Zentrum. Dieses geozentrische System galt dann zwei Jahrtausende, allerdings nicht unbestritten. Aristarch von Samos (um 270 v. Chr.), den man auch den „Kopernikus der Antike“ nennt, schlug nämlich vor, die Sonne ins Zentrum zu setzen, da auf diese Weise die Schleifenbewegungen erklärt werden könnten, denen wir schon bei der Bahn des Mars um die Erde begegnet sind (Abb. 2). Obwohl sein Gedanke richtig war, wurde er in der Antike nicht akzeptiert, denn er implizierte, dass die Erde sich um die eigene Achse dreht, wofür es damals keine Beweise gab. Das geozentrische Planetenmodell wurde von Ptolemaios (ca. 90–168 n. Chr.) mathematisch so vervollkommnet, dass viele Sternkonstellationen vorausberechnet werden konnten.

Mit geringfügigen Verbesserungen blieb das Ptolemäische Planetensystem das akzeptierte Weltmodell für die nächsten 1200 Jahre. Der Grund ist wohl nicht darin zu suchen, dass es besonders gut war, sondern eher darin, dass die politischen und religiösen Umbrüche im Mittelmeerraum in der Zeit nach Ptolemaios eine Naturwissenschaft auf hohem Niveau unmöglich machten. Erst Kopernikus hat dann das astronomische Weltmodell der Antike zu seinem Abschluss geführt, indem er die Sonne ins Zentrum des Planetensystems rückte, wobei er sich auf antike Autoren stützte. Etwas überspitzt könnte man deshalb argumentieren, dass nicht mit Ptolemaios die antike Astronomie *geendet* habe, sondern erst mit Kopernikus (und vielleicht mit Brahe und Kepler). In dieser Sicht würde die moderne Astronomie erst mit Galilei und Newton *beginnen* und das aus guten Gründen: Denn mit dem Fernrohr führte Galilei ein Instrument ein, mit dem ganz neue, der Antike verborgene Himmelsphänomene entdeckt werden konnten. Und mit seiner Theorie der Bewegung von Körpern und dem Gravitationsgesetz konnte Newton die Planetenbahnen nicht nur *beschreiben*, sondern sogar ihre Form *begründen*. Aus der Antike sind dagegen nur beschreibende Naturgesetze überliefert.

In meinem Vortrag habe ich mich auf die naturwissenschaftliche Beschreibung kosmischer Phänomene im Altertum beschränkt und habe diesen Aspekt sicherlich überbetont. Ich habe von Messungen, von deren

---

[10] Nachtrag bei Drucklegung: Die Existenz des Higgs-Bosons wurde in Experimenten am CERN nachgewiesen und im Jahr 2012 öffentlich gemacht.

mathematischer Auswertung und von Weltmodellen gesprochen, als handle es sich um moderne Physik. Das ist natürlich übertrieben. Dennoch war ich erstaunt, als ich bei der Vorbereitung des Vortrags lernte, dass naturwissenschaftliche Methoden und Denkweisen schon früh in den Kulturen des Zweistromlandes und Griechenlands zu finden sind – zumindest in Ansätzen.[11]

[11] Den Herren Walter Burkert (Zürich), Rudolf Löhken (Heidelberg), Stefan Maul (Heidelberg), Michael Peachin (New York), Rudolf Taube (Halle) und Christian Wildberg (Princeton) danke ich für wertvolle Diskussionen.

Laws from "Heaven" to "Nature": Some Afterthoughts

Christoph Uehlinger*

As revised versions of papers from a stimulating colloquium held in September 2011 under the auspices of the University of Zurich's Faculty of Theology, the University's Priority Research Program "Asia and Europe" and the Swiss Society of Ancient Near Eastern Studies, the articles in this volume have in common that they all in some way address the relationship between, on the one hand, concepts of "law" and "order" and, on the other hand, concepts of "heaven and earth," the "cosmos" or "nature." The articles do so from different angles and viewpoints, which are determined not only by the nature of textual sources they examine (which differ in language, genre, scope, original *Sitz im Leben*, preservation and transmission), but also by the peculiar expertise and specific research question, disciplinary background and personal interests of the contributors. These factors make every article in this book a highly original contribution. Looking back at the conference from some distance and from the privileged viewpoint of an editor who has read and re-read the papers in view of their publication, I shall neither summarize what my colleagues have aptly argued in their articles nor squeeze their contributions into an artificial grid of common research questions, let alone simple answers. What strikes me at the end of our journey is the variety of what *we* called "law-like interpretations of nature" in our conference invitation, the variety of ways in which ancient Near Eastern scholars, teachers, seers and especially scribes (among whom were not a few Judahites) sought to conceptualize and correlate what they conceived as "law," "heaven" and "earth," considering what they thought to be one reality shared by deities and humans, even if only partly understood by the latter. In what follows, I shall limit myself to comment on what I—admittedly very subjectively—perceive to be particularly interesting insights and some open questions that might merit further exploration.

One aim of our colloquium was to remind historians that science and the scholarly investigation of the physical world did not start with the Greeks. This point is a truism for anyone working in a discipline that studies the ancient Near East. But it has not attained the desired status of common sense, even among historians of antiquity, let alone scientists with an interest in ancient history.[1] Laymen and scholars living in ancient Mesopotamia,

---

* Many thanks to Phillip Lasater (Zurich) for improving my English style.

1 On ancient Near Eastern "science," see M. Clagett, *Ancient Egyptian Science. A Source Book* (Memoirs of the American Philosophical Society 184; Philadelphia: American Philosophical Society, 1989); N. M. Swerdlow, *The Babylonian Theory of the Planets*

Egypt or the Levant were of course able for millennia to recognize regularities in the physical world they inhabited if only because a prosperous society, and large cities more so than villages, depended on informed compliance with resources such as water, soil, seeds or livestock. They recognized early that "natural phenomena"[2] followed particular rules, not all of which were immediately beneficial to human civilization, to be sure. Such recognition ranged from the most obvious (e. g., periodical changes of light and dark, day and night, hot and cool, wet and dry) to the more complex (e. g., seasonal change and the accompanying behavior of animals and vegetation) and even the sophisticated (e. g., the ways of the stars and constellations). They were able to formalize what they experienced and observed in terms of conditional formulae ("if A, then B," or protasis-apodosis constructions),[3] which did not necessarily express cause and effect but regularity and sometimes coincidence or periodic intervals. Yet they often formulated things in sociomorphic terms, considering the world in which they lived as one governed not by abstract, self-explanatory (let alone autonomous) law but by divine will—whether of a multitude of potentially conflicting deities and demons; a single creator god or supreme divine king ordering everything according to his master plan; or combinations of these two (such as in this book's most often-quoted epic, *Enūma eliš*). That under such conditions, ancient Near Easterners should have conceptualized what *we* call "nature" in terms of law and order, governance and power, rule and ordi-

---

(Princeton, NJ: Princeton University Press, 1998; repr. Princeton Legacy Library, 2014); id., *Ancient Astronomy and Celestial Divination* (Cambridge, MA: MIT Press, 1999); H. Hunger / D. Pingree, *Astral Sciences in Mesopotamia* (HdO I,44; Leiden: Brill, 1999); D. R. Brown, *Mesopotamian Planetary Astronomy-Astrology* (Cuneiform Monographs 18; Groningen: Styx, 2000); V. Katz (ed.), *The Mathematics of Egypt, Mesopotamia, China, India and Islam. A Sourcebook* (Princeton, NJ: Princeton University Press, 2007); F. Rochberg, *In the Path of the Moon. Babylonian Celestial Divination and Its Legacy* (Studies in Ancient Magic and Divination 6; Leiden: Brill, 2010); Ch. Burnett (ed.), *Studies in the History of the Exact Sciences in Honour of David Pingree* (Islamic Philosophy, Theology and Science. Texts and Studies 54; Leiden: Brill, 2011); G. J. Selz / K. Wagensonner (eds.), *The Empirical Dimension of Ancient Near Eastern Studies / Die empirische Dimension altorientalischer Forschungen* (Wiener Offene Orientalistik, 6; Vienna: Lit-Verlag, 2011); H. Neumann (ed.), *Wissenskultur im Alten Orient. Weltanschauung, Wissenschaften, Techniken, Technologien* (CDOG 4; Wiesbaden: Harrassowitz, 2012). On 20th-century history of ancient science and one of its giants, see now A. Jones / C. Proust / J. M. Steele (eds.), *A Mathematician's Journeys: Otto Neugebauer and Modern Transformations of Ancient Science* (Archimedes: New Studies in the History and Philosophy of Science and Technology 45; New York: Springer, 2016).

2 D. J. W. Meijer (ed.), *Natural Phenomena. Their Meaning, Depiction and Description in the Ancient Near East* (VNAW, n. r. 152; Amsterdam: Royal Netherlands Academy of Arts and Sciences, 1992).

3 J. C. Fincke, "Omina, die göttlichen ‚Gesetze' der Divination," *JEOL* 40 (2006–2007), 131–147; cf. F. Rochberg, *In the Path of the Moon* (n. 1), 373–410, and this volume, pp. 37f.

nance does, after all, not come as a surprise. Nonetheless, it is worthwile and sometimes necessary to state the obvious (with all due respect to the "blind"):[4] Ancient Near Eastern texts, including biblical texts, have a word to say on the pre-history of "laws of nature" (and also on the pre-history of "natural law," as F. Rochberg aptly reminds us).[5]

That being said, K. Schmid is right to state that the investigations performed in this volume would make little sense if they were only to prioritize one civilization or the best of its scholars over others (Assyrians over Ionians, Egyptians over Greeks, etc.) in the discovery of "laws of nature," "natural law," or "science" as it were.[6] Not only are such claims intellectually sterile, but they also depend largely on matters of definition, matters that are often arbitrary, sometimes anachronistic, and always disputable: Under what conditions should we speak of "science" (including or excluding "scholarship," mere "learning" or the "wisdom" of the "sages"),[7] of "laws," of "nature?" I vividly recall that at the end of our conference, some participants regretted that the very concept of "nature" had remained somewhat underanalyzed in our discussions, having hid behind what *we* moderns take to be "nature" or "natural phenomena," as well as what *we* say in more ancient terms such as "cosmos," or "creation." Can we speak at all about "laws of nature" as long as the concept is used in a "dynamic" (K. Schmid), anthropomorphic, and sociomorphic (i. e., metaphorical) sense that implies the possibility of interfering government—namely, the lawgiving but perhaps also law-changing activity of gods or God? Or are we definitely dealing with notions of cosmic regularities "before there was nature," as F. Rochberg puts it?[8] It is to Rochberg's credit to have questioned an all too naïve use of concepts such as "cosmology" or "nature" with regard to a world "before nature."[9] Such a world would have no con-

---

4 Schmid, this volume, pp. 3ff. Cf. earlier comments by D. Pingree, "Hellenophilia versus the History of Science," *Isis* 83 (1992), 554–563; and F. Rochberg, *The Heavenly Writing: Divination, Horoscopy, and Astronomy in Mesopotamian Culture* (Cambridge, UK: Cambridge University Press, 2004), 14–43.

5 See above pp. 22ff, 27f, 36.

6 See above pp. 2f, 8.

7 Debate on the use of the concept of "science" for ancient Near Eastern divination etc. surfaces regularly, see (*inter alia*) U. Jeyes, "Divination as a Science in Ancient Mesopotamia," *JEOL* 32 (1991–1992), 23–41; F. Rochberg, "Empiricism in Babylonian Omen Texts and the Classification of Mesopotamian Divination as Science," *JAOS* 119 (1999), 559–569, revised and extended in ead., *The Heavenly Writing* (n. 4), 237–299; J. Ritter, Science and Reason in Ancient Mesopotamia, in *Et il y eut un esprit dans l'Homme. Jean Bottéro et la Mésopotamie* (ed. X. Faivre, B. Lion and C. Michel; Travaux de la Maison René-Ginouvès 6; Paris: De Boccard, 2009), 83–103.

8 This volume, pp. 22ff.

9 Several recent monographs on ancient Near Eastern and ancient Mediterranean conceptual history use "Before" as a catch-word. See B. Nongbri, *Before Religion: A History of a Modern Concept* (New Haven, CT: Yale University Press, 2013); M. van de Mieroop,

cept of physical nature functioning as a self-contained reality, operating in its own terms and according to rules that even major gods or God would not be able to overrule.

Clearly, the scholars writing in this volume neither have nor seek a common definition of "nature." Each one used the concept of "nature" in a somewhat heuristic sense as a starting point for identifying particular phenomena or parts of "reality" as experienced by the ancients and discursively addressed in ancient Near Eastern sources. Thus "nature" may be the food chain observed among animals (F. Naether); rainbows (W. Horowitz); the ways of stars (M. Albani); external matter, from planets to monstrous freak, to be investigated through diviners' methodical observation and quest for reliable truth (F. Rochberg); or "creation" as such (D. P. Wright, J. L. Cooley).[10] Alternatively, as a starting point one could take K. Schmid's programmatic introduction and identify as "nature" those external, physical realities that both his and E. Zilsel's prooftexts address in terms of "commandments" (*miṣwôt*) or "ordinances" (*ḥuqqôt*, *ḥuqqîm*). We would then focus on a limited number of strong cases of large-scale phenomena on which the average human, especially in antiquity, had no impact. Examples of such phenomena include wind and water, weather, light by day and night. In other words, they involve physical realities that modern science investigates in terms of astronomy, meteorology, and geology. It is certainly no coincidence that when exalting the supreme power of a "big boss," biblical texts (or *Enūma eliš*, for that matter) should mobilize as his servants phenomena that from a human perspective are the most extraordinary in "nature." But there is more to "nature" (at least as *we* understand it) that could be subject to the concept of "law of nature," but that biblical and other ancient Near Eastern authors seem not to have considered in such terms.

What strikes mc, therefore, beyond the mere fact that ancient authors *did* address phenomena that *we* tend to apprehend as "nature" in terms of "law" and "order," is that they did so in very specific, and sometimes rather peculiar ways.

One question arising from our collection of essays might be whether we should pay more attention to some commonalities that seem to characterize ancient Near Eastern conceptual approaches to physical reality (*our* "nature") in general, whether in late second-millennium Babylonia, first-

---

Philosophy Before the Greeks: The Pursuit of Truth in Ancient Babylonia (Princeton, NJ: Princeton University Press, 2015).

10 On the relation between ancient Mesopotamian concepts of "science" and "creation," see R. K. Kolev, *The Babylonian Astrolabe. The Calendar of Creation* (SAAS 22; Publications of the Foundation for Finnish Assyriological Research 7; Helsinki: The Neo-Assyrian Text Corpus Project, 2013); W. Horowitz, *The Three Stars Each: The Astrolabes and Related Texts* (AfO.B 33; Wien: Institut für Orientalistik, 2014).

millennium Assyria, exilic or post-exilic Judah, Late Period or even Greco-Roman Egypt. Or should we instead privilege the peculiarities and differences between the various areas, contexts, literary genres, professions, and scholarly culture as reflected in the sources, including differences in approach that can be observed within smaller socio-cultural units such as 7th-century Assyria,[11] the Judahite exiles in Babylonia,[12] or post-exilic Judah. To be sure, several contributors in this volume approach their subject matter in terms of broad cultural analysis, assuming more or less coherent (ancient Near Eastern, Mesopotamian, Egyptian) worldviews and arguing that the same (or very similar) ways of reasoning about 'laws' in 'nature' were at work in, e. g., divination, civil legislation, ritual and even moral education in certain societies or civilizations. F. Naether, following J. P. Allen's theory of "a persistently uniform [ancient Egyptian, C. U.] understanding of what the universe is and how it came to be," offers an interesting sociological argument for what she considers to be structural similarities between texts of various genres: "formulations in (…) rituals, legal texts and knowledge texts ('Wissenstexten')" show "a similar structure" because "these spheres were closely related in terms of persons, institutions and concepts."[13] F. Rochberg, on the other hand, points to differences between omina and legal texts despite the use of identical syntax, which for some scholars is a major argument for closely connecting observational divination with the notion of "laws in nature." For Rochberg, "the crux lies in the respective criteria by which the collected statements 'If P, then Q' are taken as law-like. Conceived (or perceived) as omen statements, the law-like nature of phenomena is a function of their being correlated with other, mostly social, phenomena, rather than there being a conception of lawhood intrinsic to the phenomena themselves. In *Enūma Anu Enlil*, the systematic

11 D. R. Brown, The Scientific Revolution of 700 BC, in *Learned Antiquity: Scholarship and Society in the Near East, the Greco-Roman World, and the Early Medieval West* (ed. A. A. McDonald, M. W. Twomey and G. J. Reinink; Leuven: Peeters, 2003), 1–12. See also G. B. Lanfranchi, Scholars and Scholarly Traditions in Neo-Assyrian Times, *SAAB* 3 (1989), 99–114; from a different angle, F. Rochberg, "Canonicity in Cuneiform Texts," *JCS* 36 (1984), 127–144 = ead., *In the Path of the Moon* (n. 1), 65–84.

12 Hints on the latters's exposure to Babylonian scholarship have been collected from the book of the prophet Ezekiel, see recently A. Winitzer, "Assyriology and Jewish Studies in Tel Aviv: Ezekiel among the Babylonian *literati*," in *Encounters by the Rivers of Babylon. Scholarly Conversations Between Jews, Iranians and Babylonians in Antiquity* (ed. U. Gabbay & Sh. Secunda; TSAJ 160; Tübingen: Mohr Siebeck, 2014), 163–216; J. Stökl, "'A Youth Without Blemish, Handsome, Proficient in all Wisdom, Knowledgeable and Intelligent': Ezekiel's Access to Babylonian Culture," in *Exile and Return. The Babylonian Context* (ed. J. Stökl and C. Waerzeggers; BZAW 478; Berlin: W. de Gruyter, 2015), 223–252; C. Uehlinger, "Virtual Vision vs. Actual Show: Strategies of Visualization in the Book of Ezekiel," *Welt des Orients* 45 (1, 2015: Ezekiel in its Babylonian Context), 62–84.

13 This volume, p. 70 (my translation).

structure imposed upon the phenomena for the purpose of their codification as signs and thus their inclusion within the series (…) does not seem to argue for an interest in the inherent lawhood of physical phenomena in any way similar to our thinking about laws of nature."[14] One might still ask whether the scholars working on *Enūma Anu Enlil* and experts in legal reasoning followed similar rules and shared the same assumptions in terms of worldview and physical reality. Do we know enough about issues such as how their knowledge was formed; whether they had followed the same scribal curriculum or slightly different ones; at what stage of their education they would have branched off in different directions and specialized in distinct areas of expertise, so that the importance of their using a (syntactically) similar "language game" would be relativized?[15] I do not.

Reading the papers of this book alongside each other, my impression is that beyond some obvious "ancient Near Eastern" commonalities and similarities that point to specific tradition-historical links (e. g., the dependence of some biblical or Henochic materials on textual knowledge gained from Mesopotamian sources or, more probably, Aramaic intermediaries), most biblical texts adduced by E. Zilsel and K. Schmid as forerunners to the formulation of "laws of nature" reflect a rather different world and worldview from their Mesopotamian cousins. This point holds whether one considers omen collections and technical compendia such as *Enūma Anu Enlil* or, *a fortiori*, mathematical tables. To state my point in a very general way: All the texts analyzed in this volume reflect certain sets of socially and culturally conditioned *knowledge* and, more specifically, some form of authorized knowledge (at least from the point of view of their authors and/or transmitters). The fact that the authority of this knowledge may have been, and in some instances, demonstrably was, contested is another matter.[16] On what source(s) of authority did this knowledge rely? One may assume (or speculate) that a given statement's authority would only partially (if at all) be deduced from its intrinsic conceptual plausibility (the validity of its argument, so to speak).[17] Another, no less important source of

---

14 This volume, p. 38.

15 See N. Veldhuis, "The Theory of Knowledge and the Practice of Celestial Divination," in *Divination and Interpretation of Signs in the Ancient World* (ed. A. Annus; Oriental Institute Seminars 6), Chicago: The University of Chicago Press, 2010), 77–91. R. Pirngruber discusses a case of "inter-disciplinar" knowledge transfer in "The Historical Sections of the Astronomical Diaries in Context: Developments in a Late Babylonian Scientific Text Corpus," *Iraq* 75 (2013), 197–210. Many others could probably be adduced.

16 That there was competition among Mesopotamian scholars is out of question, as we know mainly from letters. But did it find any direct expression in the scholarly texts?

17 I should stress that such would be the case in technically sophisticated domains of ancient Near Eastern "science," such as mathematics. There is virtually no myth and little metaphor in Assyro-Babylonian mathematical procedures, on which see, e. g., M. Ossendrijver, *Babylonian Mathematical Astronomy: Procedure Texts* (Sources and Studies

authority—that ultimately allowed the statement's preservation and transmission—must have been the institutional context in which it was uttered and preserved. This context could have been an office of scholars or even an "academy" in the case of Mesopotamian omen compendia, a school of scribes; and/or "disciples" of a particular prophetic or legal school in the case of biblical texts (and of the Henochic tradition). Part of the Mesopotamian textual record adduced in this volume would have counted as "secret" knowledge, which implies a professional guild's claim to authority.[18] The last source of authority (foremost to be contested by rival opinions, as far as we can judge from biblical polemics) would have been the claim that the knowledge expressed by this prophet or that school had its origin with the gods, or God, representing not divinely sanctioned knowledge but words of gods or God as such. J. L. Cooley makes a strong case for situating Isa 2:1–4 in the larger context of ancient Near Eastern divination. Interestingly enough, the biblical text, if understood that way, takes a polemical stance against Assyrian and Mesopotamian divination, claiming superior knowledge sanctioned by Yahweh from Zion. It is thus striking that most of E. Zilsel and K. Schmid's prooftexts are equally engaged in exaltation or polemics, whether against Judahite or non-Israelite rival opinions. Readers notice that the way in which many biblical texts quoted in this book (except the PH complex studied by D. P. Wright, which had another purpose altogether)[19] refer to what K. Schmid tentatively calls "laws of nature" are written in a heavily committed, strongly emphatic, often polemicizing tone. They appeal to a given ordinance or set of rules not in metareflexive way in view of that particular cosmic rule or regularity as such, but with the aim of silencing opponents by referring to the obvious or uncontestable (just as

---

in the History of Mathematics and Physical Sciences; New York: Springer, 2012). On the other hand, mathematics and astronomy could and did impact on and foster new interpretations of myth, see W. Horowitz, "Stars, Cows, Semicircles and Domes: Astronomical Creation Myths and the Mathematical Universe," in *A Woman of Valor: Jerusalem Ancient Near Eastern Studies in Honor of Joan Goodnick Westenholz* (ed. W. Horowitz, U. Gabbay and F. Vukosavović; Biblioteca del Próximo Oriente Antiguo 8; Madrid: Consejo Superior de Investigaciones Científicas, 2010), 73–86. The opening of *Enūma Anu Enlil* Tablet I, to mention only one example, remains fully mythological and metaphoric, although there is progression towards "plan" or "design" from the Sumerian to the Akkadian version. In contrast, Tablet XXII can be called astronomical and "(proto-)scientific."

18 A. Lenzi, *Secrecy and the Gods: Secret Knowledge in Ancient Mesopotamia and Biblical Israel* (SAAS 19; Helsinki: The Neo-Assyrian Text-Corpus Project / Helsinki University Press, 2007).

19 Read in the context of our conference topic, this is much more about the non-universal, or distinctively Israelite. PH provides to its readers (and followers) a higher knowledge system of sorts. Although developed out of the universally human (in the primeval history of Genesis 1–11), this system is meant to surpass non-Israelite knowledge and thus goes beyond what we might term "natural law," however "true" it may claim to be.

Yahweh justifies himself against the accusations of Job to the well-known effect that Job will ultimately submit). They use what in German would be called a *Hammer-* or even *Totschlagargument.*

Such polemic is absent from the more scholastic omen collections and, as far as I am aware, from most other Mesopotamian texts related to divination. Why should this be so? The reason that seems most plausible to me is that these compendia apparently did not have to compete for their validity and recognition because they had a very different *Sitz im Leben*. They offer compilations of authorized knowledge solidly anchored in at least three foundations: accumulated tradition; observation and experience (which in mathematized contexts allowed for ever more precise prediction of stellar "events"); and institutional prestige.[20] Speaking again in very general terms, it would seem that the formulation *sine ira et studio* of "laws," whether concerned with social order, the order of "nature" or the "cosmos," flourishes more easily in highly stratified and functionally differentiated societies with a complex state bureaucracy to offer the necessary personnel and infrastructure for developing scholarship and "scientific" expertise (with some technical disciplines relatively detached from the immediate demands of "religious" institutions and their patron gods).[21] It would be far less likely to flourish in less differentiated social contexts like those that prevailed in Judah or among the Judahite exiles near Nippur, for example. Call it center and periphery, differences in the complexity of social systems, or otherwise: The development of stable, authorized knowledge, let alone knowledge that one might arguably qualify as scientific, requires infrastructures, technical devices for regular observation and thus a degree of institutional stability that was available in major cities of greater Mesopotamia and Egypt but hardly on the Levantine periphery. That the former should develop technically more sophisticated knowledge, including mathematical expertise, to a much higher degree than the latter, where astronomy (and related technical disciplines) would always to a large extent remain "poetic"[22] rather than scientific *stricto sensu* (if it was not right away rejected) comes as no surprise.

---

20 Cf. F. Rochberg, "Observing and describing the world through divination and astronomy," in *The Oxford Handbook of Cuneiform Culture* (ed. K. Radner and E. Robson; Oxford / New York: Oxford University Press, 2011), 618–636.

21 On the issue of "disenchantement," see D. R. Brown, "Disenchanted with the Gods? The advent of accurate prediction and its influence on scholarly attitudes towards the supernatural in ancient Mesopotamia and ancient Greece," in *Your Praise is Sweet: A Memorial Volume for Jeremy Black from students, colleagues and friends* (ed. H. D. Baker, E. Robson and G. Zólyomi; London: British Academy, 2010), 11–28.

22 Reference to the wonderful title of J. L. Cooley's book *Poetic Astronomy in the Ancient Near East: The Reflexes of Celestial Science in Ancient Mesopotamian, Ugaritic, and Israelite Narrative* (History, Archaeology, and Culture of the Levant 5; Winona Lake, IN: Eisenbrauns, 2013).

Interestingly enough, however, it is the more contested and thus slightly instable (and more parochial) knowledge of biblical prophets and priests that survived in discrete, recognizeable form in the stream of tradition—not least because it was of a rather simple, straightforward and relatively non-technical character conducive to reinterpretation, reattribution and actualization. By contrast, the apparently more solid, technically sophisticated and highly differentiated knowledge of Mesopotamian scholars partly lost its social impact with the downfall of the state administrations that supported it—maybe for the better of science, which changed from former *Herrschaftswissen*[23] to knowledge *tout court*. Rather than royalty, it was now the major Babylonian temples that supported scholarship and produced "science," including what we might term "progress in scientific method."[24] It is during the Persian and Hellenistic periods that contacts between Mesopotamian and Greek scholars allowed knowledge transfer to the West,[25] including western Judaism.[26] But that knowledge also diffused and transmuted into technically less demanding environments, as we may

---

23 B. Pongratz-Leisten, *Herrschaftswissen in Mesopotamien. Formen der Kommunikation zwischen Gott und König im 2. und 1. Jahrtausend v. Chr.* (SAAS 10; Helsinki: The Neo-Assyrian Text Corpus Project / Helsinki University Press, 1999).

24 F. Rochberg, "The Cultural Locus of Astronomy in Late Babylonia," in *Die Rolle der Astronomie in den Kulturen Mesopotamiens* (ed. H. D. Galter; Grazer Morgenländische Studien 3; Graz: rm-Druck- & Verlagsgesellschaft, 1993), 31–45, esp. 33: "…the single institution of Mesopotamian civilization that remained in this late period, and so was the sole carrier of cultural forms such as cuneiform writing, Babylonian cult, so-called 'cuneiform law,' and of course, astronomy and astrology." See further H. Hunger, *Astrology and Other Predictions in Mesopotamia. Mesopotamian Astronomy in the Achaemenid and Hellenistic Periods* (Conferenze IsMEO 10; Roma: Istituto italiano per l'Africa e l'Oriente, 1997).

25 E. g., A. C. Bowen / B. R. Goldstein, "Meton of Athens and Astronomy in the Late Fifth Century B.C.," in *A Scientific Humanist. Studies in Memory of Abraham Sachs* (ed. E. Leichty; M. de J. Ellis and P. Gerardi; Occasional Publications of the Samuel Noah Kramer Fund 9; Philadelphia: University of Pennsylvania Press, 1988), 39–81; F. Rochberg, "Elements of the Babylonian Contribution to Hellenistic Astrology," *JAOS* 108 (1988), 51–62 = *In the Path of the Moon* (n. 1), 143–166; A. Jones, "The Adaptation of Babylonian Methods in Greek Numerical Astronomy," *Isis* 82 (1991), 441–453; S. M. Chiodi, "Plato and the Mesopotamian Astronomy," in *Ideologies as Intercultural Phenomena. Proceedings of the Third Annual Symposium of the Assyrian and Babylonian Intellectual Heritage Project* (ed. A. C. D. Panaino and G. Pettinato; Melammu 3; Milano: Associazione Culturale Mimesis, 2002), 53–60; C. Williams, "Some Details on the Transmission of Astral Omens in Antiquity," in *From the Banks of the Euphrates: Studies in Honor of Alice Louise Slotsky* (ed. M. Ross; Winona Lake, IN: Eisenbrauns, 2008), 295–318; F. Rochberg, "God-Talk and Star-Talk in Cuneiform and Its Legacy in Later Antiquity," in *Gazing on the Deep. Ancient Near Eastern and Other Studies in Honor of Tzvi Abusch* (ed. J. Stackert, B. N. Porter and D. P. Wright; Bethesda, MD: CDL Press, 2010), 189–200.

26 See, e. g., A. Y. Reed, "2 Enoch and the Trajectories of Jewish Cosmology: From Mesopotamian Astronomy to Greco-Egyptian Philosophy in Roman Egypt," *The Journal of Jewish Thought and Philosophy* 22 (2014), 1–24.

infer from the Babylonian Talmud and other receptacles for eastern wisdom of Late Antiquity.[27]

The knowledge pursued and developed by individuals and small communities of teachers and students in Ionia and Greece, such as the Presocratics and the Pythagoreens, was of yet another kind. That it would ultimately lead humanity further than the more tradition-bound Mesopotamian scholarship can partly be explained by Greek and Roman scholars' greater distance (intellectual independence?) from the demands of more narrowly "religious" stakeholders and their deities.

Conceived in broad terms and in an almost *longue durée* perspective, there seems to be a movement of nascent science from "heavenly laws" to "laws of nature," and from expressions of cosmic order in terms of laws and ordinances to an ever more physical, measuring and mathematical construction of "nature." But one also sees another movement from astral divination to astrology.[28] These two movements remained long entangled and it took centuries beyond the history of ancient Near Eastern science before astronomy and astrology, or "science" and "magic," would clearly bifurcate. As we know, religion more often sided with myth and magic rather than with science in the process.[29] Whereas the use of law-like language to address the "cosmos" can only be understood metaphorically, this is no more the case of "laws of nature" in the modern sense.[30] Interestingly enough, however, numbers and mathematic formulae have never completely outruled the metaphor of old, and despite the fact that the formulae of contemporary science are exclusively expressed in highly abstract mathematical terms, we continue to call them "universal *laws*," forgetting as it were that there can be no law without legislators—*as if* there were someone, somewhere, who at some time decreed these laws and might change them, for better or worse.

---

27 F. Rochberg, "God-Talk and Star-Talk in Cuneiform and Its Legacy in Later Antiquity," in *Gazing on the Deep. Ancient Near Eastern and Other Studies in Honor of Tzvi Abusch* (ed. J. Stackert, B. N. Porter and D. P. Wright; Bethesda, MD: CDL Press, 2010), 189–200.

28 See D. Pingree, *From Astral Omens to Astrology: From Babylon to Bikaner* (Serie Orientale Roma 78; Rome: Istituto italiano per l'Africa et l'Oriente, 1997).

29 S. J. Tambiah, *Magic, Science, Religion, and the Scope of Rationality* (Cambridge, UK: Cambridge University Press, 1990); J. H. Brooke, *Science and Religion: Some Historical Perspectives* (The Cambridge History of Science Series; Cambridge, UK: Cambridge University Press, 1991); R. Styers, *Making Magic: Religion, Magic, and Science in the Modern World* (Oxford: Oxford University Press, 2004); T. Dixon / G. Cantor / S. Pumfrey (eds.), *Science and Religion. New Historical Perspectives* (Cambridge, UK: Cambridge University Press, 2010).

30 Cf. S. Roux, "Les lois de la nature à l'âge classique: la question terminologique," *Revue de synthèse* 4e série, nos. 2–4 (2001), 531–576.

Contributors / VerfasserInnen und Herausgeber

Matthias Albani ist Professor für Altes Testament und Kirchengeschichte an der Evangelischen Hochschule Moritzburg. Seine bibelwissenschaftlichen Forschungen und Publikationen befassen sich schwerpunktmässig mit Zusammenhängen zwischen Astronomie, Kosmologie und Theologie in der biblischen und frühjüdischen Literatur. Wichtige einschlägige Buchpublikationen sind: *Astronomie und Schöpfungsglaube. Untersuchungen zum Astronomischen Henochbuch* (Wissenschaftliche Monographien zum Alten und Neuen Testament 68), Neukirchen-Vluyn, 1994; *Der eine Gott und die himmlischen Heerscharen. Zur Begründung des Monotheismus bei Deuterojesaja im Horizont der Astralisierung des Gottesverständnisses im Alten Orient* (Abhandlungen zur Bibel und ihrer Geschichte 1), Leipzig: Evangelische Verlagsanstalt, 2000.

Jeffrey L. Cooley is Associate Professor of Hebrew Bible at Boston College, Boston. His research interests focus on science, culture, and the intellectual history of the Ancient Near East. Related publications include: "Astral Religion in Ugarit and Ancient Israel," in: *Journal of Near Eastern Studies* 70 (2011), 281–287; "Celestial Divination in Ugarit and Ancient Israel: A Reappraisal," in: *Journal of Near Eastern Studies* 71 (2012), 21–30; *Poetic Astronomy in the Ancient Near East: The Reflexes of Celestial Science in Ancient Mesopotamian, Ugaritic, and Israelite Narrative* (History, Archaeology, and Culture of the Levant 5), Winona Lake, IN: Eisenbrauns, 2013; "Propaganda, Prognostication and Planets," in: A. Lenzi / J. Stökl (eds.), *Divination, Politics, and Ancient Near Eastern Empires* (Ancient Near East Monographs / Monografias sobre el Antiguo Cercano Oriente 7), Atlanta, GA: Society of Biblical Literature, 2014, 7–32.

Wayne Horowitz is Professor of Assyriology at the Hebrew University in Jerusalem. His publications include *Mesopotamian Cosmic Geography* (Mesopotamian Civilizations 8), Winona Lake, IN: Eisenbrauns 1998, 2nd ed. 2011; (with Rita Watson) *Writing Science before the Greeks. A Naturalistic Analysis of the Babylonian Astronomical Treatise MUL.APIN* (Culture and History of the Ancient Near East 48), Leiden: Brill, 2011; *The Three Stars Each: The Astrolabes and Related Texts* (Archiv für Orientforschung. Beiheft 33), Vienna: Institut für Orientalistik, 2014; and numerous articles related to ancient Mesopotamian science.

Jörg Hüfner ist Professor emeritus für Theoretische Physik an der Universität Heidelberg. Eine neuere Veröffentlichung zum Thema dieses Bandes ist "Origins of the Concept Law of Nature", in M. Welker / G. Etzelmüller (Hg.), *Concepts of Law in the Sciences, Legal Studies and Theology* (Religion in Philosophy and Theology 12), Tübingen: Mohr Siebeck, 2013, 25–36.

Franziska Naether, Ägyptologisches Institut / Ägyptisches Museum "Georg Steindorff" der Universität Leipzig, derzeit Visiting Research Scholar am Institute for the Study of the Ancient World an der New York University. Ihr besonderes Interesse gilt altägyptischer Religion unter Einschluss von ‚Magie', der Komposition und Überlieferung von Ritualen, literarischen Texten und Ägypten in griechisch-römischer Zeit. Sie veröffentlichte eine Monographie zu einem antiken Losorakel (*Die Sortes Astrampsychi: Problemlösungsstrategien durch Orakel im römischen Ägypten* [Orientalische Religionen in der Antike 3], Tübingen: Mohr Siebeck, 2010) und mehrere Artikel zu diskursiv in juristischer Terminologie gerahmten Kultpraktiken. Ihr aktuelles Buchprojekt beschäftigt sich mit der Darstellung von Phänomenen und Funktionen kultischer Praxis in der altägyptischen Literatur.

Francesca Rochberg is Catherine and William L. Magistretti Distinguished Professor of Near Eastern Studies at the University of California, Berkeley. Her research interests are in the history of the celestial sciences in Near Eastern and Graeco-Roman antiquity. She is the author of *Aspects of Babylonian Celestial Divination: The Lunar Eclipse Tablets of Enuma Anu Enlil* (Archiv für Orientforschung Beiheft 22; Horn: Ferdinand Berger und Söhne, 1988), *Babylonian Horoscopes* (Transactions of the American Philosophical Society, Vol. 88, Pt. 1; Philadelphia: American Philosophical Society, 1998), *The Heavenly Writing: Divination, Horoscopy and Astronomy in Mesopotamian Culture* (Cambridge: Cambridge University Press, 2004 and 2007), and *In the Path of the Moon: Babylonian Celestial Divination and Its Legacy* (Studies in Ancient Magic and Divination; Leiden: Brill, 2010).

Konrad Schmid ist Professor für Alttestamentliche Wissenschaft und Frühjüdische Religionsgeschichte sowie Vorsteher des Theologischen Seminars an der Theologischen Fakultät der Universität Zürich.

Christoph Uehlinger ist Professor für Allgemeine Religionsgeschichte und Religionswissenschaft sowie Vorsteher des Religionswissenschaftlichen Seminars an der Theologischen Fakultät der Universität Zürich.

David P. Wright is Professor of Bible and the Ancient Near East at Brandeis University, Waltham, MA. Research interests include biblical and Near Eastern law, ritual, and the development of the Pentateuch. He is the author of *Inventing God's Law: How the Covenant Code of the Bible Used and Revised the Laws of Hammurabi*, New York: Oxford University Press, 2009, ppb 2014.

Indices

D. Words

E. Texts

a) Egypt

b) Mesopotamia

c) Biblical

ORBIS BIBLICUS ET ORIENTALIS — Lieferbare Bände / volumes disponibles

Bd. 50/3 DOMINIQUE BARTHÉLEMY: *Critique textuelle de l'Ancien Testament.* Tome 3. Ezéchiel, Daniel et les 12 Prophètes. Rapport final du Comité pour l'analyse textuelle de l'Ancien Testament hébreu institué par l'Alliance Biblique Universelle, établi en coopération avec Alexander R. Hulst, Norbert Lohfink, William D. McHardy, H. Peter Rüger, coéditeur, James A. Sanders, coéditeur. 1424 pages. 1992.

Bd. 50/4 DOMINIQUE BARTHÉLEMY: *Critique textuelle de l'Ancien Testament.* Tome 4. Psaumes. Rapport final du Comité pour l'analyse textuelle de l'Ancien Testament hébreu institué par l'Alliance Biblique Universelle, établi en coopération avec Alexander R. Hulst, Norbert Lohfink, William D. McHardy, H. Peter Rüger, coéditeur, James A. Sanders, coéditeur, édité à partir du manuscrit inachevé de Dominique Barthélemy par Stephen Desmond Ryan et Adrian Schenker. XLVI-938 pages. 2005.

Bd. 50/5 DOMINIQUE BARTHéLEMY: *Critique textuelle de l'Ancien Testament.* Tome 5. Job, Proverbes, Qohélet et Cantique des Cantiques. Rapport final du Comité pour l'analyse textuelle de l'Ancien Testament hébreu institué par l'Alliance Biblique Universelle, établi en coopération avec Alexander R. Hulst, Norert Lohfink, William D. McHardy, Hans Peter Rüger et James A. Sanders, édité à partir du manuscrit inachevé de Dominique Barthélemy par Clemens Locher, Stephen D. Ryan et Adrian Schenker. XXVIII-988 pages. 2016.

Bd. 248 THIERRY PETIT: *Œdipe et le Chérubin.* Les sphinx levantins, cypriotes et grecs comme gardiens d'Immortalité. X–390 pages. 90 pages d'illustrations. 2011.

Bd. 249 WALTER DIETRICH (Hrsg.): *Seitenblicke.* Literarische und historische Studien zu Nebenfiguren im zweiten Samuelbuch. 472 Seiten. 2011.

Bd. 250 JEAN-MARIE DURAND / THOMAS RÖMER / MICHAEL LANGLOIS (éds.): *Le jeune héros.* Recherches sur la formation et la diffusion d'un thème littéraire au Proche-Orient ancien. 376 pages. 2011.

Bd. 251 MARGARET JAQUES (Hrsg.): *Klagetraditionen.* Form und Funktion der Klage in den Kulturen der Antike. 120 Seiten. 2011.

Bd. 252 MICHAEL LANGLOIS: *Le texte de Josué 10.* Approche philologique, épigraphique et diachronique. 278 pages. 2011.

Bd. 253 PAUL BÉRÉ: *Le second Serviteur de Yhwh.* Un portrait exégétique de Josué dans le livre éponyme. XVI–284 pages. 2012.

Bd. 254 GODEFROID BAMBI KILUNGA: *Prééminence de YHWH ou autonomie du prophète.* Etude comparative et critique des confessions de Jérémie dans le texte hébreu massorétique et la «Septante». XVI–224 pages. 2012.

Bd. 255 MAYER GRUBER / SHMUEL AḤITUV / GUNNAR LEHMANN / ZIPORA TALSHIR (eds.): *All the Wisdom of the East.* Studies in Near Eastern Archaeology and History in Honor of Eliezer D. Oren. XXVIII–568 pages. 2012.

Bd. 256 CATHERINE MITTERMAYER / SABINE ECKLIN (Hrsg.): *Altorientalische Studien zu Ehren von Pascal Attinger.* mu-ni u_4 ul-li_2-a-aš $\hat{g}a_2$- $\hat{g}a_2$-de_3. XVIII–458 Seiten. 2012.

Bd. 257 JEAN-MARIE DURAND / THOMAS RÖMER / JÜRG HUTZLI (éds.): *Les vivants et leurs morts.* X–294 pages. 2012.

Bd. 258 RICHARD JUDE THOMPSON: *Terror of the Radiance.* Aššur Covenant to YHWH Covenant. X–296 pages. 2013.

Bd. 259 JULIA M. ASHER-GREVE / JOAN GOODNICK WESTENHOLZ: *Goddesses in Context.* On Divine Powers, Roles, Relationships and Gender in Mesopotamian Textual and Visual Sources. XII-460 pages, including 155 figures. 2013.

Bd. 260 STEFAN ZAWADZKI: *Garments of the Gods.* Vol. 2: Texts. XIV–768 pages. 2013.

Bd. 261 EVA ANDREA BRAUN-HOLZINGER: *Frühe Götterdarstellungen in Mesopotamien.* VIII–238 Seiten mit 46 Bildtafeln. 2013.

Bd. 262 JOSHUA AARON ROBERSON: *The Awakening of Osiris and the Transit of the Solar Barques.* Royal Apotheosis in a Most Concise Book of the Underworld and Sky. XII–184 pages. 2013.

Bd. 263 DAVID T. SUGIMOTO (ed.): *Transformation of a Goddess: Ishtar – Astarte – Aphrodite.* XIV–234 pages with 124 illustrations. 2014.

Bd. 264 LUDWIG D. MORENZ: *Anfänge der ägyptischen Kunst.* Eine problemgeschichtliche Einführung in ägyptologische Bild-Anthropologie. 288 Seiten, 164 Abbildungen. 2014.

Bd. 265 JEAN-MARIE DURAND / THOMAS RÖMER / MICAËL BÜRKI (éds.): *Comment devient-on prophète?* Actes du colloque organisé par le Collège de France, Paris, les 4-5 avril 2011. XII-236 pages. 2014.

Bd. 266 PATRICK M. MICHEL: *Le culte des pierres à Emar à l'époque hittite.* VIII-320 pages, 14 figures. 2014.

Bd. 267 CHRISTIAN FREVEL / KATHARINA PYSCHNY / IZAK CORNELIUS (eds.): *A «Religious Revolution» in Yehûd?* The Material Culture of the Persian Period as a Test Case. X-450 pages with 287 illustrations. 2014.

Bd. 268 ERIKA BLEIBTREU / HANS ULRICH STEYMANS (Hrsg.): *Edith Porada* zum 100. Geburtstag. A Centenary Volume. X-658 Seiten mit zahlreichen Abbildungen. 2014.

Bd. 269 ANGELIKA LOHWASSER (Hrsg.): *Skarabäen des 1. Jahrtausends.* Ein Workshop in Münster am 27. Oktober 2012. VIII-208 Seiten mit zahlreichen Abbildungen und 6 Farbtafeln. 2015.

Bd. 270 ANDREAS WAGNER (Hg.): *Göttliche Körper – Göttliche Gefühle.* Was leisten anthropomorphe und anthropopathische Götterkonzepte im Alten Orient und im Alten Testament? X-286 Seiten. 2014.

Bd. 271 JEAN-GEORGES HEINTZ: *Prophétisme et Alliance.* Des Archives royales de Mari à la Bible hébraïque. XXXIV-374 pages. 28 illustrations. 2015.

Bd. 272 ELISABETH VON DER OSTEN-SACKEN: *Untersuchungen zur Geflügelwirtschaft im Alten Orient.* XVI-676 Seiten, 245 Abbildungen, 14 Karten, 25 Tabellen, 29 Grafiken. 2015.

Bd. 273 MARGARET JAQUES: *«Mon dieu qu'ai-je fait?»* Les diĝir-šà-dab(5)-ba et la piété privée en Mésopotamie. Mit einem Beitrag von Daniel Schwemer. XIV-47 pages. 2015.

Bd. 274 JEAN-MARIE DURAND / MICHAËL GUICHARD / THOMAS RÖMER (éds.): *Tabou et transgressions.* Actes du colloque organisé par le Collège de France, Paris, les 11 et 12 avril 2012. XII-324 pages. 2015.

Bd. 275 INNOCENT HIMBAZA (ed.): *Making the Biblical Text.* Textual Studies in the Hebrew and the Greek Bible. Publications of the Institut Dominique Barthélemy, 1. X-206 pages. 2015.

Bd. 276 KONRAD SCHMID / CHRISTOPH UEHLINGER (eds.): *Laws of Heaven – Laws of Nature.* Legal Interpretations of Cosmic Phenomena in the Ancient World / Himmelsgesetze – Naturgesetze. Rechtsförmige Interpretationen kosmischer Phänomene in der antiken Welt. X-182 Seiten. 2016.

Bd. 277 MELANIE WASMUTH (Hg.): *Handel als Medium von Kulturkontakt.* Akten des Interdisziplinären altertumswissenschaftlichen Kolloquiums (Basel, 30.–31. Oktober 2009). VIII-184 Seiten. 2015.

Bd. 278 JEAN-MARIE DURAND / LIONEL MARTI / THOMAS RÖMER (éds.): *Colères et repentirs divins.* Actes du colloque organisé par le Collège de France, Paris, les 24 et 25 avril 2013. X-390 pages. 2015.

ACADEMIC PRESS FRIBOURG
VANDENHOECK & RUPRECHT GÖTTINGEN

Summary

In Western academic contexts, the idea of "laws of nature" is often regarded as having originated among the Presocratics, Plato, and the Stoics. But this view is historically incorrect. Legal interpretations of cosmic phenomena go back to the ancient Near East, where such understandings also emerged in the Hebrew Bible. The present volume analyzes texts relevant to this topic, developing a fresh approach to portrayals of "laws of nature" from antiquity.

K. Schmid draws attention to some blind spots of Western history of science and to biblical texts mentioning "laws of heaven" (*ḥuqqôt šāmayîm*, Job 38:33), "laws of heaven and earth" (*ḥuqqôt šāmayîm wāʾāreṣ*, Jer 33:25) or "ordinances" *(ḥuqqôt)* imposed on the moon and the stars (Jer 31:25). Such concepts can be compared to the Mesopotamian notion of a supreme god establishing like a legislator the rules of cosmic order. That background is elucidated in detail by F. Rochberg, whose contribution considers the Mesopotamian trope of the divine judiciary and its extension to the physical world, and discusses the question whether the case-law formulation of Akkadian omen statements (protasis-apodosis, "if P, then Q") should be understood as evidence for a law-like understanding of cosmic order. W. Horowitz starts from Gen 9:12–17 to study the Akkadian terminology and ominous interpretations of the rainbow, which can be either benefic or malefic. F. Naether in a broad survey demonstrates that in Egypt, too, divination operated with law-like notions; she reviews texts which discuss natural phenomena without necessarily relating them to divine agency, and identifies early attempts to a "philosophy of nature." D. P. Wright, who offers a detailed study of law and creation in the Priestly-Holiness writings of the Pentateuch, highlights the differentiation established between universal conditions in creation, on the one hand, and knowledge (on sacrifice, the calendar, purity and holiness, the name of Yahweh and his *kābôd*) made specifically available to Israel as Yahweh's chosen people, on the other. J. L. Cooley analyzes Isa 2:1–4 against the background of ancient Mesopotamian divination, concluding that the biblical oracle provides a counter-narrative to Mesopotamian traditions regarding the effectiveness and antiquity of its divination tradition. M. Albani argues that in 1 Henoch the focus on astronomy and astral regularity forms the basis of an ideal calendar of 364 days, whose constance should serve as an antidote to anomia experienced in Hellenistic-period "Enochic Judaism." J. Hüfner, professor emeritus of theoretical physics, reviews some elementary astronomical principles discovered in antiquity, such as periodicity, increasing use of mathematics, and of models to apprehend the planetary system. C. Uehlinger summarizes common views and divergencies between the various materials surveyed, stressing the problematic status of the concept of "nature" with regard to ancient Near Eastern materials while pointing out the longevity, all but obvious after all, of the legal metaphor which still operates in contemporary discourse on "laws of nature."

Zu diesem Buch

Das wissenschaftsgeschichtliche Gedächtnis des Abendlandes erkennt die Ursprünge der Idee von ‚Naturgesetzen' bei den Vorsokratikern, Platon und der Stoa. Die rechtsförmige Interpretation kosmischer Phänomene reicht jedoch in den Alten Orient zurück und hat auch Eingang in die alttestamentliche Literatur gefunden. Der vorliegende Band erschliesst und analysiert die entsprechenden Texte und formuliert so einen neuen Zugang zur Vorstellung von ‚Naturgesetzen' in der Antike.

K. Schmid weist auf ‚blinde Flecken' der westlichen Wissenschaftsgeschichtsschreibung hin und präsentiert dann biblische Texte, die von „Himmelsordnungen" (*ḥuqqôt šāmayîm*, Hiob 38,33), „Ordnungen von Himmel und Erde" (*ḥuqqôt šāmayîm wā'āreṣ*, Jer 33,25) oder „Ordnungen" *(ḥuqqôt)* sprechen, die dem Mond und den Sternen auferlegt sind (Jer 31,25). Diese Vorstellungen lassen sich mit mesopotamischen Überlieferungen (insbesondere in *Enūma eliš*) vergleichen, wonach ein Höchster Gott einem Gesetzgeber gleich die Regeln und Ordnungen des Kosmos festlegt. F. Rochberg beleuchtet diesen Hintergrund in einer aspektreichen Studie; sie diskutiert zum einen den mesopotamischen Topos des göttlichen Gesetzgebers und seine Anwendung auf die physische Welt, zum andern die Frage, ob die syntaktisch mit Rechtssätzen übereinstimmende Formulierung von Omina (Protasis und Apodosis, „wenn A, dann B") als Hinweis auf ein rechtsförmiges Verständnis der Wirklichkeit verstanden werden kann. W. Horowitz untersucht, ausgehend von Gen 9,12–17, die akkadische Terminologie und ominöse Interpretationen des Regenbogens, der als positives wie negatives Zeichen gedeutet wurde. F. Naether weist in einem breiten Survey nach, dass die Divination auch in Ägypten mit gesetzesförmigen Vorstellungen operierte; sie weist auf Texte hin, die Naturphänomene ohne notwendigen Bezug zu einer Schöpfergottheit thematisieren, und beobachtet Ansätze zu einer altägyptischen ‚Naturphilosophie'. D. P. Wright untersucht das Verhältnis von Gesetz und Schöpfung in Texten des Pentateuch, die der Priesterschrift und der Heiligkeitsschule zugeschrieben werden. Sein Beitrag betont den Unterschied zwischen universalen Bedingungen von Schöpfung und *conditio humana* einerseits, einem nur Israel zugänglichen, spezifischen Wisssen (über Opfer, den Kalender, Reinheit und Heiligkeit, JHWHs Namen und seinen *kābôd*) andererseits. J. L. Cooley deutet Jes 2,1–4 vor dem Hintergrund altmesopotamischer Divination als *counter-narrative*, der sich kritisch mit Annahmen bezüglich Alter und Leistungsfähigkeit der mesopotamischen Divinationstradition auseinandersetzt. M. Albani schliesst aus dem Interesse von 1 Henoch an Astronomie und Regelhaftigkeit astraler Bewegungen, die als Grundlage für einen 364-Tage-Idealkalender der Gerechten dienen, dass die Regularität und Periodizität der astralen Ordnungen (gleichsam ein ‚Naturgesetz') die dunkle Anomie der Welt- und Gotteserfahrung in hellenistischer Zeit lichten sollte. Der Physiker J. Hüfner bietet einen Überblick über wichtige in der Antike entdeckte, naturwissenschaftliche Prinzipien wie die Periodizität, die wachsende Bedeutung mathematischer Wirklichkeitserfassung und von Modellen zur Erklärung des Planetensystems. Ch. Uehlinger fasst Gemeinsamkeiten und Differenzen zwischen den verschiedenen Beiträgen und den ihnen zugrundeliegenden Materialien zusammen; er betont einerseits den im Blick auf altorientalische Quellen problematischen Status des Begriffs der „Natur", zum andern die erstaunliche Langlebigkeit der Metapher „Naturgesetz", die auch aus zeitgenössischen Wissenschaftsdiskursen nicht wegzudenken ist.